제 2 판

불확도의 개념을 쉽게 설명한

측정불확도의 이해

불확실한 데이터에
꼬리표를 달다.

최 부 희 지음

D.B.Info

UNCERTAINTY OF MEASUREMENT

PREFACE

필자는 대학에서 측정표준 및 계측기표준교정과 관련된 과목을 다년간 가르쳐본 결과 측정을 전공하는 학생들에게 측정불확도의 개념을 아주 쉽게 설명한 책이 필요하다고 느껴왔다. 측정불확도란 용어는 영어발음도 까다로운 언설턴티(uncertainty)라 불린다. 학생들이 졸업할 무렵에 측정불확도의 기본적인 개념을 다음과 같이 물어보았다.

- 확률분포 중 직사각형분포와 삼각형분포는 각각 어디에 적용하는가?
- 왜 자유도와 유효자유도를 구하는가?
- 왜 편미분을 해서 감도계수를 구하는가?
- 왜 힘이나 토크측정기에서는 상대측정불확도로 표현하는가?

답변결과는 예상대로였다. 품질인증과 측정불확도, 길이계기교정실습, 계측기기교정실습 등 3개의 교과목을 이수한 학생들이라 측정불확도 총괄표 작성은 제대로 하지만, 관련 용어에 대한 올바른 개념과 적용에는 제대로 답변하지 못함을 알았다. 마치 미적분 문제를 잘 푸는 학생이라 할지라도, 미적분의 개념과 어디에 활용하는지를 아는 학생이 적다는 뜻과 같다. 그래서 필자가 제대로 알지 못했기에 제대로 전달이 되지 않았음을 깨닫고 아이큐 79도 이해할 수 있는 책을 쓰기로 결심하였다. 그러나 책을 쉽게 쓴다는 것은 결코 쉬운 일이 아니다. 책을 쉽게 이해할 수 있도록 하기 위하여 주변의 자료를 모아 필자가 애매했던 부분과 학생들이 어려워했던 부분을 쉽게 설명하려고 노력하였다.

자료를 분석하면서 개념파악이 정확히 되지 않으면 인터넷으로 검색하여 용어를 정리하는 일, 유튜브를 통해 통계학 강의를 몇 번이고 들으면서 통계학의 개념을 터득하는 일, 고등학교 수학책을 찾아 미분과 편미분의 개념을 정리하는 일, 필자가 불확도를 처음 배울 때 정리한 노트의 빨간 밑줄을 보며 다시 예를 들어 쉽게 설명하는 일, KRISS와 KASTO에서 발간된 측정불확도 관련 자료를 정리하는 일, 그리고 KASTO에서 발간된 표준교정절차서와 학생들이 제출한 리포트를 비교해보면서 틀린 부분은 바로잡고, 그래도 미심쩍은 부분은 교정기관의 기술책임자께 부탁하여 원고를 바로잡던 일들이 모이고 모여 초고를 완성하게 되었다.

이렇게 완성된 이 책의 구성은 다음과 같이 8개의 장으로 되어있다.

1. 측정불확도의 개요 : 불확도의 정의와 2018년 재 정의된 SI기본단위를 설명하였다.
2. 측정불확도의 표현 : A형, B형 표준불확도 및 확장불확도와 유효숫자를 다루었다.

3. 간단한 측정불확도 맛보기 : 길이, 면적, 밀도의 불확도 산출 예를 맛보기로 다루었다.
4. 표준불확도 산정을 위한 확률분포의 추정 : 측정값의 분포, 정규, t, 직사각형, 삼각형, U 및 사다리꼴 분포를 비교 설명하였다.
5. 자유도와 포함인자 : 왜 자유도를 구하는지와 포함인자의 적용 예를 설명하였다.
6. 감도계수 계산을 위한 편미분 : 감도계수란 무엇이며, 미분과 편미분의 기본공식을 적용하여 수학적 모델식에 편미분을 통하여 감도계수를 구하는 방법을 다루었다.
7. 측정불확도의 산출 예 : 길이, 질량, 힘, 토크, 압력, 온도분야에 대한 불확도 계산 및 불확도 총괄표 작성 예를 다루었다.
8. KS Q ISO/IEC 17025 해설서 : ISO 17025의 2017년도 개정판에 대한 KOLAS해설서(2019년)를 정리하였다.

이 책을 엮으면서 국내외 많은 서적과 기술 자료를 활용하였으며, 저자께 심심한 감사를 드린다. 특히, 길이분야의 2개 과제는 최인수 교수님의 저서 "길이계기 표준교정실무"에서 일부 인용하도록 허락해 주심에 감사드리며, 7장 측정불확도의 산출 예의 7개 과제에 대하여 현장에 적용할 수 있도록 최종 내용을 검토해주신 ㈜대영씨앤티 박지민 부장님께도 깊이 감사드린다.

끝으로 측정불확도의 개념과 산출과정을 쉽게 다룬 이 책은 자연과학과 공학뿐만 아니라 측정데이터를 분석하고 관리하는 산업분야에서도 참고서적으로 역할을 다하리라 기대된다. 특히 시험 및 교정기관의 실무자에게 도움이 되길 기대해본다. 필자의 짧은 지식과 경험으로 발간되는 책이므로 전문가의 관점에서 볼 때 잘못된 부분이 많으리라 사료되므로, 잘못된 내용을 지적해주시면 다음 판에서는 수정 보완할 것을 약속드린다.

이 책을 내는데 도움을 주신 많은 분들과 기꺼이 출판해주신 복두출판사 관계자분들의 협조에 감사드린다.

글쟁이 움터에서
최부희 올림

CONTENTS

Chapter 1. 측정불확도의 개요

1.1 왜 측정불확도인가?

우리는 요즘 불확실성의 시대에 살아간다고 흔히들 말한다. 4차 산업혁명을 맞이하는 현대 사회는 지금까지 살아왔던 삶의 방식을 근본적으로 바꿀 기술혁명의 직전까지 와있다. 이런 극심한 변화는 앞으로 어떤 상황이 발생할지에 대한 불확실성이 증가될 것으로 예측되지만 불확실성을 명확하게 측정한다는 것은 결코 쉬운 일이 아니다. 그러므로 이 책은 측정된 데이터를 통하여 불확실성의 정도를 통계적인 방법과 수학적 기법을 이용하여 수치로 나타내고자한다. 이 책의 부제목을 "측정데이터에 꼬리표를 달다"라 했듯이 꼬리표란 뜻은 불확실성을 수치로 나타낸 측정불확도를 의미한다.

그러면 측정불확도란 도대체 무슨 뜻인가? 국어사전의 정의부터 먼저 살펴보자. 측정불확도(measurement uncertainty)란 "여러 측정들이 서로 비교 가능할 수 있는 공통된 이해의 토대 위에서, 측정량에 대한 합리적 측정의 불확정함을 잴 수 있고 표현할 수 있도록 하는 척도"라고 표기되어있다. 또한, 측정불확도란 매우 정확하게 측정되었다 하더라도 참값(신神만 아는 값)에 근접할 뿐 어느 정도 불확실한 양이 존재하며 그 불확실한 양을 추정하여 산출해낸 값이다.

이렇듯 측정불확도란 측정 및 분석결과에 관련하여 측정량을 합리적으로 추정한 값의 분산 특성을 나타내는 척도를 나타낸다. 또한, 측정의 신뢰도에 관한 정량적 표현으로 오차나 오차분석이 오래 전부터 사용되어 왔다. 그러나 오차를 아무리 잘 평가하고 보정하여도 표현된 결과가 정확성 여부에는 아직 의문점이 많이 제기되어왔다. 이러한 의문점에 대하여 측정결과의 품질을 하나의 통일된 척도로 정의하고 표현하기 위해 1993년 국제표준화기구(ISO)가 BIMP, OIML 등의 국제기구와 합동으로 측정불확도 표현지침서(GUM)를 발행하였다.

최근 한국인정기구(KOLAS)에서 [KOLAS-G-002 : 2016] "측정결과의 불확도추정 및 표현을 위한 지침"을 발간하여 보급하고 있으며, 주요 내용은 측정불확도와 관련된 용어의 정의, 기본 개념, 측정불확도의 산출과정과 부록으로 ISO지침서 예제가 수록되어있다. 측정불확도의 계산은 요인별 관계모델의 설정, 요인별 측정값과 표준불확도의 계산, 합성표준불확도의 계산, 확장불확도의 계산 등의 4단계로 대별된다. 우리나라는 KOLAS에서 시험기관이나 교정기관에서 측정데이터의 불확도 산정을 의무화하고 있다.

그러면 용어가 유사한 불확실성과 불확도는 어떤 차이가 있는가? 공학적인 측면에서의 불확실성(uncertainty)과 불확도(uncertainty)의 영문 표기와 개념은 같은 의미로 사용되고 있다. 인터넷의 백과사전에는 불확실성(uncertainty)을 다음과 같이 설명하고 있다.

① 어느 양에 대해서 관측하거나 계산한 값이 그 양의 참값에서 벗어나 있다고 추정되는 벗어난 값으로 보통 평균 편차, 확률 오차, 표준 편차 등으로 표현된다.

② 계통 오차와 측정 방법의 부적합에서 발생하는 랜덤 오차를 함께한 것에 대하여 주어져야 할 허용값이다.

따라서 이 책에서는 불확실성과 불확도를 같은 개념으로 생각하고 기술하도록 한다.

지금까지의 설명으로 측정불확도의 개념을 초보자가 이해하기엔 아직 부족하다. 그러면 더 쉬운 뜻은 없을까? 예를 들어보자.

측정불확도란 측정의 품질이 어떤가를 나타내며, 측정결과에서도 존재하는 의심의 정도라 생각할 수 있다. 어떤 제품을 정밀한 측정기를 사용하여 숙련된 기술자가 올바른 방법으로 측정했다 하더라도 측정 결과 값에 존재하는 미심쩍은 의심의 정도가 생기게 된다. 이 의심의 정도를 숫자로 나타낸 값이 측정불확도이다. 즉, 측정결과에는 항상 측정값과 측정불확도가 포함되므로 다음과 같이 나타낸다.

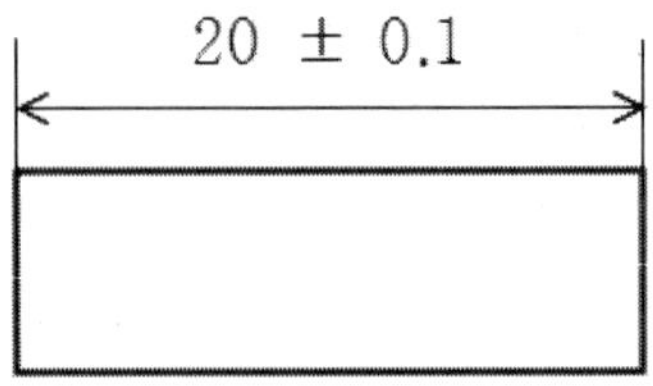

[그림 1.1] 기준치수와 치수공차의 표기

[그림 1.1]과 같이 도면에서 요구하는 기준치수는 20.0 mm, 치수공차는 ±0.1 mm이다. 요구하는 제품을 가공하여 버니어캘리퍼스로 3회 반복 측정한 결과 다음과 같은 측정값을 얻었다.

〈표 1.1〉 측정데이터

(단위 : mm)

기준치수 L	측정값 x_i				측정불확도 U
	1회	2회	3회	평균 $\overline{x}$	
20.0	20.1	20.0	20.2	20.1	0.2

〈표 1.1〉에서 제품의 측정값 평균이 20.1 mm이므로 허용한계치수(19.9~20.1)의 범위 안에 있으므로 합격이 된다. 그러나 이것을 100 % 합격이라 생각하면 모순이다. 즉, 20.1 mm 라는 치수 안에는 측정불확도 성분이 있기 때문이다.

측정불확도 성분이 0에 가깝기 위해서는 측정실의 환경이 표준온도(20 ℃)와 표준 습도에 의한 환경이 선행되어야 하며, 사용된 측정기와 측정자의 숙련도 등에 의한 오차도 0에 가까워야 한다. 그러나 최상의 조건을 갖추었다할지라도 측정불확도를 0으로 간주하긴 매우 어렵다. 다시 말해서 우리가 측정하는 측정값에는 항상 측정불확도 U값이 존재하므로 측정불확도를 고려해야 한다.

측정결과 = 측정값의 평균 ± 측정불확도 (측정결과 = 20.1 mm ± 0.2 mm)

여기서, 제품의 길이 L, 측정값의 평균 $\bar{x}$, 측정불확도를 U라고 하면,

$$L = \bar{x} \pm U = 20.1\,\text{mm} \pm 0.2\,\text{mm} \quad (k = 2,\ \text{신뢰수준 약 95 \%})$$

로 표현할 수 있다.

위 식에서 제품의 길이를 3회 반복 측정한 평균값이 20.1 mm일 때 측정불확도 U = 0.2 mm로 계산되었다면, 이 제품의 길이는 19.9 mm에서 20.3 mm 사이에 있는 것에 대하여 100 % 장담은 못하지만 약 95 %는 신뢰할 수 있다는 뜻으로 해석된다. 따라서 도면의 허용한계 치수 범위(19.9~20.1 mm)를 벗어났으므로 이 제품은 불합격이 된다.

그러면 이제부터 측정불확도와 측정오차에 대하여 서로 다른 점을 더 자세히 알아보자.

1) 측정불확도의 정의

측정의 목적은 측정량의 참값을 추정하는 것이므로 측정을 통하여 얻어지는 측정결과에는 측정량의 참값에 대한 최선의 추정값(best estimate) 뿐만 아니라 추정값의 신뢰정도를 나타내는 불확도(uncertainty)가 언급되어야 한다. 불확도를 "측정량의 참값이 존재하는 추정값의 범위"로 정의할 수 있으나 이는 잘못된 개념이다. 왜냐하면 측정량의 참값은 알려지지 않았고 알 수도 없는 이상적인 값이므로 어떤 범위내로 확정될 수가 없기 때문이다.

이와 같이 알 수 없는 양에 근거한 이상적인 개념의 불확도 대신, 최근 사용되는 불확도의 정확한 의미는 "사용된 정보를 기초로 하여 측정량에 대한 측정값을 합리적으로 추정한 값들의 분산특성을 나타내는 양(+)의 파라미터"이다. 이는 관측가능한 양에 근거한 개념으로 현실적으로 알 수 없는 양들, 즉 측정량의 참)이나 측정결과의 오차를 사용하지 않고 있다. 그러나 어떠한 불확도의 개념을 사용하더라도 불확도 성분은 항상 동일한 데이터와 관련정보를 사용하여 평가된다.

2) 불확도와 오차

과학적 측정과 관련된 측면에서 불확도와 오차의 정의는 다르지만 오차란 어떤 물리량의 측정에서 측정된 값과 참된 값과의 차이를 의미한다. 어떤 양을 측정할 때 얻어지는 측정값(measured value)은 반드시 어느 정도의 오차(error)를 포함하게 되며, 참값(true value)을 얻는다는 것이 불가능하다. 측정결과는 이미 알고 있는 계통효과를 적절하게 보정하여도 계통효과에 대한 완전한 보정이 불가능하고, 우연효과가 있기 때문에 측정결과에는 항상 불확도가 존재하기 하므로 추정값에 불과하다.

(1) 측정 오차 : 측정값 - 참값

참값을 구할 수 없으므로 실제로는 협정 참값이 사용된다. 따라서 오차는 이상적인 개념이며 실제로는 오차를 정확히 알 수 없다.

(2) 불확도 : 측정결과에 대한 의심 정도를 숫자로 나타낸 것(불신뢰도~불확실도~불확도)

예: (99.0 ± 0.1) V, 신뢰수준 약 95 %, $k=2$

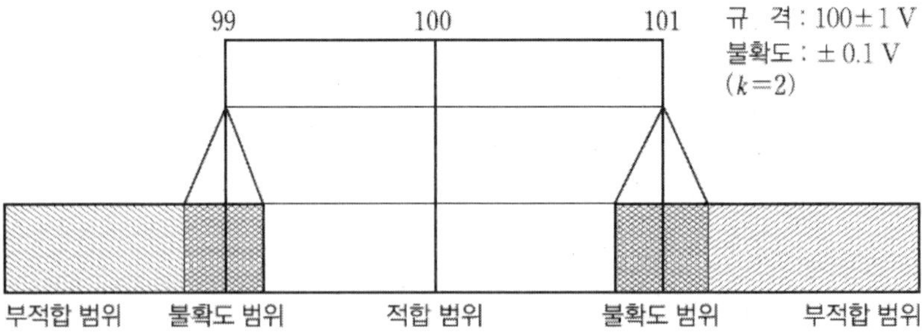

[그림 1.2] 측정불확도와 규격과의 비교

[그림 1.2]에서, 규격 L = 100 ± 1 V이므로 치수공차는 ±1 V이고, 측정불확도 U = 0.1 V이다. 측정불확도의 범위가 ±0.1 V이므로 완전 합격영역인 적합범위는 (99 + 0.1)~(101 −0.1)이므로 (99.1~100.9)V이다. 이와 같이 제품의 측정값이 치수공차 범위 안에 들어도 측정불확도 값에 따라 합격영역이 줄어들게 된다. 따라서 측정불확도 U값을 줄이려는 노력이 필요하다.

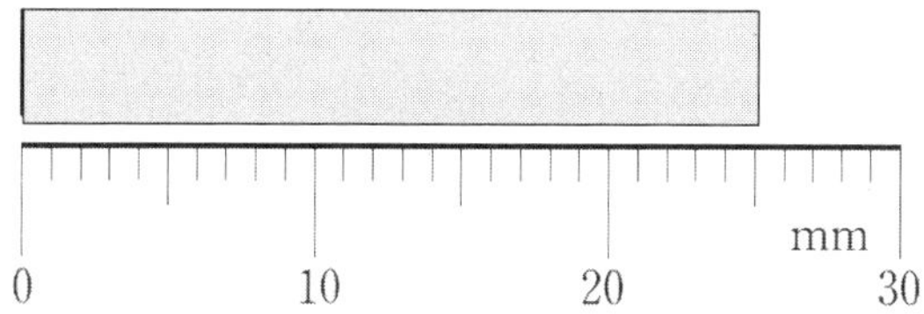

[그림 1.3] 눈금을 읽을 때 추정 불확도

[그림 1.3]에서 막대의 길이를 측정하고자 할 때 최소눈금이 1 mm인 눈금자로 눈금 판독에 의한 추정값이 25 mm라면, 예상범위는 24.5 mm~25.5 mm이다. 이러한 판독(주어진 눈금이 부근의 눈금보다 더 가까이 있는 것)을 과학자들은 다음과 같이 표시한다.

L = 25 mm라 하고, 그 뜻은 24.5 mm ≤ L ≤ 25.5 mm이다.

이와 같이 눈금선 사이에 있는 막대의 길이를 잴 때 어떤 경우에도 "완벽"하다고 말할 수는 없으며, 늘 피할 수 없는 애매함이 있게 마련이다. 이러한 애매함은 다음과 같다.

① 자의 정확성
② 눈금을 읽을 수 있는 능력
③ 길이를 잴 때의 여러 가지 문제점
④ 반복해서 잴 때 나타나는 읽음 값의 차이 등으로부터 발생된다.

이러한 애매함을 모두 고려(애매한 정도를 단순히 더하는 것은 아니며, 이 때문에 "합성"한다는 표현을 사용함)하여 전체적인 애매함의 정도를 수치로 나타낸 것이 불확도이며, 그 단위는 측정하고자 하는 양의 단위(위의 예에서는 mm)로 나타낸다.

따라서 측정값은 늘 애매함, 즉 불확실성을 가지므로 측정 결과를 나타낼 때는 측정값뿐만 아니라 불확도 값도 함께 나타내는 것이 올바른 표현 방법이다.

1.2 측정불확도와 관련된 용어

[KOLAS-G-002 : 2016] 참조

1) 영문 약어

- BIPM : International Bureau of Weights and Measures, 국제도량형국
- CIPM : International Committee of Weights and Measures, 국제도량형위원회

- CRM : Certified Reference Material, 인증표준물질
- IEC : International Electrotechnical Commission, 국제전기기술위원회
- IFCC : International Federation of Clinical Chemistry, 국제임상화학연합회
- ISO : International Organization for Standardization, 국제표준화기구
- IUPAC : International Union of Pure and Applied Chemistry, 국제순수 및 응용화학연합회
- IUPAP : International Union of Pure and Applied Physics, 국제순수 및 응용물리연합회
- OIML : International Organization of Legal Metrology, 국제법정계량기구
- VIM : International Vocabulary of Basic and General Terms in Metrology, 국제측정용어집
- GUM : Guide to the Expression of Uncertainty in Measurement, 측정불확도 표현지침

2) 측정학 용어

측정학의 용어는 국제측정용어집(International Vocabulary of Basic and General Terms in Metrology, VIM)을 따르며, 주요 용어는 다음과 같다.

1. (측정 가능한) 양(quantity)

정성적으로 구별되고, 정량적으로 결정될 수 있는 어떤 현상, 물체, 물질의 속성

[예] 일반적 의미의 양 : 길이, 시간, 질량, 온도 등

특정량 : 주어진 막대의 길이, 주어진 철사의 전기저항

2. (양의) 값(value(of quantity))

측정의 단위에 어떤 수를 곱하여 일반적으로 표현된 특정량의 크기

[예] 막대의 길이 : 5.34 m 또는 534 cm

3. (양의) 참값(true value)

주어진 특정량에 대한 정의와 일치하는 값

[주] 참값은 완전한 측정에 의해서만 얻어진다. 참값은 본성적으로 확정되어있지 않다.

주어진 특정량에 대한 정의와 일치하는 값은 여려개가 있을 수 있다.

4. 협정 참값(conventional true value)

어떤 특정량에 부여된 값으로서 주어진 목적에 적합한 불확도를 가지는 것으로, 때로는 협약에 의하여 인정된 값

[예] 교정용 표준기에 의해 실현된 양에 부여된 값,

[주] 협정참값을 때로는 설정값, 최적 추정값, 협정값, 사용값 또는 기준값이라고도 부른다.

5. 측정(measurement)

양의 값을 결정하기 위한 일련의 작업

6. 측정량(measurand)

측정의 대상이 되는 특정한 양

7. 측정단위(Measurement unit)

같은 종류의 양들의 비율을 수로 나타낼 수 있게 해 주는 협약에 의해 정의되고 채택된 스칼라 양

8. 기본단위(Base unit)

기본량에 대하여 협약에 의해 채택된 측정단위

9. 유도단위(Derived unit)

유도량에 대한 측정단위

10. 국제단위계(SI : International System of Units)

국제도량형총회(CGPM)에 의해 채택된 국제적 양의 체계, 단위의 명칭 및 기호 등으로 7개의 기본량 및 기본단위의 명칭과 기호(m, kg, s, A, K, mol, cd)에 기반을 둠

11. 측정정확도(measurement accuracy)

측정결과와 측정량의 참값이 일치하는 정도

12. 측정정밀도(measurement precision)

명시된 조건하에서, 같거나 비슷한 대상에 대해서 반복 측정하여 얻어진 지시값들 또는 측정값들이 일치하는 정도

13. (측정결과의) 반복성(repeatability(result of measurement)

같은 측정조건에서 같을 측정량을 연속적으로 측정하여 얻은 결과들 사이의 일치하는 정도

[주] 같은 측정 절차, 같은 관측자, 같은 조건하에서 사용된 같은 측정기기, 같은 장소, 짧은 시간 내의 반복 등으로 결과의 분산특성을 이용하여 정량적으로 표현할 수 있다.

14. (측정결과의) 재현성(reproducibility(result of measurements))

변경된 측정 조건에서 같은 측정량을 측정하여 얻은 결과들 사이의 일치하는 정도

[주] 재현성에 대한 기술이 타당하려면 변경된 조건을 명기해야 한다.

변경된 조건은 측정원리, 측정방법, 관측자, 측정기기, 교정용 표준기, 장소, 사용조건, 시간 등

15. 시험표준편차(experimental standard deviation)

같은 측정량에 대한 일련의 n회 측정에서 결과의 분산 특성을 나타내는 양 $s(q_k)$이며 다음과 같이 주어진다.

$$s(q_k) = \sqrt{\frac{\sum_{k=1}^{n}(q_k - \bar{q})^2}{n-1}}$$

q_k는 k번째 측정의 결과이며, $\bar{q}$는 n회 측정한 결과의 산술평균이다.

16. 우연오차(random error)

반복성 조건을 유지하면서 같은 측정량을 무한히 측정하여 얻은 모평균을 측정결과에서 뺀 값

[주] 우연오차 = 측정값 - 모평균

17. 계통오차(systematic error)

반복성 조건을 유지하면서 같은 측정량을 무한히 측정에서 얻은 모평균에서 측정량의 참값을 뺀 값

[주] 계통오차 = 모평균 - 참값

18. 측정오차(measurement error)

측정값에서 기준값을 뺀 값(측정오차 = 측정값 - 기준값)

19. 보정값(correction)

계통오차를 보상하기 위하여 보정 전 측정결과에 대수적으로 더하는 값

[주] 보정값은 추정된 계통오차에 음부호를 붙인 것과 같다.

20. 보정인자(correction factor)

계통오차를 보상하기 위하여 보정 전 측정결과에 곱하여 주는 수치 인자

3) 통계학 용어

여기 기술되는 통계학 용어의 정의는 ISO Guide 부록 C로부터 발췌하여 수록하였다.

1. 확률(probability)

우연 사건이 일어날 수 있는 가능성을 나타내는 0에서 1사이의 실수

2. 확률변수 ; 변량(random variable ; variate)

특정 집합으로부터 어느 값이나 취할 수 있는 변수로서 확률분포와 연관된 것

[주] 확률변수는 이산확률변수와 연속확률변수로 나뉘며, 사건 A의 확률을 $Pr(A)$ 또는 $P(A)$로 표현한다.

3. 확률분포(probability distribution)

확률변수가 어떤 주어진 값을 가질 확률 또는 주어진 값의 집합에 속할 확률을 나타내는 함수

4. 분포함수(distribution function)

모든 값 x에 대하여 확률변수 X가 x보다 작거나 같게 될 확률을 주는 함수

$F(x) = Pr(X \leq x)$

5. 확률밀도함수(probability density function)

분포함수의 도함수로서 $f(x) = dF(x)/dx$

6. 확률질량함수(probability mass function

이산확률변수 X의 어떤 값 x_i에 대하여 확률변수 X가 x_i와 같게 될 확률 p_i를 주는 함수 : $p_i = Pr(X = x_i)$

7. 파라미터 ; 모수 ; 매개변수(parameter)

확률변수의 확률분포를 표현하는데 사용되는 양으로서 모집단의 특성을 나타낸다. 모수는 주어진 모집단의 고유한 상수로서 모평균(또는 기댓값), 모분산 등이 있다.

8. 상관 ; 상관관계(correlation)

두 개 이상의 확률변수의 분포에서 확률변수들 사이의 관련성

9. 기댓값 ; 모평균(expectation ; expected value ; mean)

x_i를 가질 확률이 p_i인 이산확률변수 X에 대하여, 기댓값은 $\mu = E(X) = \sum x_i\, p_i$로 정의된다. 또, 확률밀도함수 $f(x)$를 갖는 연속확률변수 X에 대하여, 기댓값은 $\mu = E(X) = \int x f(x) dx$로 정의된다.

10. 분산(variance)

확률변수 X의 분포가 모평균 μ로부터 흩어진 정도를 나타내는 양으로서 $\sigma^2 = V(X) = E\{[X - E(X)]^2\}$로 정의된다.

11. 표준편차(standard deviation)

분산의 제곱근 : $\sigma = \sqrt{V(X)}$

12. 정규분포 ; Laplace-Gauss분포(normal distribution)

연속확률변수 X의 확률분포로서 그 확률밀도함수가

$f(x) = \dfrac{1}{\sigma\sqrt{2\pi}} \exp[-\dfrac{1}{2}[\dfrac{x-\mu}{\sigma}]^2]$, $-\infty < x < \infty$로 주어지는 분포

[주] μ는 정규분포의 기댓값이고, σ는 표준편차이다.

[집필자 주] 여기서 기술된 표준편차 σ는 앞으로 기술되는 모표준편차와 같으며, 표본표준편차 s와는 구별된다.

13. 모집단(population)

관심의 대상이 되는 집단 전체

[주] 확률변수의 경우에는 모집단을 정의하기 위하여 확률분포를 사용한다.

14. 빈도 ; 도수(frequency)

일정 사건이 발생되는 횟수 또는 특정 계급에 속하는 관측값의 수

15. 빈도분포 ; 도수분포(frequency distribution)

특성치의 값과 빈도 또는 상대빈도 사이의 경험적 관련을 나타내는 분포

[주] 이 분포는 히스토그램, 막대그림표, 누적빈도다각형, 이원표(two-way table) 로 표현

16. 산술평균 ; 평균(arithmetic mean ; average)

관측값의 합을 관측값의 개수로 나눈 값. 표본평균 또는 시험평균이라고도 한다.

[주] (1) 모평균 또는 기대값은 모집단의 모수를 나타내는 것이며, 산술평균 또는 평균은 표본으로 얻어진 자료들을 계산한 결과를 나타낸다.

(2) 모집단으로부터 얻은 단순 임의표본의 산술평균은 이 모집단의 모평균에 대한 비편향 추정량이다. 그러나 기하평균, 조화평균, 중간값, 최빈값 등과 같은 통계량들이 사용되는 경우도 있다.

17. 표본분산 ; 시험분산(sample variance ; experimental variance)

관측값의 분산을 나타내는 것으로 관측값들의 편차, 즉 관측값과 산술평균과의 차이로부터 다음과 같이 정의된다.

$$s^2 = \frac{1}{n-1}\sum_{i=1}^{n}(x_i - \overline{x})^2$$

표본분산은 모분산의 비편향 추정량이 된다.

18. 표본표준편차 ; 시험표준편차(sample standard deviation ; experimental standard deviation)

표본분산의 양의 제곱근으로 모집단 표준편차에 대한 비편향 추정량이 된다.

19. 통계량(statistic)

관측값의 함수, 엄밀하게는 표본확률변수의 함수

[주] 통계량 또한 확률변수이며 관측값에 의해 구해지는 통계량의 값은 통계적인 검정에 또는 모수의 추정값으로 사용될 수 있다.

20. 추정(estimation)

모집단으로부터 취한 표본에서의 관측값을 이용하여, 그 모집단의 통계적 모형으로 선택된 분포의 모수에 수치값을 부여하는 작업

[주] 그 결과는 한 개의 값, 즉 점 추정값(point estimate)으로 표현되거나 구간 추정값(interval estimate)으로 표현될 수 있다.

21. 추정량(estimator)

모수를 추정하기 위해 사용된 통계량

22. 추정값(estimate)

추정의 결과로서 얻어진 추정량의 값

23. 양쪽 신뢰구간(two-sided confidence interval)

T_1과 T_2가 관측값의 두 함수이고, θ가 추정하려고 하는 모집단 파라미터일 때, 확률 $Pr(T_1 \le \theta \le T_2)$가 $(1-\alpha)$보다 크거나 같다면, 즉 $Pr(T_1 \le \theta \le T_2) \ge (1-\alpha)$이라면, T_1에서 T_2까지 구간을 θ에 대한 $(1-\alpha)$ 양쪽 신뢰구간이라 한다. 여기서 $(1-\alpha)$는 0과 1사이의 값이다.

24. 한쪽 신뢰구간(one-sided confidence interval)

T가 관측 값의 함수이고, θ가 추정하려고 하는 모집단 파라미터일 때, 확률 $Pr(T \ge \theta)$ [또는 확률 $Pr(T \le \theta)$]가 $(1-\alpha)$보다 크거나 같다면, θ가 가질 수 있는 가장 작은 값에서부터 T까지의 구간을 θ에 대한 $(1-\alpha)$ 한쪽 신뢰구간이라 한다.

25. 신뢰수준 ; 신뢰계수(confidence level ; confidence coefficient)

신뢰구간 또는 통계적 포함구간과 관련된 확률값$(1-\alpha)$

26. 통계적인 포함구간(statistical coverage interval)

주어진 신뢰수준으로 최소한 모집단의 특정부분을 포함한다고 명시할 수 있는 구간

27. 자유도(degrees of freedom)

관측값의 수에 대하여 특정 체계 내에서 임의로 결정될 수 있는 수의 개수

[주] 예를 들어 표본분산의 경우, 표본분산을 얻으려면 $(x_i - \bar{x})$값을 제곱하여 합하여야 한다. 이때 제한조건식은 $\sum(x_i - \bar{x}) = 0$ 뿐이므로 임의로 결정될 수 있는$(x_i - \bar{x})$는 $n-1$개가 된다. 즉 표본의 크기는 n이지만 $(x_i - \bar{x})$는 $n-1$개만이 임의로 결정된다. 따라서 표본분산의 자유도는 $n-1$이다. 만약 최소제곱방법에 의하여 직선의 절편과 기울기를 결정하기 위하여 n개의 독립적인 관측값이 사용되었다면, 절편 또는 기울기에 대한 표준불확도의 자유도는 $\nu = n-2$이다. 또 n개의 관측값에 대한 m개의 파라미터의 최소제곱 적합선에 대해서는, 각각의 파라미터에 대한 표준불확도의 자유도는 $\nu = n-m$이 된다.

4) 불확도 용어

1. (측정)불확도(uncertainty(of measurement))

사용된 정보를 기초로 하여 측정량에 대한 측정값의 분산 특성을 나타내는 음이 아닌 파라미터

[주] (1) 위의 파라미터는 표준편차(또는 그의 배수), 또는 명시된 신뢰구간의 반 너비 등이 될 수 있다.

(2) 측정 불확도는 일반적으로 여러 성분으로 구성되어 있으며, 크게 두 부류로 나눌 수 있다. 한 부류는 여러 번 측정한 결과의 통계적인 분포로부터 값이 결정되는 것으로 시험표준편차로 나타낼 수 있고, 다른 부류는 마찬가지로 표준편차로 나타낼 수 있지만, 경험이나 다른 정보에 근거하여 가정한 확률분포로부터 그 값이 결정되는 것이다.

(3) 측정결과는 측정량의 값에 대한 최선의 추정값이라 할 수 있으며, 여러 가지 원인으로부터 오는 다양한 불확도 성분이 모두 분산의 원인이 되는데, 사용된 표준기와 표준물질, 보정 등에 관련된 성분처럼 계통효과에서 기인하는 성분도 포함된다.

2. (불확도의) A형 평가(Type A evaluation (of uncertainty))

일련의 관측값을 통계적으로 분석하여 불확도를 구하는 방법

3. (불확도의) B형 평가/(Type B evaluation (of uncertainty))

일련의 관측값의 통계적인 분석이 아닌 다른 방법으로 불확도를 구하는 방법

4. 합성표준불확도(combined standard uncertainty)

측정결과가 여러 개의 다른 입력량으로부터 구해질 때 이 측정결과의 표준불확도를 합성표준불확도라 한다. 합성표준불확도는 각 입력량의 변화가 측정결과에 미치는 영향에 따라 가중된 분산과 공분산의 합의 양의 제곱근과 같다.

5. 확장불확도(expanded uncertainty)

측정량의 합리적인 추정값이 이루는 분포의 대부분을 포함할 것으로 기대되는 측정결과 주위의 어떤 구간을 정의하는 양

[주] (1) 위에서 부분은 포함확률 또는 구간의 신뢰수준을 뜻하는 것으로 본다.

(2) 특정한 신뢰수준을 확장불확도에 의해 정의되는 구간과 관련짓기 위해서는 측정결과와 그 합성표준불확도로 결정되는 확률분포에 관한 명백하거나 함축적인 가정이 요구된다. 구간에 부여할 수 있는 신뢰수준은 그 가정이 성립되는 범위에서만 알 수 있다.

6. 포함인자(coverage factor)

확장불확도를 구하기 위하여 합성표준불확도에 곱하는 수치인자

[주] 포함인자 k의 값은 보통 2와 3 사이에 있다.

5) 기타 관련 용어

1. 교정(calibration)

명시된 조건하에서 첫 번째 단계로 측정표준에 의해 제공된 양의 값(측정불확도 포함)과 대응되는 지시값 사이의 관계를 정립하고, 두 번째 단계로 지시값에서 측정결과를 얻는 관계를 확립하기 위해 첫 번째 단계의 정보를 이용하는 작업

2. 측정소급성(metrological traceability)

문서화된 끊어지지 않은 교정의 사슬을 통하여 측정결과를 기준에 결부시킬 수 있는 측정결과의 특성이며, 각 단계는 측정불확도에 기여함

3. 검증(verification)

주어진 품목이 명시된 요건을 충족한다는 객관적인 증거의 제공

4. 유효화(validation)

명시된 요구사항이 의도된 사용에 적절한가를 검증

5. 측정모델(measurement model)

측정에서 포함된 것으로 알려진 모든 양 사이의 수학적 관계식

6. 측정함수(measurement function)

양의 함수로서 그 함수의 값은 측정모델의 입력량에 대해 알려진 값을 사용하여 계산할 때 측정모델이 출력량의 측정값이 됨

7. 측정모델의 입력량(input quantity in a measurement model)

반드시 측정되어야 하는 양, 또는 측정량의 측정값을 계산하기 위해서는 그 값이 다른 방법으로라도 구해질 수 있는 양

8. 측정모델의 출력량(output quantity in a measurement model)

측정값이 측정모델의 입력량의 값을 이용하여 계산되는 양

9. 측정시스템의 감도(sensitivity od a measuring system)

측정시스템의 지시값의 변화와 이에 대응하는 측정되는 양의 값의 변화의 비

10. 분해능(resolution)

해당되는 지시값에 감지할 수 있을 정도의 변화를 일으키는 측정되고 있는 양의 최소 변화량

11. 불감대(dead band)

측정되고 있는 양의 값이 해당되는 지시값에 검출 가능한 변화를 일으키지 않고, 양방형으로 변화할 수 있는 최대구간

12. 정확도 등급(accuracy class)

명시된 작동 조건하에서 명시된 한계 이내로 측정오차 도는 기기불확도를 유지하기 위해 지정된 측정학적 요구사항을 만족하는 측정기기 또는 측정시스템의 등급

13. 교정곡선(calibration curve)

지시값과 이에 해당하는 측정값 사이의 관계를 나타내는 표현

14. 측정표준(measurement standard)

기준으로 사용되는 명시된 양의 값 및 연계된 측정불확도를 가지는 주어진 양의 정의에 대한 구현(예: 표준 측정불확도가 $3\,\mu\text{m}$ 인 1 kg 질량 측정표준)

15. 국제측정표준(international measurement standard)

국제적 협약의 가맹국들에 의해 승인되고 세계적으로 사용되도록 의도된 측정표준

16. 국가측정표준(national measurement standard)

한 국가에서 해당 양의 종류의 다른 측정표준에 값을 부여하는 근거로 사용되도록 국가가 공인한 측정표준

17. 일차측정표준(primary measurement standard)

일차기준측정절차에 의해 확립되거나 또는 인공물로 가공되어 협약에 의해 선택된 측정표준

18. 이차측정표준(secondary measurement standard)

같은 종류의 양의 일차측정표준에 의한 교정을 통해서 확립된 측정표준

19. 기준측정표준(reference measurement standard)

주어진 조직 또는 장소에서 주어진 종류의 양에 대한 다른 측정표준을 교정하도록 지정된 측정표준

20. 작업용 측정표준(working measurement standard)

측정기기나 측정시스템을 교정하거나 검증하는데 일상적으로 사용되는 측정표준

21. 이동용 측정표준(transfer measurement device)

때로는 특별히 제작된 다른 장소간의 수송을 위한 측정표준

22. 고유측정표준(intrinsic measurement standard)

현상이나 물질의 고유하고 재현성 있는 특성에 기반을 둔 측정표준

23. 교정기(calibrator)

교정에 사용된 측정표준

24. 표준물질(RM, reference material)

측정이나 명목특성의 시험에 사용할 목적으로 만들어진 명시된 특성에 관하여 충분히 균질하고 안정된 물질

25. 인증표준물질(CRM, certified reference material)

공인된 기구에 의해 발급된 문서를 동반하는 유효한 절차를 사용하여 한 개 이상의 명시한 특성값과 연계 불확도, 그리고 소급성을 제공하는 표준물질

1.3 측정불확도의 발생원인

1) 측정불확도의 발생원인

측정에서 불확도는 크게 다음 세 가지 경우에서 발생한다.

1. 측정량 자체의 분포가 있는 경우

측정량 자체가 분포를 가지고 있고 측정하려고 하는 측정량의 (참)값이 이 분포의 평균인 경우가 있다. 이 경우 측정은 통계적 프로세스로 반복성이 완벽한 측정기기로 반복측정을 수행하여도 측정값의 퍼짐현상이 나타나고 측정값의 평균에서 퍼짐정도가 측정량의 고유불확도(intrinsic uncertainty)가 된다.

2. 반복성에 의하여 발생되는 불확도

측정기기의 반복성에 의해 불확도가 발생한다. 즉 어떤 측정량을 반복조건하에서 여러 번 측정하여도 같은 값이 나오지 않아 분산이 발생하고, 이 분산이 측정량의 고유불확도 보다 큰 경우가 있는데 이것이 바로 측정기기의 반복성 때문에 발생하는 불확도이다.

3. 계통적 효과에 의하여 발생되는 불확도

다른 측정기기에 관계된 불확도로서 측정기기의 계통적 효과에 의해 불확도가 발생할 수 있다. 완벽한 측정기기는 존재하지 않고, 알려진 계통적 효과나 알려지지 않는 계통적 효과는 항상 존재한다. 그런데 알려진 계통적 효과는 그 효과만큼 나중에 보정을 수행하여야 하는데 수행된 보정에서 불확도가 발생하게 된다.

4. 측정불확도의 발생원인 요약

- 측정량의 불완전한 정의
- 측정량의 정의에 대한 불완전한 실현
- 대표성이 없는 표본추출

- 측정환경효과에 대한 인식부족 및 환경조건에 대한 불완전한 측정
- 아날로그 기기에서의 개인적인 판독차이
- 기기의 분해능과 검출한계
- 측정표준과 표준물질의 부정확한 값
- 외부자료에서 인용하여 데이터 분석에 사용한 상수와 파라미터의 부정확한 값
- 측정방법과 측정과정에서 사용되는 근삿값과 여러 가지 가정
- 외관상 같은 조건이지만 반복적인 측정에서 나타나는 변동
- 불완전한 수학적 모델
- 샘플링 방법 (불완전한 표본 추출에 따른 모평균 추정)
- 측정기 분해능과 검출 한계 등

2) 측정불확도의 필요성

불확도는 측정결과의 품질을 정량적으로 표시하는 양으로, 측정결과가 측정량의 값을 얼마나 잘 측정하였는가에 대한 답을 준다. 불확도는 측정결과의 신뢰성의 정보를 줄 뿐만 아니라 다른 결과나 기준값과의 비교에도 사용된다. 불확도를 통한 상호비교에서의 신뢰성 확보는 통상무역에서의 발생하는 많은 문제점을 해결할 수 있다.

또한 측정결과를 규격이나 규정에서 정의된 제한값과 비교할 경우가 있는데, 불확도를 이용하면 그 결과가 허용치 이내에 안전하게 존재하는지 아니면 간신히 허용치 주위에 있는지의 여부를 알 수 있다. 가령 결과가 제한값에 아주 가까운 경우에는, 불확도를 고려하여 측정된 특성이 제한값 이내에 못 들어온 상황에 대비해 그에 관한 위험관리를 고려해야한다.

3) 측정불확도의 평가

불확도의 평가에는 A형과 B형이 있다. 불확도의 A형 평가란 일련의 관측값을 통계적으로 분석하여 불확도를 구하는 방법이며, 불확도의 B형 평가란 일련의 관측값의 통계적인 분석이 아닌 다른 방법으로 불확도를 구하는 방법을 말한다. 즉, 경험이나 다른 정보에 근거하여 가정한 확률분포로부터 구하는 것을 말한다.

1. 합성표준불확도(combined standard uncertainty)

측정결과가 여러 개의 다른 입력량으로 부터 구해질 때 이 측정결과의 표준불확도를 합성표준불확도라 한다. 합성표준불확도는 각 입력량의 변화가 측정결과에 미치는 영향에 따라 가중된 분산과 공분산 합의 제곱근과 같다.

2. 확장불확도(expanded uncertainty)

측정량의 합리적인 추정값이 이루는 분포의 대부분을 포함할 것으로 기대되는 측정결과 주위의 어떤 구간을 정의하는 양이다.

3. 포함인자(coverage factor)

확장불확도를 구하기 위하여 합성표준불확도에 곱하는 수치 인자이다.

4) 측정불확도의 산출절차

어떤 측정의 종합 불확도를 산출하기 위한 주요절차는 다음과 같다.

(1) 측정 및 통계방법의 숙지와 결과를 얻는데 필요한 측정과 계산 방법의 결정한다.

(2) 측정량 및 측정방법을 파악하고 필요한 측정을 실시한다.

(3) 최종 결과에 포함시킬 각 입력량의 불확도를 추정한다.

(4) 입력량의 불확도가 서로 독립하고 있는지의 여부와 측정의 수학적 모델화 한다.

(5) 측정결과를 계산하여 요인별 표준 불확도를 추정(A Type, B Type)한다.

(6) 각각의 요인 전부에서 합성 표준불확도를 산출한다.

(7) 불확도를 포함인자와 불확도 구간의 크기를 표현하여 확장불확도를 산출한다.

(8) 신뢰수준을 포함한 측정결과 및 불확도를 쓰고 구한 방법을 기술한다.

5) 측정불확도가 아닌 것

(1) 작업자의 실수는 불확도에 기여하는 것이 아니므로 측정불확도가 아니다. 따라서 주의 깊게 작업하고 작업을 체크함으로 회피할 수 있다.

(2) 공차(tolerance) 허용범위도 불확도가 아니다. 허용범위는 제품에 적용된 허용한계이며, 사양서도 불확도가 아니다.

(3) 정확도(accuracy) 또는 부정확도(inaccuracy)도 불확도와 동일하지 않다. 즉, 정확도는 정성적인 용어(예: 측정이 정확하다, 측정이 정확하지 않다 등)이지만 불확도는 정량적이다(수치에 ±0.01 등).

(4) 오차와 통계해석도 불확도와 동일하지 않다. 불확도 해석은 통계이용의 한 가지 예일 뿐이다.

1.4 측정불확도의 산정

교정 및 시험 · 검사에서 측정 과정은 대부분 불완전하여 오차가 포함되므로 측정 결과값에는 불확도가 존재하게 된다. 그러므로 측정 결과값에 측정불확도 표기가 수반되지 않는다면 측정의 전체 과정이 완전하다고 볼 수 없다. 본 장에서는 KOLAS 불확도 지침서와 한국계량측정협회(KASTO)의 불확도 산정방법을 정리하여 기술하였다.

과거에는 측정 결과의 불확도 요소들을 합성하기 쉬운 방법으로서, 각각의 불확도 요인에 대한 최대 오차의 한계값을 추정하고 단순히 더하여 전체 불확도의 척도로 이용하였다. 어떤 경우에는 이들의 산술적인 덧셈 결과를 100 % 신뢰수준으로 계산하여 측정 결과의 불확실한 범위로 이용하기도 하였다. 이러한 방법들은 그동안 빠르게 계산할 수 있는 장점이 있어서 여러 측정 분야에서 많이 사용되어 왔다. 그러나 측정불확도 표현 지침서(GUM)의 사용이 국제적으로 합의된 현재, 더 이상 이러한 방법들을 적용해서는 측정 결과의 신뢰성을 확보할 수 없다.

대부분의 측정자들은 동일한 조건에서 반복 측정하며, 측정값들이 산포한다는 사실을 알고 있다. 그러나 반복 측정하였다 하더라도 결과 값에는 잘못 측정된 차이가 있을 수 있으므로 측정값이 얼마나 벗어나 있는가 하는 것에 대한 충분한 검토 없이 불확실한 범위를 추정하는 것은 매우 위험하다. 이러한 이유로 GUM 과 KOLAS 불확도 지침서는 통계적인 방법을 이용하여 이 문제에 접근하고 있다.

1) 측정불확도 산정 절차의 요약

측정불확도를 계산하기 위해서는 먼저 측정불확도를 일으키는 요인을 결정해야 한다. 그다음 각각의 요인에서 그 불확도의 크기를 추정한다. 그리고 마지막으로 각각의 불확도를 합성하고 전체 크기를 파악한다.

각각의 불확도가 어떻게 기여하고 있는가를 평가하고 이것들을 어떻게 합성할 것인가에 대해서는 명확한 규칙이 있다.

- GUM의 측정불확도 표현지침서
- KOLAS(한국인정기구)의 측정결과의 불확도 추정 및 표현을 위한 지침
- KASTO(한국계량측정협회)의 측정의 신뢰성 및 불확도 표현

2) 측정 및 측정량의 추정값

측정량은 측정의 대상이 되는 양으로 정의하며, 측정은 측정량의 값을 추정하기 위한 것이다. 따라서 불확도를 구하기에 앞서서 측정량의 추정값을 결정한 후 오차요인을 파악한다.

3) 불확도 및 오차요인 파악

측정 과정을 검토하여 불확도 및 오차 요소를 파악한다. 측정의 불확도 및 오차 요소가 확인되면 불확도를 계산한다.

(1) 측정불확도의 특성요인도

측정불확도에 대한 일반적인 요인의 분류는 4M, 또는 SWIPE (Standard & Reference, Work piece, Instrument, Personal, Environment) 등으로 하며, 불확도의 일반적인 특성 요인도는 다음 그림과 같다.

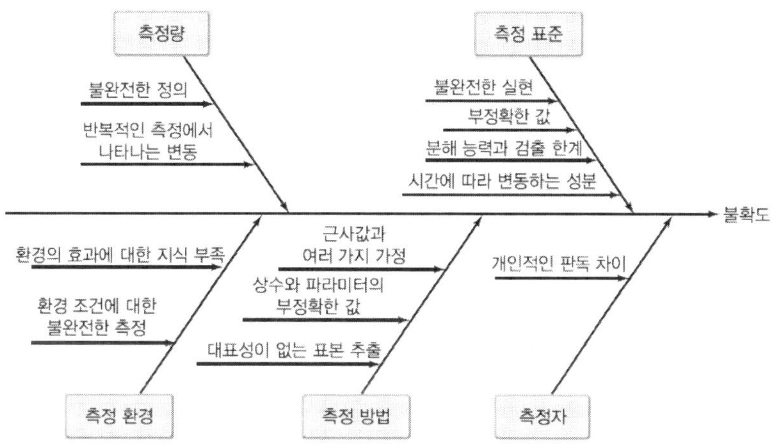

[그림 1.4] 측정불확도의 일반적인 특성 요인도

(2) 측정불확도의 1차 요인도 작성

모든 측정의 영향인자를 나열한다.

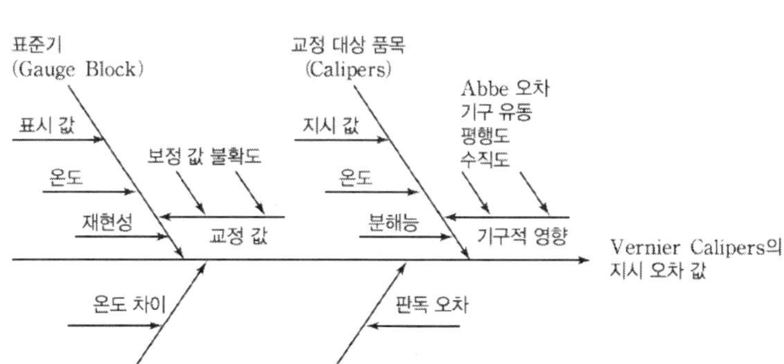

[그림 1.5] 1차 특성 요인도 작성

(3) **불확도 성분의 단순화**

측정불확도 요인 중 비슷한 성분을 묶는다.

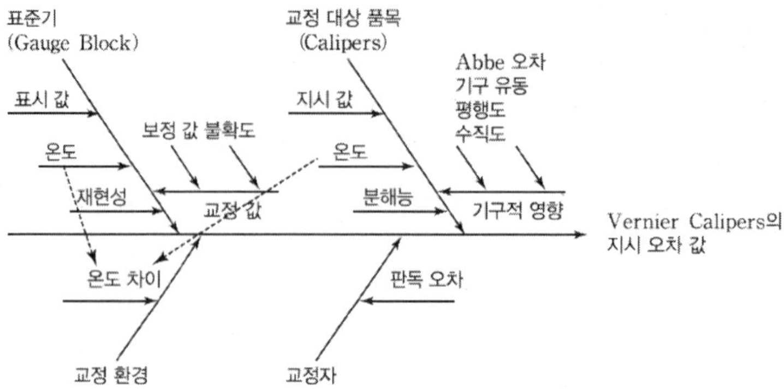

[그림 1.6] 불확도 성분의 단순화

(4) **중요도 낮은 성분의 삭제**

불확도 요인 중 중요도가 낮은 성분을 삭제한다. 무시 가능분에 대한 기준은 확장 불확도에 1 % 미만인 영향인자이거나 큰 불확도의 15 % 이하인 불확도이고, 불확도가 불확도에 5 % 이내일 때 삭제한다. 이 경우 무시한 산출 근거를 기록 유지한다.

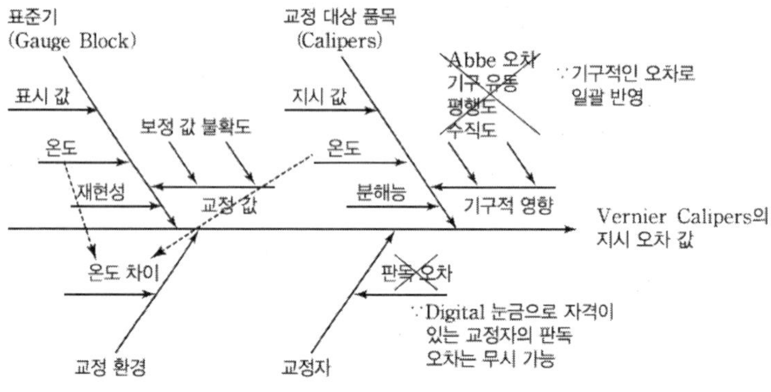

[그림 1.7] 무시 가능한 성분의 삭제

4) 측정불확도의 계산절차

측정불확도의 계산 절차는 측정량의 관계 모델식의 작성, 입력량 표준불확도의 계산, 합성표준불확도의 계산 그리고 확장불확도의 계산이다.

5) 측정결과 및 측정불확도 표기

계산 과정이 끝나면, 시험 성적서에 측정불확도를 표기하게 된다.

〈표 1.1〉 측정불확도 산정 절차

순서	측정 불확도 계산 절차	통계 처리 방법
1	측정량의 관계 모델식	측정량 추정 결과 및 오차의 계산식
2	입력량의 표준 불확도 평가	입력량의 표준 편차 상당량 파악
3	합성 표준 불확도의 계산	오차(표준 편차 상당량)의 전파 법칙에 의한 측정량의 표준 편차 상당량의 계산
4	확장 불확도의 계산	측정량의 통계적인 추정 구간 계산

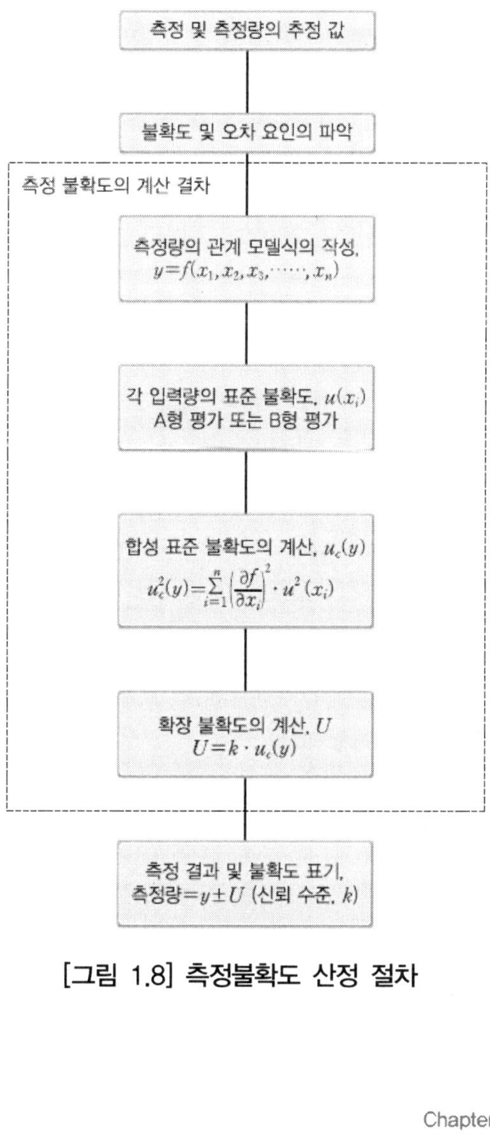

[그림 1.8] 측정불확도 산정 절차

1.5 2018년 재 정의된 SI기본단위

1) 재정의된 기본단위 4개란?

요즘은 세상에 "변하지 않는 것은 없다."라는 말이 실감이 난다. 국제단위계를 제정할 때 궁극적인 목표는 영원히 변하지 않는 불변의 기준이 되는 것이었으나, 질량, 전류, 온도, 물질량의 단위는 충분히 안정적이지 못했기 때문에 SI기본단위 7개 중 4개가 새로 정의되었다. 7개의 기본단위 중 4개가 동시에 달라지는 것은 전 세계 도량형 통일을 논의한 "미터협약" 이후 143년 만에 있는 일이다. 그래서 2018년 11월, SI 기본단위 중 킬로그램(kg), 암페어(A), 켈빈(K), 몰(mol)의 정의가 측정의 국제적 동등성을 보장하는 국제기구인 국제도량형총회(CGPM)에서 승인되었으며, 개정된 단위의 정의는 세계측정의 날인 2019년 5월 20일부터 발효된다.

국제단위계인 SI단위는 미터법을 기준으로 확립한 도량형 체계로 시간은 초(s), 길이는 미터(m), 질량은 킬로그램(kg), 전류는 암페어(A), 온도는 켈빈(K), 물질량은 몰(mol), 광도는 칸델라(cd)가 SI를 구성하는 기본단위에 해당된다. 개정된 정의는 7개의 물리 상수(예: 빛의 속도, 플랑크 상수, 아보가드로 상수)를 기반으로 하였으므로 단위를 구현할 때에도 다시 수정할 필요가 없다. SI단위계는 7개의 기본단위와 기본단위를 곱하거나 나누어 파생된 22개의 유도단위로 구성돼 있으며 현재 미국, 미얀마, 라이베리아를 제외한 전 세계 모든 국가에서 법정단위로 채택하고 있다.

이와 같이 새로 정의된 4개 단위(kg, A, K, mol)는 다음과 같은 이유에서 개정하게 되었다. 예를 들어 킬로그램은 1889년에 백금과 이리듐 합금으로 만든 국제킬로그램원기의 질량으로 정의되어 왔지만 100년 이상이 지난 현재 원기의 질량이 수십 마이크로그램(㎍) 변했다. 단위가 불안정하고, 변할 가능성이 있다는 것은 일상생활과 모든 산업 현장에서 이루어지는 측정값을 신뢰할 수 없음을 의미한다.

또한, 재 정의된 단위는 7개 기본단위의 정의에 기본상수를 활용한다는 특징을 갖고 있다. 플랑크 상수(h), 기본 전하(e), 볼츠만 상수(k), 아보가드로 상수(N_A)라는 고정된 값의 기본상수를 기반으로 단위를 정의함으로써 안정성과 보편성이 확보된 '불변의 단위 정의'가 실현됐다. 즉, 킬로그램에는 플랑크 상수, 암페어에는 기본전하, 켈빈에는 볼츠만 상수, 몰에는 아보가드로 상수를 각각 단위 재 정의에 사용된다.

양자역학의 기본 상수인 플랑크 상수는 에너지와 관련된 중요한 상수로 단위는 J·s다. 에너지와 일의 단위인 J(줄)을 kg과 m, s와 같은 국제단위계로 변환하면 플랑크 상수의 단위는 $\mathrm{kg \cdot m^2 \cdot s^{-1}}$이 된다. 즉, 플랑크 상수를 정확하게 측정하면 이미 결정된 길이와 시간 단위를 이용해 역으로 kg을 정의할 수 있다.

〈표 1.2〉 7개 기본단위와 기준이 된 상수

단위명	기호	명칭	기준이 된 물리값(상수)	최종 정의 연도
시간	s	초	세슘(Cs) 원자의 초미세 전이주파수	1967
광도	cd	칸델라	파장 λ=555 nm의 녹색광의 특정방향 복사도	1979
길이	m	미터	진공에서 빛의 속력	1983
질량	kg	킬로그램	플랑크 상수	2018
전류	A	암페어	기본전하	2018
온도	K	켈빈	볼츠만 상수	2018
물질량	mol	몰	아보가드로 상수	2018

〈표 1.3〉 단위 재 정의에 사용되는 상수

단위명	기호	명칭	정의
질량	kg	킬로그램	플랑크 상수(h = 6.626 070 15 × 10^{-34}) kg · m^2 · s^{-1}(J · s)
전류	A	암페어	기본전하(e = 1.602 176 634 × 10^{-19} C)
온도	K	켈빈	볼츠만 상수(k = 1.380 649 × 10^{-23} JK^{-1})를 이용
물질량	mol	몰	아보가드로 상수(N_A = 6.022 140 76 × 10^{23} mol^{-1})를 사용

2) 재 정의된 기본단위 4개의 영향

킬로그램, 암페어, 켈빈, 몰의 재 정의는 다음과 같이 초(s), 미터(m) 및 칸델라(cd)의 단위에 아무 영향을 미치지 않는다.

(1) **초**(s)

초의 정의는 세슘-133 원자의 초미세 준위 사이의 전이 주파수로 계속 유지된다. 초에 대한 소급성 고리는 영향을 받지 않으며, 시간 및 주파수 측정도 영향을 받지 않는다.

(2) **미터**(m)

미터의 정의는 개정된 SI에서 기본물리상수의 하나인 빛의 속력으로 계속 유지된다. 실제적인 길이 측정에서 어떤 변화도 필요하지 않은데, 장기 안정성이 향상되는 이점이 있다.

(3) **칸델라**(cd)

칸델라의 정의는 광도 측정과 관련된 기술상수인 K_{cd}로 계속 유지되며, 따라서 와트와 계속

연결된다. 칸델라로의 소급성 또한 절대 교정된 검출기를 사용한 복사 측정 방법을 통해 확립되며, 측정 불확도도 영향을 주지 않는다.

1.6 SI 기본단위

〈표 1.4〉 SI 기본단위의 정의

단위명	기호	명칭	SI 단위의 기준이 된 물리상수	정의 연도
시간	s	초	세슘(Cs) 원자의 초미세 전이주파수	1967
광도	cd	칸델라	파장 λ= 555 nm의 녹색광의 특정방향 복사도	1979
길이	m	미터	진공에서 빛의 속력 c = 299 792 458 m/s	1983
질량	kg	킬로그램	플랑크 상수 h = 6.626 070 15 × 10^{-34} kg · m^2 · s^{-1} (Js)	2018
전류	A	암페어	기본전하 e = 1.602 176 634 × 10^{-19} C	2018
온도	K	켈빈	볼츠만 상수 k = 1.380 649 × 10^{-23} JK^{-1}	2018
물질량	mol	몰	아보가드로 상수 N_A = 6.022 140 76 × 10^{23} mol^{-1}	2018

SI 단위는 기본단위와 유도단위의 두 가지 부류로 분류된다. SI 기본단위는 길이, 질량, 시간, 전류, 열역학적 온도, 물질량 및 광도로 구성되어 있으며, 보조단위(보충단위)에는 평면각과 입체각이 있다. 1960년 제 11차 국제도량형총회(CGPM)에서 처음으로 '국제단위계'의 체계를 정비할 당시에는 이 두 가지 부류 외에 보충단위라는 부류를 두어 모두 세 가지 부류로 형성되었다.

즉, 평면각의 단위 라디안과 입체각의 단위 스테라디안이 이 보충단위에 속하였었다. 여기서 라디안은 길이의 단위(m)를 길이의 단위(m)로 나눈 것으로 "1"이며, 스테라디안은 넓이의 단위(m^2)를 길이 단위의 제곱(m^2)으로 나눈 것으로 역시 "1"인데 처음에는 일반 유도단위와 구별하여 보충단위라고 부르기로 했었다. 그러나 그 동안 사용해본 결과 이들만 다른 유도단위와 구별하여 별개의 부류로 둘 특별한 이유가 없다고 여겨져서, 1995년 제20차 CGPM에서 이 부류를 없앴다. 따라서 라디안과 스테라디안은 유도단위에 속하게 되었다.

과학적인 관점에서 볼 때 SI 단위를 이와 같이 두 부류로 나누는 것은 어느 정도 임의적이다. 왜냐하면 그러한 분류가 물리학적으로 꼭 필요한 것은 아니기 때문이다. 그럼에도 불구하고 국제도량형총회는 국제관계, 교육 및 과학적 연구 활동에 있어서 실용적이고 범세계적인 단일

단위체계가 갖는 이점을 고려하여, 독립된 차원을 가지는 것으로 간주되는 일곱 개의 명확하게 정의된 단위들을 선택하여 국제단위계를 형성하는데 바탕을 삼기로 결정하였다. 즉 미터, 킬로그램, 초, 암페어, 켈빈, 몰, 칸델라의 7개 단위가 그것이다. 이 SI 단위를 기본단위라고 부른다.

1) 길이의 단위(미터)

"미터는 길이의 단위이며 빛이 진공에서 1/299 792 458초 동안 진행한 경로의 길이이다." (제 17차 CGPM/1983) 이 정의의 결과로 빛의 속력은 정확히 299 792 458 m/s 이다. 빛의 속력이 기본 물리 상수의 하나로서 그 값이 일정하고 변하지 않는다는 바탕위에 모든 물리학 법칙이 세워져 있다. 정의의 결과로 빛의 속력은 정확히 299 792 458 m/s로 고정된 것에 주목하여야 한다. 빛의 속력이 기본 물리 상수의 하나로서 그 값이 일정하고 변하지 않는다는 바탕 위에 모든 물리학 법칙이 세워져 있다. 그러나 실제 그 값이 얼마인가 하는 것은 측정 단위에 의하여 정해진다. 그러므로 미터와 시간의 단위가 독립적으로 정의되었을 때에는 빛의 속력도 측정에 의해서 그 값이 결정되었으므로 이에 따른 불확도를 가질 수밖에 없었다.

즉, 미터의 정의가 바뀌기 전의 빛의 속력은 보통 299 792 458(1.2) m/s 로 나타내었는데 이때 괄호 속의 숫자는 불확도를 나타내는 것으로 1 (1 표준편차) 값을 나타내었고, 또는 문헌에 따라 신뢰 수준 99 %를 갖는 확장불확도 값으로 4×10^{-9}으로 표시하기도 했다. 그러나 이제는 빛의 속력이 미터의 정의에서 보이는 값을 갖는 것으로 고정된다는 의미이다. 따라서 불확도가 영(0)인 정확한 값이 되고, 그 대신 미터의 정의가 빛의 속력에 바탕을 두게 된 것이다.

[그림 1.9] 길이의 원기모형[1 m](한국폴리텍대학 기계품질측정과 소장)

2) 질량의 단위(킬로그램)

"킬로그램(kg)은 질량의 단위이며 플랑크 상수 h 를 정확히 $6.626\ 070\ 15 \times 10^{-34}$ J · s(줄초)로 설정함으로서 정의된다." (제26차 CGPM/2018)

원기의 질량 대신 변하지 않는 물리상수이자 양자역학의 기본 상수 중 하나인 플랑크 상수(h)로 질량을 정의했다. 플랑크 상수의 단위는 kg · m^2 · s^{-1} (J.s)이므로 키블저울로 플랑크 상수를 구하면 역으로 질량(kg)을 환산할 수 있다.

우리나라는 국가 킬로그램원기로 국제도량형국(BIPM)에서 제공한 No.39와 No.72를 보유하고 있다. 이 원기는 재질이 백금(90 %)-이리듐(10 %) 합금으로 높이와 지름이 모두 약 39 mm인 원주형이다.

[그림 1.10] 킬로그램 원기

3) 시간의 단위(초)

"초는 세슘-133 원자의 바닥상태에 있는 두 초미세 준위 사이의 전이에 대응하는 복사선의 9 192 631 770 주기의 지속시간이다.(제13차 CGPM /1967~1968) 이 정의에서 세슘원자는 온도가 0 K 인 바닥상태에 있는 원자를 가리킨다." (CIPM/1997)

이 정의에서 세슘원자는 온도가 0 K(켈빈)일 때 바닥상태에 있는 원자를 가리킨다(CIPM/1997).

한국 표준시는 세슘원자시계에 의하여 유지되며 국제도량형국(BIPM)에서 제공하는 측정시간표에 따라 GPS (Global Positioning System)의 시각과 정기적으로 비교 · 측정된다. KRISS에서는 그 측정결과를 국제도량형국에 보고함으로서 세계협정시(UTC) 생성에 기여하고 있으며, 한국표준시는 항상 세계협정시와 1천만분의 1초 이내로 유지하고 있다.

시간의 단위인 초는 예전에는 평균태양일의 1/86 400로 정의되었었다. 여기서 "평균태양일"의 정확한 정의는 천문학 이론에 바탕을 두고 있고, 이렇게 정의된 초를 평균태양초라고 한다. 측정에 의해서 밝혀진 바로는 지구 자전의 불규칙성을 이론적으로 설명할 수 없다는 것과 이 불규칙성으로 인해 이 정의로는 시간의 단위를 우리가 요구하는 정확도로 실현할 수 없다는 것이다.

1956년 CIPM은 시간의 단위를 좀 더 엄밀하게 정의하기 위하여 국제천문학연맹이 태양년을 기초로 하여 만든 정의를 채택하였고, 1960년 제11차 CGPM에서 비준되었는데, 이것이 바로 역표초이며, 그 정의는 "초는 역표시로 1900년 1월 0일 12시에 대한 태양년의 1/31 556 925.974 7 이다." 다시 말해서, 평균태양초는 지구의 자전 주기를 기준으로 하였으나 역표초는 지구의 공전 주기를 기준으로 한 것이다. 위 정의의 표현을 바꾸어 보면, 이렇게 정의된 초로는 1 태양년이 약 31 556 926 초가 된다는 의미이다. 또한 하루의 길이가 86 400 초이므로 1년은 약 365.242 2 일이 된다는 것을 알 수 있고, 여기서 365일을 빼고 남는 부분이 윤년의 근원이 되는 것이다.

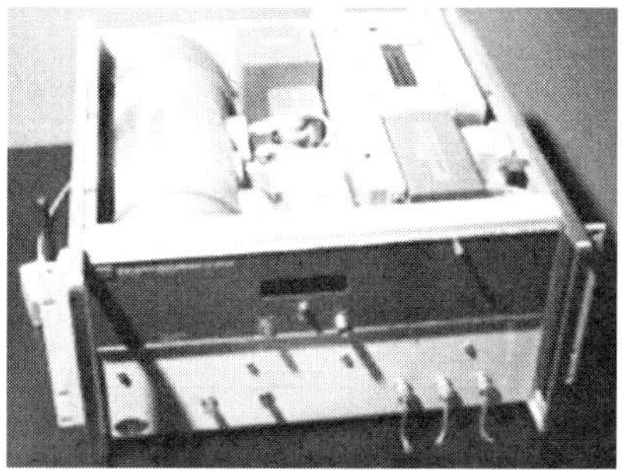

[그림 1.11] 상용 세슘원자시계 (상대불확도=1×10^{-12} : 출처 KRISS)

4) 전류의 단위(암페어)

"암페어(A)는 전류의 단위이며 물리상수인 기본전하 e를 정확히 $1.602\ 176\ 634 \times 10^{-19}$ C 으로 설정함으로서 정의된다." (제26차 CGPM/2018)

즉, 암페어는 단위시간 당 일정한 전하의 흐름으로 재 정의하였다. 특정 주파수를 가진 전자에 흐름을 단위시간 동안 일정하고 정교하게 만들 수 있다면 여기에 전하 e값만 곱해서 전류의 크기를 구할 수 있다.

물리상수인 기본전하는 고정된 값이므로 국제공인 기준인 1억분의 1의 불확도를 달성하려면, 1초에 약 10개에서 100개 사이의 전자를 흘렸을 때 1 aA(아토 암페어) 수준의 전류를 제어할 수 있어야한다.

5) 열역학적 온도의 단위(켈빈)

"켈빈(K)의 온도의 단위이며 볼츠만 상수 k 를 정확히 $1.380\ 649 \times 10^{-23}$ J/K로 설정함으로서 정의된다." (제 26차 CGPM/2018)

온도의 정의는 물질이나 임의의 상태가 아니라 변하지 않는 볼츠만 상수를 사용했다. 볼츠만 상수는 측정을 통해서 구해지며 단위가 J/K이므로 볼츠만 상수를 이용하여 온도(K)를 구할 수 있다.

온도차이 혹은 온도간격은 켈빈이나 섭씨도로 표현할 수 있다. 섭씨도로 표시된 섭씨온도 t 의 수치는 다음과 같이 주어진다.

$$t\ (℃) = T(K) - 273.15$$

6) 광도의 단위(칸델라)

"칸델라는 진동수 540×10^{12} 헤르츠인 단색광을 방출하는 광원의 복사도가 어떤 주어진 방향으로 매 스테라디안 당 1/683 와트일 때 이 방향에 대한 광도이다." (제16차 CGPM/1979)
이전에 여러 나라에서 사용되었던 불꽃이나 백열 필라멘트 표준에 기초를 둔 광도의 단위는 1948년 백금 응고점에서 유지된 플랑크 복사체(흑체)의 광휘도에 기초를 둔 "신촉광(新燭光)"으로 대치되었다. 이러한 내용은 이미 1937년 이전에 국제조명위원회(CIE)와 CIPM에 의해 마련되어 1946년 CIPM에 의해 공포되고, 이어서 1948년 제9차 CGPM에서 비준되었다. 이때에 광도단위에 대한 새로운 국제명칭 칸델라(기호 cd)가 채택되었다. 1946년에 공포된 이 칸델라의 정의는 1967년 제13차 CGPM에서 수정되었다. 즉, "칸델라는 101325 뉴턴 매 제곱미터의 압력 하에서 백금 응고점에 유지된 흑체의 표면 1/600 000 제곱미터의 수직방향에 대한 광도이다."로 되었다. 그러나 고온에서 플랑크 복사체를 현시하는 데는 실험적으로 어려움이 많고 또한 광 복사출력을 측정하는 복사측정방법(radiometry)에 의해 제공된 새로운 가능성 때문에 1979년 제16차 CGPM은 위와 같이 칸델라에 대한 새로운 정의를 채택하였다.

7) 물질량의 단위(몰)

"몰(mol)은 물질량의 단위이며 아보가드로 상수 NA를 정확히 6.022 140 76 × 10^{23} mol^{-1}로 설정함으로서 정의된다." (제26차 CGPM/2018)

물질량의 단위인 몰(mol)은 현재까지 탄소 -12의 질량을 바탕으로 정의되었으나, 질량의 단위가 2018년 재정의 됨에 따라 물질량의 정의가 흔들리므로 재 정의하게 되었다.

원자량이 12인 탄소 12 g에 들어있는 원자의 실제 개수가 아보가드로수이다. kg은 플랑크 상수로 정의되고, 플랑크 상수는 아보가드로수를 방정식에서 구한 방법이 있다.

따라서 키블저울에서 구한 플랑크 상수와 아보가드로수를 이용해서 구한 플랑크 상수가 같을 때 플라크상수를 이용하면 아보가드로 상수를 이용하여 물질량을 정의할 수 있다.

1.7 SI단위의 올바른 표기법

1) 혼동되는 SI단위의 표기법

(1) 기호는 대문자로 쓰지 않는다. 그러나 단위의 이름이 사람 이름에서 유래한 경우에 한해 기호의 첫 글자를 대문자로 쓸 수 있다. 예: 켈빈 단위는 기호 K로 표기한다.
(2) 기호는 복수일 경우라도 표기방식을 바꾸지 않으며 's'를 붙이지 않는다.

(3) 기호는 문장의 끝인 경우가 아니라면, 마침표를 쓰지 않는다.

(4) 몇 개의 단위를 곱하여 조합된 단위는 중간점을 넣거나 한 칸 띄운다.

예: N · m 혹은 N m

(5) 한 단위를 다른 단위로 나누어 조합된 단위는 사선이나 음의 지수로 표기한다.

예: m/s 혹은 $m \cdot s^{-1}$

(6) 조합하여 얻어진 단위에는 한 개의 사선만이 허용된다. 복잡한 조합에 대해 괄호 혹은 음의 지수를 사용하는 것은 허용된다.

예: m/s^2혹은 $m \cdot s^{-1}$는 되지만 m/s/s는 안 된다.

예: $m \cdot kg/(s^3 \cdot A)$ 혹은 $m \cdot kg \cdot s^{-3} \cdot A^{-1}$은 되지만 $m \cdot kg/s^3/A$나 $m \cdot kg/s^3 \cdot A$는 안 된다.

(7) 숫자와 기호 사이는 한 칸 띄운다.

예: 5 kg은 되지만 5kg은 안 된다.

(8) 단위 기호와 단위 이름을 혼용해서는 안 된다.

(9) 로마 직립체를 사용한다.

(10) 사람이름을 기호로 사용하지 않은 경우 소문자 표기를 원칙으로 한다.(m, s, kg)

(11) 리터는 숫자 1과 혼동을 피하기 위해 L과 ℓ을 모두 허용한다.

(12) 복합 접두어 사용을 금한다. (nm (O), mμm (X))

2) 올바른 양의 값의 표현

(1) 양의 값 = 숫자 × 단위

(2) 양의 수치는 난위 선정에 따라 달라지지만 양의 값은 달라지지 않음

(속력 값 25 m/s = 90 km/h)

(3) 숫자와 단위를 구분하기 위해 빈칸을 둔다.(20.1 ℃ (O), 20.1° C (X), 20.1℃ (X))

(4) 평면각의 도, 분, 초는 빈칸을 두지 않는다.(30°15‘45“)

(5) +1과 -1 사이의 경우 소수점 앞에 항상 영(0)을 쓴다.(-0.135(O), -.135(X))

(6) 세 자리 묶음 사이에 온점, 반점 사용을 금지한다.(12 456.783 9(O), 12,456.783, 9(X))

(7) 네 자리 숫자의 경우 한 숫자만 고립되지 않도록 쓸 수 있다.

(1 234.567 8 또는 1234.5678)

(8) ppm을 사용할 수 있다(parts per million ; = 10^{-6}).

3) 틀리기 쉬운 SI 유도단위

(1) 압력의 단위 : kg/cm^2, kgf/cm^2 (X) → Pa (O)

(2) 토크의 단위 : kgf · cm (X) → N · m (O)

(3) 인장압축의 단위 : kgf (X) → N (O)

Chapter 2. 측정불확도의 표현

측정불확도의 계산 절차는 측정량의 관계 모델식의 작성, 입력량(A형과 B형) 표준불확도의 계산, 합성표준불확도의 계산 그리고 확장불확도의 계산이다. 이와 같이 측정불확도를 산출하기 위해서는 입력량을 수학식으로 표현해야하므로 측정량에 대한 관계 모델식을 먼저 세워야 한다.

2.1 측정량의 관계 모델식

측정량과 관련하여, 측정대상의 범위를 잘 결정하여 균질도나 안정도를 불확도 요인으로 포함할 것인지를 확인하고 측정량을 정의하는 것이 중요하다. 일반적인 측정과정에서 측정량은 여러 가지 방법으로 측정하거나 참고문헌이나 선험적 자료에서 구한 여러 입력량들의 관계 모델 식으로부터 다음과 같이 구할 수 있다.

$$y = f\ (x_1,\ x_2\ ,\ \dots\dots\dots,\ x_N\ )$$

여기시, 입력량 x_i는 측정에서 구해신 성보이며 산포를 갖는다. i 번째 입력량의 표준불확도는 $u(x_i)$ 로 표현하며, 표준불확도는 통계적으로 표준편차 상당량으로 표현한다.

예: 어떤 제품을 5회 반복 측정한 결과 다음과 같은 로우 데이터를 얻었다.

(단위 : mm)

기준치수 L	입력량 x_i				
	1회	2회	3회	4회	5회
20.0	20.1	20.0	20.2	20.0	20.2

입력량의 관계 모델식은 $y = f\ (x_1,\ x_2\ ,\ \dots\dots\dots,\ x_N\ )$ 이므로, 입력량 x_i는

x_1 = 20.1, x_2 = 20.0, x_3 = 20.2, x_4 = 20.0, x_5 = 20.2가 된다.

측정과정을 함수관계로 모델화할 수 있으면, 측정불확도의 평가가 더욱 쉬워진다. 예를

들어, 밀도는 단위체적당 질량으로 정의되고, 밀도 ρ는 질량 m과 체적 V에 의해 결정되므로, 그 관계식은 다음과 같이 나타낼 수 있다.

$$\rho = f(m, V) = \frac{m}{V}$$

측정과정의 수학적인 관계 모델식은 불확도 산출시 고려되어야할 입력량과 측정량의 관계를 정의하는데 이용된다. 대부분의 경우에는 입력량과 출력량의 단위가 같지 않으므로 각 입력량의 표준불확도들을 합성하기 위하여 적절한 계수를 곱한다.

일반적인 측정 과정은 위 식과는 다르게 최종적인 측정량이 여러 개의 관계 모델식에 의해 표기되는 경우가 많다. 예를 들어 표기해 보면, 측정량, y를 다음과 같이 두 개의 함수관계로 모델화할 수 있다.

$$\begin{aligned} y &= f\,(x_1,\, x_2\,,\, \cdots\cdots\cdots,\, x_M\,) \\ x_1 &= g\,(x_{M+1},\, x_{M+2}\,,\, \cdots\cdots\cdots,\, x_N\,) \end{aligned}$$

많은 경우 오차, 보정량 또는 차이량 그리고 오차비 또는 차이 비율은 알 수 없고, 관찰된 값들의 변동, 오차 구조의 이론적 지식 등의 방법으로 확률분포를 추정할 수 있는 경우가 많다. 이 확률분포만을 추정할 수 있는 경우, 조정된 측정 모델식을 이용하여 차후의 불확도 계산 절차에서 효과적으로 표준불확도를 구하여 합성하는 것이 가능하다.

2.2 A형 표준불확도

1) 표준불확도의 개요

측정데이터를 산출할 때 1회 측정한 데이터보다는 5회 측정한 데이터가 더 신뢰성이 높아진다. 따라서 반복측정결과를 통계적으로 처리하는 기법에는 다음 장에서 자세히 설명할 정규분포와 t-분포가 있다. A형 표준불확도는 반복측정횟수 n값이 클수록 불확도가 작아지는 특성을 가지므로 A형 표준불확도를 줄이기 위해 반복회수를 10회까지 높이는 것도 하나의 방법이다.

측정불확도에 기여하는 성분들은 모두 표준 불확도로 변환하여 같은 신뢰수준으로 표현해야 한다. 따라서 표준불확도는 측정값의 산포뿐만 아니라 어떤 평균값의 불확도를 가리키는 것이다. 표준불확도는 보통 u(소문자), 또는 $u(y)$로 표현한다. 여기서 $u(y)$는 y에 대한 표준불확도을 의미한다.

2) A형 표준불확도의 계산

어느 입력량에 대한 A형 표준불확도의 평가는 보통 해당 측정 과정에 대하여 반복성 또는 우연효과에 대한 값을 얻기 위해 이용된다. 측정결과 값들이 산포되어 있을 때, 산술 평균을 계산하고 입력량의 추정 값으로 사용하여야 한다. 만약, 입력량 q 를 측정하기 위해 동일한 조건에서 n 번을 독립적으로 반복 측정한다면, 그 평균, $\bar{q}$ 는 다음과 같이 구할 수 있다.

$$\bar{q} = \frac{1}{n}\sum_{j=1}^{n} q_j = \frac{q_1 + q_2 + q_3 + \cdots\cdots + q_n}{n}$$

측정횟수 n	입력량 q					
	q_1	q_2	q_3	q_4	q_5	$\bar{q}$
5	20.1	20.1	20.2	19.9	20.2	20.1

측정결과의 산포(예를 들면, 표준편차, 범위 등)는 측정과정의 반복성을 나타내며 그 산포는 사용한 장비, 시험방법, 때로는 측정을 수행한 사람에 따라 달라진다. 통계적인 처리를 위하여, 위와 동일 조건에서 무한 측정하여 얻은 자료들을 정규분포로 가정할 수 있으며, 이들 자료의 집합을 모집단으로 가정할 수 있다. 이들 자료에 대한 산포 표기는 모 표준편차 σ이고, 다음과 같이 계산된다.

$$\text{모표준편차 } \sigma = \sqrt{\frac{1}{n}\sum_{j=1}^{n}(q_j - \bar{q})^2} \quad ; (n = \infty)$$

$$= \sqrt{\frac{1}{5}\sum_{j=1}^{5}((20.1 - 20.1)^2 + (20.1 - 20.1)^2 + (20.2 - 20.1)^2 + (19.9 - 20.1)^2 + (20.2 - 20.1)^2)}$$

$$= \sqrt{\frac{1}{5}(0 + 0 + 0.01 + 0.04 + 0.01)} = 0.110$$

이에 반하여, 실제 측정된 유한한 n개 자료의 집합이 통계적으로 표본 집단이 된다. 따라서 표본집단의 측정 결과를 이용하여 모집단의 표준편차 (σ) 를 추정하여야 하며, 추정표준편차 $s(q_j)$는 다음과 같이 계산한다.

$$\text{추정표준편차 } s(q_j) = \sqrt{\frac{1}{(n-1)}\sum_{j=1}^{n}(q_j - \bar{q})^2}$$

$$= \sqrt{\frac{1}{5-1}\sum_{j=1}^{5}((20.1-20.1)^2+(20.1-20.1)^2+(20.2-20.1)^2+(19.9-20.1)^2+(20.2-20.1)^2)}$$

$$= \sqrt{\frac{1}{4}(0+0+0.01+0.04+0.01)} = 0.122$$

가상의 모집단에 대한 표준편차 σ는 직접 구할 수 없으며, 일반적으로 표준편차는 추정 실험표준편차 $s(q_j)$ 식을 가리킨다. 이 식에서 제곱근 기호 안에 $1/n$ 을 대신하여 $1/(n-1)$을 사용하는 것은 모집단 표준편차를 추정하는 것임을 나타낸다. 한편, 측정된 n 개의 자료로부터 구한 평균값에 대한 표준편차는 다음과 같이 계산된다.

$$s(\bar{q}) = \frac{s(q_j)}{\sqrt{n}}$$

$$s(\bar{q}) = \frac{s(q_j)}{\sqrt{n}} = \frac{0.122}{\sqrt{5}} = 0.024$$

이 표준편차를 해당 평균값(입력량의 추정값)의 표준불확도로 사용하며, 이와 같이 평가하는 것을 A형 평가라 한다. 이 경우, 표준편차와 표준불확도의 자유도는 $n-1$ 이 된다. 따라서 이들 평균값에 대한 A형 표준불확도 u는 다음과 같다.

$$u = \frac{s}{\sqrt{n}}$$

$$u = \frac{s}{\sqrt{n}} = \frac{0.122}{\sqrt{5}} = 0.024$$

여기서 n은 측정횟수이다.

위와 같이 측정값의 통계적인 분석을 통하여 불확도의 우연요소를 구하는 방법을 A형 평가라 한다. 그러나 이와 같이 평가된 이 우연효과에는 노이즈 특성과 함께 기기 지시값의 경향적인 변동이 포함될 수 있다. 이와 같은 경우에는 B형 평가 방법에 따라 불확도 평가를 시행하여야 한다.

2.3 B형 표준불확도

A형 표준불확도는 반복측정 및 통계적 처리방법에 의한 방법인데 반하여 B형 표준불확도는 반복측정 및 통계적 처리방법 이외의 방법으로 기존 성적서나 측정기의 분해능 등을 활용한

균등분포(예: 사각분포, 삼각분포, U분포, 사다리꼴분포 등)에 근거하여 기댓값을 측정하는 방법으로서 일반적으로 A형 표준불확도보다 큰 값으로 나타난다.

입력량의 정보가 적은 경우에는 측정불확도의 상한과 하한으로만 추정해야하는 경우가 생긴다. 이 경우 구하는 값이 같은 정보의 확률로 그 사이에 어느 부분에 들어간다. 즉 직사각형 분포 중에 들어간다고 가정하게 된다. 따라서 직사각형 분포에 대한 표준불확도는 다음과 같다.

$$\frac{a}{\sqrt{3}}$$ (여기서 a는 상한과 하한 사이의 반 범위 값이다.)

예: 최소 눈금이 0.01 mm인 마이크로미터의 분해능에 의한 표준불확도는 직사각형 분포를 적용하므로 a는 최소눈금의 반범위이므로 0.01/2 = 0.005 mm가 된다. 따라서 분해능에 의한 표준불확도 u_B는 $u_B = \frac{a}{\sqrt{3}} = \frac{0.005}{\sqrt{3}} = 0.003$ mm가 된다.

직사각형 분포는 매우 일반적으로 나타나며, 예를 들면, KOLAS 교정성적서와 같이 외부 정보에 의한 불확도는 일반적으로 정규분포를 갖는다.

B형의 불확도 요소를 평가하는데 있어, 최소한 다음의 요인을 고려하거나 포함하는 것이 필요하다.

(1) 기준으로 사용된 표준의 불확도, 변화 정도 또는 읽음의 불안정성
(2) 보조 장비를 포함한 측정기기 또는 교정기의 불확도 또는 읽음의 불안정성
(3) 교정하거나 측정된 장비의 분해능 또는 교정 주기 내에서의 불안정성
(4) 운영절차에 따른 불확도
(5) 위의 일부 또는 모두에 미칠 환경조건의 영향 또는 간섭 현상
(6) 측정 대상의 균질도와 안정도
(7) 간섭 현상 등

교정 및 시험 성적서에 다른 표현이 없고, 확장불확도와 신뢰수준 또는 포함인자 k 만이 기록된 경우, 불확도의 확률분포를 정규분포로 취급하며, B형 평가한 표준불확도, $u(x_i)$ 를 다음과 같이 구한다.

$$u(x_i) = \frac{\text{확장불확도}}{k}$$

여기서, k는 포함인자이다. 보통 인정된 교정 및 시험 기관에서 발행한 교정성적서에는 $k=2$와 신뢰수준 95 %를 바탕으로 한 확장불확도가 널리 사용되고 있다. 정규분포로 확인되지만 신뢰수준이 다른 경우 다음과 같은 관계를 적용한다.

- 99 % 신뢰수준인 경우 $k=2.58$
- 99.7 % 신뢰수준인 경우 $k=3$

〈표 2.1〉 불확도의 요인에 대한 A형 및 B형 확률분포

구분	그림으로 설명	개념설명	수학식	적용 예
정규분포	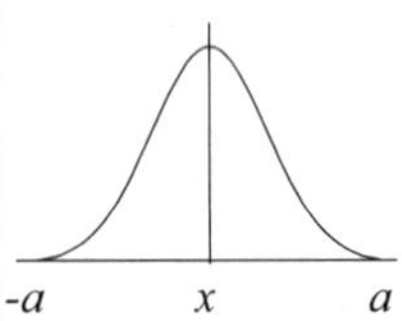	측정횟수가 11회 이상일 때 정규분포로 보며, k=2를 적용한다. (신뢰수준 95.45 %) 유효자유도 $\nu_A \geq 10$일 때 정규분포 (A형 자유도 ν_A=n-1)	$u=\frac{U}{k}$ 신뢰수준 99.73 % k=3을 적용 시 $u=\frac{a}{3}$	데이터가 자연적 현상으로 평균값이 많은 경우(사람의 신장 등) 표준분동질량 성적서는 신뢰도가 100 %이다. 자유도가 11회 이상, ∞이므로 정규분포
t 분포	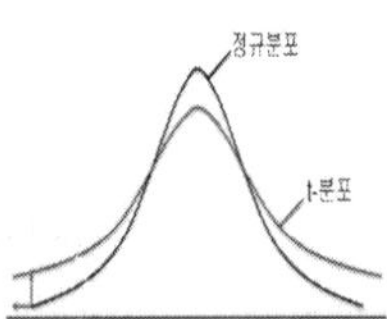	측정횟수가 1~10회까지는 t분포(A형 불확도) t분포는 95 %에서 찾으며 A형자유도 ν_A〈10일 때 적용한다.	$u=\frac{s}{\sqrt{n}}$	10회 이하 측정 (10회 포함)
직사각형분포	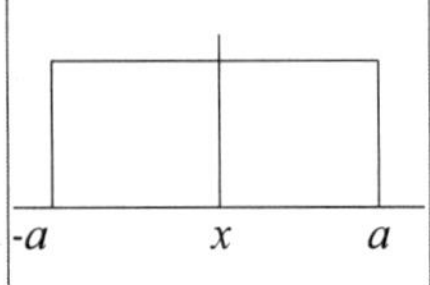	범위 내 고르게 또는 무작위로 분산된 것을 추정할 때, 대다수 측정 환경요인 확률분포 (사용측정기에 대한 자료, 오차범위, 명세, 이력 등이 제공될 때) 주사위 1~6개 확률 등	$u=\frac{a}{\sqrt{3}}$	디지털 분해능, 토크측정기 왕복오차 등 동등한 확률로 발생할 것으로 추정되는 경우
삼각분포	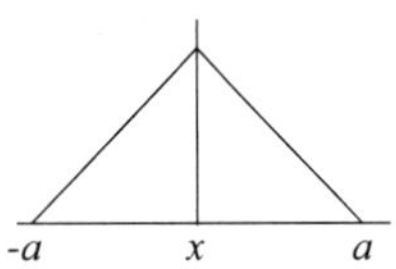	인위적인 노력이 들어있어 중앙값이 많은 경우, 갱년 변화, 변동량이 굉장히 작을 때 적용한다.(무시할 정도)	$u=\frac{a}{\sqrt{6}}$	값이 굉장히 작으므로 거의 중앙에 집중한다. 토크측정기 교정곡선 눈금읽음 오차

U 분포	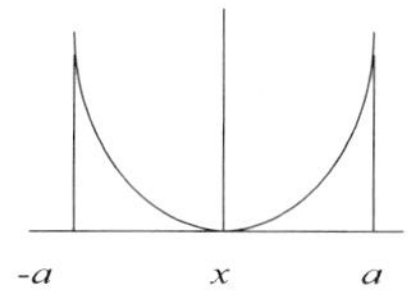	측정의 유형이 전반적으로 중심경향이 아닌 바깥쪽 한계 구간에 주로 분포되어있을 때 적용한다.	$u = \frac{a}{\sqrt{2}}$	교정실의 온도 전자파의 부정합 오차
사다 리꼴 분포	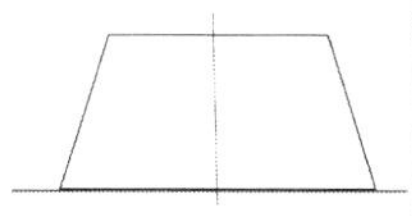	잔여량의 불확도에 대하여 크게 영향을 미치는 1개 또는 2개의 불확도에 대한 비가 0.3보다 적으면 적용한다.	$u = \frac{a}{\sqrt{6}}(1+\frac{b^2}{a^2})$	두 개 이상의 분포가 결합되어있는 경우 버니어, 마이크로미터 등에서 가끔 발생

2.4 합성표준불확도

입력량 x_i 의 표준불확도 $u(x_i)$ 가 A형 평가 또는 B형 평가를 통해 유도되었다면, 출력량 $y = f(x_1, x_2, \ldots\ldots, x_N)$ 의 표준불확도를 제곱합의 제곱근법(RSSM : Root Sum Square Method)에 따라 다음과 같이 유효하게 합성이 가능하다. 이렇게 나온 결과를 합성표준불확도라 부르며 u_c 또는 $u_c(y)$로 나타낸다.

$$u_c(y) = \sqrt{\sum_{i=1}^{N} c_i^2\, u^2(x_i)} = \sqrt{\sum_{i=1}^{N}\left(\frac{\partial f}{\partial x_i}\right)^2 u^2(x_i)} = \sqrt{\sum_{i=1}^{N} u_i^2(y)}$$

여기서, c_i는 감도계수로서 모델식을 편미분, $\partial f/\partial x_i$하여 구할 수 있다. 이 감도계수는 편미분에 의해서 구하기도 하지만, 어떤 경우에는 온도팽창계수와 같이 그 값이 알려진 것도 있으며, 실험적으로 구할 수 있다. 실제적으로 이 식은 불확도 전파를 위한 근사식으로서 측정량에 대한 관계 모델식의 비선형성에 따라서 다음과 같이 근사적인 관계가 성립한다.

$$u_c(y) \cong \sqrt{\sum_{i=1}^{N} c_i^2\, u^2(x_i)}$$

따라서 측정량에 대한 관계 모델식의 비선형성이 매우 크거나 상대적으로 각 입력량의 표준불확도 값이 큰 경우 Monte-Carlo 방법으로 불확도를 구하여야 한다.

2.5 확장불확도

최근 측정 및 교정분야에서는 계산으로 구한 전체 불확도와 이에 대한 신뢰도를 표기하는 것이 필요하다. 이것은 측정결과를 비교하거나, 측정량과 관련된 (±) 불확도 범위에 참값이 포함되는 확률로서의 의미를 부여하는데 필요하다. 이와 관련하여 먼저 고려할 사항은 확률분포에 따른 측정량의 포함확률(coverage probability), 즉 신뢰수준을 결정하는 것이다. 전체 측정불확도에 대한 신뢰수준은 최고 수준(100 %에 아주 가까운 값)으로 유지하는 것이 바람직하다. 그러나 모든 단계의 측정불확도는 불확도 전파를 통하여 누적되어 커지기 때문에 항상 최고의 수준을 유지하는 것은 실질적으로 불가능하다. 따라서 신뢰수준은 측정 결과를 이용하는 최종 고객의 목적에 따라서 측정 종사자가 결정하게 되는데, 통상적으로 약 95 %를 이용하며, 측정량이 법적인 요구사항 또는 규정의 최대 한계값 수준과 비슷한 경우일 때, 99 % 또는 99.73 % 등을 적용하여야 한다.

확장불확도 U는 신뢰수준에 따른 포함인자 k를 합성표준불확도에 곱하여 다음의 식과 같이 계산하여 사용하도록 하고 있다.

$$U = ku_c(y)$$

포함인자 $k=2$ 는 많은 경우의 확장불확도 계산에 이용하도록 권고하고 있는데 이 $k=2$ 의 값은 전체 불확도가 주로 우연요인에 따라서 결정된다. 확률분포가 정규분포로 가정할 수 있는 경우에 따라 약 95 %(정확히 95.45 %)의 신뢰수준으로 결정된 값이다.

2.6 결과의 보고

확장불확도를 95 %의 포함확률로 계산한 후에, 측정량의 값과 확장불확도는 $y \pm U$ (신뢰수준, k 값)의 형식으로 보고하여야 하며, 신뢰수준에 대한 설명도 함께 수반하여야 한다. 다음은 이러한 불확도 기술 방법의 예이다.

"보고된 확장불확도는 약 95 % 의 포함확률에서 합성표준불확도에 포함인자 $k=2$ 를 곱하여 구하였다. 이 불확도 평가는 KOLAS 의 지침에 따라 수행하였다."

예를 들어, 포함인자, $k=2$ 와 다른 실제 값을 사용하는 경우, 다음과 같은 종류의 설명이 요구된다.

"보고된 확장불확도는 95 %의 포함확률과 유효자유도 $\nu_{eff} = 8$ 그리고 t－분포에서 얻은 포함인자 $k = 2.31$ 을 합성표준불확도에 곱하여 얻었다. 이 불확도 평가는 KOLAS 지침에 따라 수행하였다."

신뢰수준, 포함인자 등의 유효숫자의 수를 결정하는 과정의 엄격성은 측정의 목적과 측정불확도의 수준에 따라서 실질적이고 경제적으로 처리하여야 한다. 이와 함께, 각각의 시험실에서는 실질적이고 경제적으로 평가 과정이 이루어졌다는 평가의 기본 자료를 보관하여야 한다.

불확도는 주로 좌우 동일한 부호 (±)로 표기하며, 측정량의 단위 또는 상대적인 값(예를 들어, % 등)으로 표현한다. 그러나 양의 불확도 값과 음의 불확도 값이 다른 경우, 예를 들면, 코사인 오차가 포함된 경우, 이들의 차이가 작으면 둘 중 큰 값의 확장불확도를 보고하는 것이 실용적이다. 그러나 만약 양의 값과 음의 값에 현저한 차이가 있다면, 그들은 따로 평가하고 보고하는 것이 좋다.

2.7 측정불확도 총괄표

측정의 관계 모델식이 모두 합과 차로만 구성되었으므로 표준불확도를 다음과 같이 정리하였다.

〈표 2.2〉 측정불확도의 총괄표 예

입력량/측정량		불확도									
기호	값, V (범위)	불확도 요인	기호	최대 반너비 (상대) ±V/V	최대 반너비 (절대) ±μV	확률 분포	제수	C_i	$u_i(V_{DVM})$ (상대) μV/V	$u_i(V_{DVM})$ (절대) μV	V_i 또는 V_{eff}
V_{CAL}	0~1.9	교정 불확도	$u(V_{CAL})$	2.8	0.5	정규	2.0	1	1.4	0.25	∞
$\delta_{V_{SPEC}}$	0	다기능 교정기의 1년의 보증 규격	$u(\delta_{V_{SPEC}})$	8.0	2.0	직사각형	$\sqrt{3}$	1	4.6	1.15	∞
δ_{V_T}	0	열기전력	$u(\delta_{V_T})$	–	1.0	직사각형	$\sqrt{3}$	1	–	0.58	∞
$\delta_{V_{CM}}$	0	Common-mode 전압의 효과	$u(\delta_{V_{CM}})$	–	1.0	직사각형	$\sqrt{3}$	1	–	0.58	∞
$\delta_{V_{RES}}$	0	멀티미터 분해능에 의한 끝맺음	$u(\delta_{V_{RES}})$	–	0.5	직사각형	$\sqrt{3}$	1	–	0.29	∞
δ_{V_R}	0	반복성	$u(\delta_{V_R})$	2.5	–	t－분포	1	1	2.5	–	9
V_{DVM}	0~1.9	합성 표준 불확도	$u_c(V_{DVM})$			정규			5.42	1.46	〉100
		확장 불확도	U			정규 ($k = 2$)			10.8	2.92	〉100

교정 결과가 표의 형태로 표시된다고 가정하면 교정 결과에 붙여서 다음과 같이 측정불확도를 표기할 수 있다. 위의 측정에서의 확장불확도는 두 부분의 요소로 구분하여 기록한다.

- 상대확장불확도 : ± 11×10^{-6} (10.8 μV/V= 11×10^{-6} V/V)
- 절대확장불확도 : ± 3.0 μV (2.92 μV를 2자리 매김함)

보고된 두 종류의 확장불확도는 합성표준불확도에 포함인자 $k=2$ 를 곱하여 얻었고, 이때의 신뢰수준은 약 95 %이다. 이 불확도 평가는 KOLAS의 지침에 따라서 이루어졌으며, 만약 필요하다면 각 불확도 결과는 절대적인 단위와 상대적인 단위의 값을 단위 조정하고, 제곱합의 제곱근의 값을 구하여 이용할 수 있다.

2.8 측정과 유효숫자

1) 유효숫자란?

유효숫자(significant digit)는 측정값이나 계산값에서 오차를 고려해도 신뢰할 수 있는 숫자를 말한다. 근삿값을 구할 때 반올림 등으로 처리되지 않은 부분에 대하여 신뢰할 수 있는 숫자를 자릿수로 나타낼 때 사용된다. 유효숫자의 가장 끝자리 숫자는 그 다음 자리의 숫자를 반올림하여 생기는 정도의 오차는 포함하는 것으로 생각하며, 유효숫자는 소수점의 위치와는 무관하다. 예를 들어 측정값 6, 6.0, 6.00의 차이를 알아보자.

- 측정값 6일 때
  $5.5 \leq x < 6.5$ (오차는 1, 또는 ±0.5)
- 측정값 6.0일 때
  $5.95 \leq x < 6.05$ (오차는 0.1, 또는 ±0.05)
- 측정값 6.00일 때
  $5.995 \leq x < 6.005$ (오차는 0.01, 또는 ±0.005)

1. 유효숫자를 고려한 계산

가) 앞 위치의 0은 유효숫자가 아니다.(0.025 : 유효숫자 2, 5)

나) 사이에 위치한 0은 항상 유효숫자이다.(10.2 : 유효숫자 1, 0, 2)

다) 뒤쪽에 있는 0에 소수점이 있다면 유효숫자이다.(12.0 : 유효숫자 1, 2, 0)

2. 유효숫자의 자릿수

유효숫자의 부분을 따로 떼어서 정수 부분이 한 자리인 소수로 쓰고, 소수점의 위치는 10의 거듭제곱으로 나타낼 수도 있다.

근삿값	유효자릿수	유효숫자 표기법
25 000	2	2.5×10^{4}
25 000	3	2.50×10^{4}
0.025	2	2.5×10^{-2}
0.025 0	3	2.50×10^{-2}
1.027	4	1.027×10^{0}
300	1	3×10^{2}
300.	3	3.00×10^{2}
300.0	4	3.000×10^{2}

2) 최소 눈금을 통한 유효숫자의 개념 파악

부피를 측정할 때 눈금이 표시된 비커, 메스실린더, 뷰렛 등으로 측정한다면 정확한 양을 측정할 수 있을까? 이에 대한 예시를 통하여 유효숫자의 개념을 알아보자.

1. 유효숫자의 읽음 규칙

가) 유효숫자에는 1개의 추정수가 포함된다. 예: 5.1일 때 유효숫자 2개, 확실한 수 5, 추정값 1이다.

나) 가장 작은 눈금의 1/10(또는 0.1)을 읽는다.(이 규칙은 어떤 측정에도 적용된다.) 만약 확신이 서지 않으면 최소눈금의 1/5을 읽는다. 예: 최소눈금이 0.01 mm인 마이크로미터로 0.001 mm까지 읽는다.

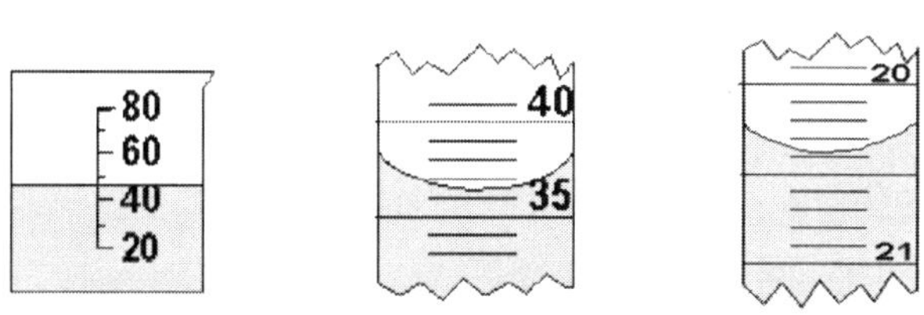

(a) 비커 (b) 메스실린더 (c) 뷰렛

[그림 2.1] 유효숫자 추정을 위한 부피계

2. 비커의 유효숫자 추정(47 mL)

- 최소눈금 : 10 mL
- 읽음 오차 : ± 1 mL
- 잘 읽은 값의 표시 : 47 mL ± 1mL (46 mL, 47 mL, 48 mL로 읽었다면 잘 읽었음)
- 유효숫자 : 2개(4 : 확실한 수, 7 : 추정값)

3. 메스실린더의 유효숫자 추정(36.5 mL)

- 최소눈금 : 1 mL
- 읽음 오차 : ± 1 mL
- 잘 읽은 값의 표시 : 36.5 mL ± 1mL
- 유효숫자 : 3개(3, 6 : 확실한 수, 5 : 추정값)

4. 뷰렛의 유효숫자 추정(20.38 mL)

- 최소눈금 : 0.1 mL
- 읽음 오차 : ± 0.01 mL
- 잘 읽은 값의 표시 : 20.38 mL ± 0.01mL
- 유효숫자 : 4개(2, 0, 3 : 확실한 수, 8 : 추정값)

3) 유효숫자의 계산방법

1. 덧셈 및 뺄셈(+ −)의 경우

통상적인 방법으로 계산을 한 후, 가감산 숫자들 중 유효숫자의 마지막 숫자가 가장 왼쪽에 있는 자리(위치), 즉 꼬리가 가장 짧은 자리(위치)까지로 유효숫자를 구한다.

예: (100 + 20.5 + 6.02 - 2) mm → 124.52 mm (×) 125 mm (○) 반올림함

1.00 + 2.555 = 3.5555 → 3.56(자릿수 2)

5.024 52 + 1 = 6.024 52 → 6(자릿수 1)

a) 21.2 + 0.042 = 21.2

b) 0.212 + 0.11 = 0.32

2. 곱셈 및 나눗셈(× ÷)의 경우

통상적인 방법으로 계산을 한 후, 곱하기와 나누기 등의 숫자들 중 유효숫자의 자릿수가

가장 적은 숫자의 유효숫자 자릿수로 유효숫자를 구함

예: 1.27 mm × 2.0 mm → 2.54 mm^2 (X) 2.5 m^2 (O) 반올림함
40.52 ÷ 2.0 = 20.26 → 20.3(자릿수 2)

4) 수치맺음의 일반 규칙

(1) 〈 5 : 버림 (2.845 499 0 → 2.845)

(2) 〉5 : 올림 (2.845 500 1 → 2.846)

(3) = 5 : 마지막 수가 5인 경우(또는 5 다음에 0이 따르는 경우만)는 그 앞자리의 수에 의해서 결정하며, 끝 자릿수와 더불어 가장 가까운 수를 선택해야한다.
(43.134 500 → 43.134) (82.427 500 → 82.428)

(4) = 5 : (3)과는 반대로 5는 일반적으로 올림한다.(대부분의 컴퓨터 프로그램은 이 규칙을 따른다.) 그렇지만 (3)이 우선되며, (4)도 역시 인정된다.

5) 측정불확도 값의 수치맺음

1. 측정불확도 산출시 유효숫자 처리방법

가) 측정불확도의 유효숫자는 1개 또는 2개로 한다.(EA-4/02 6.3항[교정에서의 측정불확도의 표현]에는 "측정불확도 값의 수치맺음은 최대 2 자리 수로 주어져야 한다."라고 규정됨)

나) 유효숫자를 2개로 할 경우 그 아랫자리에서 반올림한다.

다) 유효숫자를 1개로 할 경우 그 아랫자리에서 반올림한 값을 반올림하기 전의 값과 비교하여 5 %보다 더 작아지면 올림처리하고, 그렇지 않은 경우는 반올림한다.(EA-4/02 6.3항[교정에서의 측정불확도의 표현]에는 "최종 결과는 1개 또는 2개의 유효자리 수로 주어져야 한다."라고 규정됨)

라) 측정값(평균값)의 최소자릿수는 확장불확도의 자릿수와 같게 맞춘다.

마) 불확도를 보고할 때에는 확장불확도와 함께 포함인자, 신뢰수준을 명시하며, 특수한 확률분포인 경우에는 이를 함께 표시한다.

2. 일반적인 측정불확도 값의 수치맺음

- 0.264 4 → 0.26
- 0.255 5 → 0.26
- 0.255 0 → 0.26

- 0.245 0 → 0.24(5 다음에 0이 따르는 경우에는 그 앞자리의 수에 의해서 결정)
  끝자리(5)와 더불어 가장 가까운 수(4)가 5미만이므로 버림
- 0.265 0 → 0.27(5 다음에 0이 따르는 경우에는 그 앞자리의 수에 의해서 결정)
  끝자리(5)와 더불어 가장 가까운 수(6)이 5이상이므로 반올림
- 43.134 500 → 43.134
  (5 다음에 0이 따르는 경우에는 그 앞자리의 수에 의해서 결정)
  끝자리(5)와 더불어 가장 가까운 수(4)가 5미만이므로 버림
- 82.427 500 → 82.428
  (5 다음에 0이 따르는 경우에는 그 앞자리의 수에 의해서 결정)
  끝자리(5)와 더불어 가장 가까운 수(7)이 5이상이므로 반올림

3. 올림처리와 반올림처리의 규칙(5 % 기준)

측정불확도의 값이 반올림 전과 비교하여 5 %보다 커지면 올림처리, 그렇지 않으면 반올림 처리 한다.

가) 올림 처리하는 경우

- 9.48 → 10 (0.48 〉 5 %) 올림처리
  9.48의 5 % = 9.48 × 0.05 = 0.474이므로 0.48 〉 0.474
- 0.422 → 0.5 (0.022 〉 5 %) 올림처리
  0.422의 5 % = 0.422 × 0.05 = 0.021이므로 0.022 〉 0.021
- 1.053 → 2 (0.053 〉 5 %) 올림처리
  1.053의 5 % = 1.053 × 0.05 = 0.0527이므로 0.053 〉 0.0527

나) 반올림 처리하는 경우

- 10.47 → 10 (0.47 〈 5 %) 반올림처리
  10.47의 5 % = 10.47 × 0.05 = 0.5235이므로 0.47 〈 0.5235
- 0.421 → 0.4 (0.421 〈 5 %) 반올림처리
  0.421의 5 % = 0.421 × 0.05 = 0.02105이므로 0.021 〈 0.02105
- 1.051 → 1 (0.051 〈 5 %) 반올림처리
  1.051의 5 % = 1.051 × 0.05 = 0.053이므로 0.051 〈 0.053

Chapter 3. 간단한 측정불확도 맛보기

3.1 단면 길이의 측정불확도 산출 예

[문제]

사각형 단면의 길이 L을 최소눈금이 1 mm인 강철자를 이용하여 5회 측정한 값이 각각 (200, 202, 201, 199, 198)mm일 때 사각형 단면의 길이에 대한 확장 불확도를 구하시오. (단, 측정불확도의 기본적인 개념을 이해하기 간단한 예시문제이므로 환경적 요인과 강철자의 다른 불확도 요인은 없다고 가정한다.)

〈풀이〉

1) 수학적 모델링

$$L = L_i + L_r$$

여기서,

L : 사각형 단면의 길이

L_i : 사각형 단면의 측정값

L_r : 강철자의 눈금 오차

2) 불확도 요인

구분	양 X_i	1 추정값 x_i	2 표준불확도 $u(x_i)$	3 확률분포	4 감도계수 c_i	5 불확도 기여량 $u_i(y)$	6 자유도 ν
A	L_i	A1	A2	A3	A4	A5	A6
B	L_r	B1	B2	B3	B4	B5	B6
C	L	C1	-	C3	-	C5	C6

3) A형 평가방법에 의한 길이 L_i의 표준 불확도

A1 : 강철자 측정값 L_i의 평균값 $\overline{x}$ (4.2 참조)

$$\overline{x}=\frac{1}{n}\sum_{k=1}^{n}x_i = \frac{(200+202+201+199+198)}{5}=200 \text{ mm}$$

A2 : A형 표준불확도 $u_A(x_i)$

1) 표준편차 $s(x)$

$$s(x)=\sqrt{\frac{1}{n-1}\sum(x_i-\overline{x})^2}=\sqrt{\frac{1}{5-1}\sum(0^2+2^2+1^2+1^2+2^2)}=1.581 \text{ mm}$$

2) A형 표준불확도 $u_A=\frac{s(x)}{\sqrt{n}}=\frac{1.581}{\sqrt{5}}=0.707 \text{ mm}$

A3 : 확률분포 (4.5 참조)

t-분포

A4 : 감도계수 c_i (6.4 참조)

감도계수 c_i는 수학적 모델링식 $L=L_i+L_r$를 L_i로 편미분해서 구한다.

$$c_i=\frac{\partial L}{\partial L_i}=1$$

A5 : 불확도 기여량 $u_i(y)$

불확도 기여량 $u_i(y)$는 감도계수 c_i × 표준불확도 u_A로 구한다.

$$u_i(y) = c_i \times u_A = 1 \times 0.707 = 0.707 \text{ mm}$$

A6 : 자유도 ν_A = n-1 = 5-1 = 4 (5.1 참조)

4) B형 평가방법에 의한 L_r의 표준 불확도

B1 : 강철자의 눈금오차 L_r의 추정값 0으로 가정한다.

B2 : B형 표준불확도 u_B

강철자의 최소눈금이 1 mm이므로 반 범위 a는 0.5 mm이므로,

$$u_B = \frac{a}{\sqrt{3}} = \frac{0.5}{\sqrt{3}} = 0.289 \text{ mm}$$

B3 : 확률분포 (4.6 참조)

오차의 상한 값과 하한 값만 알 수 있고, 다른 정보는 없으므로 직사각형 분포

B4 : 감도계수 c_i (6.1 참조)

출력 추정값 L이 입력 추정값 L_r의 변화에 의해 영향을 받는 정도이므로 감도계수 c_i는 수학적 모델링식 $L = L_i + L_r$를 L_i로 편미분해서 구한다. 편미분하면

$$c_i = \frac{\partial L}{\partial L_r} = 1$$

B5 : 불확도 기여량 $u_i(y)$

불확도 기여량 $u_i(y)$는 감도계수 c_i × 표준불확도 u_B로 구한다.

$$u_i(y) = c_i \times u_B = 1 \times 0.289 = 0.289 \text{ mm}$$

B6 : 자유도 ν_B (5.1 참조)

$$\nu_B = \frac{1}{2}\left(\frac{100}{R}\right)^2 = \frac{1}{2}\left(\frac{100}{100 - \text{표준불확도 추정에 대한 확신의 정도}}\right)^2$$

$$= \frac{1}{2}\left(\frac{100}{R}\right)^2 = \frac{1}{2}\left(\frac{100}{100-100}\right)^2 = \infty$$

5) 합성 표준 불확도

C1 : 강철자 길이 L의 추정값

$$L = L_i + L_r = 200 + 0 = 200 \text{ mm}$$

C3 : 확률분포는 t-분포이다(유효자유도가 5이므로). (4.5 참조)

C5 : 합성표준불확도 u_c

$$u_c = \sqrt{u_A^2 + u_B^2} = \sqrt{0.707^2 + 0.289^2} = 0.764 \text{ mm}$$

C6 : 유효자유도 ν_{eff} (5.1 참조)

$$\nu_{eff} = \frac{u_c^4(y)}{\sum_{i=1}^{N} \frac{[c_i \cdot u(y)]^4}{\nu_i}} = \frac{\text{합성표준불확도}^4}{\frac{(A\text{의 감도계수} \times \text{표준불확도})^4}{\text{측정값 } L_i\text{의 자유도}} + \frac{(B\text{의 감도계수} \times \text{표준불확도})^4}{\text{눈금오차 } L_r\text{의 자유도}}}$$

$$= \frac{0.764^4}{\frac{(1 \times 0.707)^4}{4} + \frac{(1 \times 0.289)^4}{\infty}} = 5.455$$ 유효자유도는 소수점이하를 버리고 정수를 취하므로 5가 된다.

따라서 ν_{eff} = 5이므로 t-분포로 처리된다.

유효자유도 ν_{eff}의 값이 10 이상이면 정규분포로 처리되어 약 95 % 신뢰구간(k = 2)을 적용하지만, 9 이하이면 t-분포가 되므로 t-분포표를 이용하여 95 % 신뢰구간에서 k값을 결정한다. 〈표 3-1〉에서 유효자유도가 5이므로 t-분포표에서 p = 95 %일 때 k값은 2.57임을 알 수 있다.

〈표 3-1〉 t-분포표

자유도 ν	t분포에서 자유도 ν에 해당하는 $t_p(\nu)$의 값 $t_p(\nu)$는 해당 분포에서 특정한 p만큼의 부분을 포함하는 구간을 정의한다.					
	p=68.27 %	p=90 %	p=95 %	p=95.45 %	p=99 %	p=99.73 %
1	1.84	6.31	12.71	13.97	63.66	235.80
2	1.32	2.92	4.30	4.53	9.92	19.21
3	1.20	2.35	3.18	3.31	5.84	9.22
4	1.14	2.13	2.78	2.87	4.60	6.62
5	1.11	2.02	2.57	2.65	4.03	5.51

6) 확장 불확도 U

$$U = k \times u_c = 2.57 \times 0.764 = 1.962 \text{ mm}$$

확장 불확도의 표시는 유효자리 2자리 이내로 하므로 2 mm로 표시한다.

7) 측정결과 보고

$L = L_i \pm U$ (k = 2.57, 신뢰수준 95 %), L_i값이 200 mm이므로 확장불확도를 2.0으로 하지 않고 2 mm로 하여 소수점 자리를 맞춰준다. 따라서 최종 확장불확도는 다음과 같이 표기된다.

$$L = 200 \pm 2 \quad (k = 2.57,\ \text{신뢰수준 } 95\ \%)$$

8) 불확도 총괄표

구분	양 X_i	1 추정값 x_i	2 표준불확도 $u(x_i)$	3 확률분포	4 감도계수 c_i	5 불확도 기여량 $u_i(y)$	6 자유도 ν
A	L_i	200 mm	0.707 mm	t	1	0.707 mm	4
B	L_r	0	0.289 mm	직사각형	1	0.289 mm	∞
C	L	200 mm	-	t	-	0.764 mm	5
합성표준불확도		$u_c = \sqrt{u_A^2 + u_B^2} = \sqrt{0.707^2 + 0.289^2} = 0.764$ mm					
확장불확도		$U = k \times u_c = 2.57 \times 0.764 = 1.962$ mm $L = 200$ mm ± 2 mm (k=2.57, 신뢰수준 95 %)					

3.2 사각형 면적의 측정불확도 산출 예

[문제]

사각형 단면의 폭(w)을 최소눈금이 1 mm인 강철자를 이용하여 5회 측정값이 각각 (200, 202, 201, 199, 198) mm이고, 높이(h)의 경험값이 (50 mm ± 2 mm)일 때 사각형의 면적과 확장 불확도를 구하시오.(불확도 산출을 위한 간단한 예시문제이므로 환경적 요인과 다른 불확도 요인은 없다고 가정한다.)

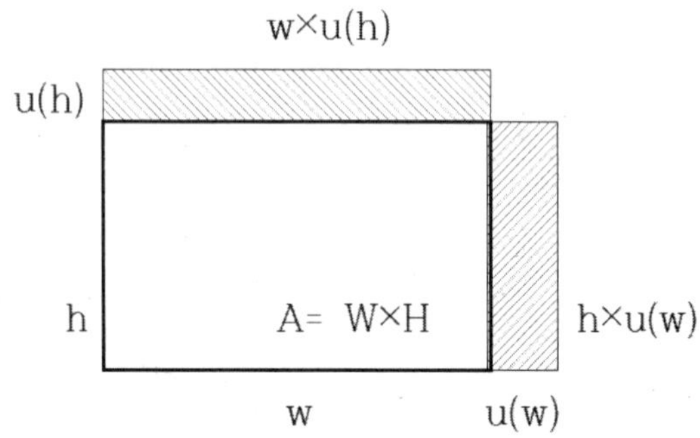

〈풀이〉

1) 수학적 모델링

$A = W \times H$: 입력량과 출력량과의 관계

$a = w \times h$: 입력 추정값과 출력 추정값 간의 관계식

측정 불확도 분석의 형태로 리스트 작성

$u^2(a) = (\frac{\partial a}{\partial w})^2 u^2(w) + (\frac{\partial a}{\partial h})^2 u^2(h)$, 여기서 $\frac{\partial a}{\partial w}$는 감도계수 c_w, $\frac{\partial a}{\partial h}$는 감도계수 c_h

2) 불확도 요인

구분	양 X_i	1 추정값 x_i	2 표준불확도 $u(x_i)$	3 확률분포	4 감도계수 c_i	5 불확도 기여량 $u_i(y)$	6 자유도 ν
A	W	A1	A2	A3	A4	A5	A6
B	H	B1	B2	B3	B4	B5	B6
C	A	C1	-	C3	-	C5	C6

3) A형 평가방법에 의한 폭(W)의 표준 불확도

폭(W)은 A형 불확도 평가, 높이(H)는 B형 불확도 평가이므로

A1 : 폭(W) 모평균의 추정값 $\overline{w}$ (4.2 참조)

$$\overline{w}=\frac{1}{n}\sum_{k=1}^{n}x_i = \frac{(200+202+201+199+198)}{5}=200 \text{ mm}$$

A2 : A형 표준불확도 $u_A(w)$

1) 표준편차 $s(w)$

$$s(w)=\sqrt{\frac{1}{n-1}\sum(w_i-\overline{w})^2}=\sqrt{\frac{1}{5-1}\sum(0^2+2^2+1^2+1^2+2^2)}=1.581 \text{ mm}$$

2) 폭 W의 A형 표준불확도 $u_A=\dfrac{s(w)}{\sqrt{n}}=\dfrac{1.581}{\sqrt{5}}=0.707 \text{ mm}$

A3 : 확률분포 (5.5 참조)

t-분포

A4 : 감도계수 c_i (6.4 참조)

감도계수 c_i는 수학적 모델링식 $a=w\times h$에서 a를 w로 편미분해서 구한다.

- 폭의 감도계수 c_w

$$c_w=\frac{\partial a}{\partial w}=\frac{\partial(w\times h)}{\partial w}=h = 50 \text{ mm}$$

A5 : 불확도 기여량 $u_w(y)$

불확도 기여량 $u_w(y)$는 폭의 감도계수 c_w × 표준불확도 u_A로 구한다.

$u_w(y)$ = c_w × u_A = 50 × 0.707 = 35.35 mm

A6 : 자유도 ν_A = n-1 = 5-1 = 4 (5.1 참조)

4) B형 평가방법에 의한 높이 H의 표준 불확도

높이 H = 50 mm에서 경험적으로 ±2 mm를 벗어나지 않는다고 100 % 확신하는 경우 직사각형 분포로 가정하면,

B1 : 높이 H의 추정값 = 50 mm

B2 : 높이 H의 B형 표준불확도 u_B

$$u_B = \frac{a}{\sqrt{3}} = \frac{2}{\sqrt{3}} = 1.155 \text{ mm}$$

B3 : 확률분포 (4.6 참조)

오차의 상한 값과 하한 값만 알 수 있고, 다른 정보는 없으므로 직사각형 분포

B4 : 높이 H의 감도계수 c_h (6.4 참조)

감도계수 c_i는 수학적 모델링식 $a = w \times h$에서 a를 h로 편미분해서 구한다.

$$c_h = \frac{\partial a}{\partial h} = \frac{\partial (w \times h)}{\partial h} = w = 200 \text{ mm}$$

B5 : 불확도 기여량 $u_h(y)$

불확도 기여량 $u_h(y)$는 감도계수 c_h × 표준불확도 u_B로 구한다.

$u_h(y) = c_h \times u_B = 200 \times 0.289 = 57.8$ mm

B6 : 자유도 ν_B (5.1 참조)

$$\nu_B = \frac{1}{2}\left(\frac{100}{R}\right)^2 = \frac{1}{2}\left(\frac{100}{100 - \text{표준불확도 추정에 대한 확신의 정도}}\right)^2$$

$$= \frac{1}{2}\left(\frac{100}{R}\right)^2 = \frac{1}{2}\left(\frac{100}{100-100}\right)^2 = \infty$$

5) 합성 표준 불확도

C1 : 면적 A의 추정값 a

$a = w \times h = 200 \times 50 = 10\ 000 \text{ mm}^2$

C3 : 확률분포는 정규분포이다(유효자유도가 7680이므로) (4.4 참조)

C5 : 합성 표준불확도 $u(a)$

$$u(a) = \sqrt{(\frac{\partial a}{\partial w})^2 u^2(w) + (\frac{\partial a}{\partial h})^2 u^2(h)} = \sqrt{c_w^2 u_A^2 + c_h^2 u_B^2}$$

$$= \sqrt{50^2 \times 0.707^2 + 200^2 \times 1.155^2} = 234 \text{ mm}^2$$

C6 : 유효자유도 ν_{eff} (5.1 참조)

$$\nu_{eff} = \frac{u^4(a)}{\sum_{i=1}^{N} \frac{[c_i \cdot u(y)]^4}{\nu_i}} = \frac{\text{합성표준불확도}^4}{\frac{(\text{폭의 감도계수} \times \text{표준불확도})^4}{\text{폭의 자유도}} + \frac{(\text{높이의 감도계수} \times \text{표준불확도})^4}{\text{높이의 자유도}}}$$

$$= \frac{234^4}{\frac{(50 \times 0.707)^4}{4} + \frac{(200 \times 1.155)^4}{\infty}} = 7680.08$$

ν_{eff} = 7680이므로 정규분포로 처리하여 약 95 % 신뢰구간(k = 2)을 적용한다.

6) 확장 불확도 U

$U = k \times u(a)$ = 2 × 234 = 468 mm^2

7) 측정결과 보고

$A = a \pm U$ (k=2, 신뢰수준 약 95 %)

A = 10 000 mm^2 ± 468 mm^2 (k = 2, 신뢰수준 약 95 %)

8) 불확도 총괄표

구분	양 X_i	1 추정값 x_i	2 표준불확도 $u(x_i)$	3 확률분포	4 감도계수 c_i	5 불확도 기여량 $u_i(y)$	6 자유도 ν
A	W	200 mm	0.707 mm	t	50 mm	35.35 mm^2	4
B	H	50 mm	1.155 mm	직사각형	200 mm	57.8 mm^2	∞
C	A	10 000 mm^2	-	정규	-	234.0 mm^2	7680
합성표준불확도		$u(a) = \sqrt{50^2 \times 0.707^2 + 200^2 \times 1.155^2} = 234$ mm^2					
확장불확도		$U = k \times u(a)$ = 2 × 234 = 468 mm^2 A = 10 000 mm^2 ± 468 mm^2 (k=2, 신뢰수준 약 95 %)					

3.3 간단한 밀도의 측정불확도 산출 예

[문제]

보석의 밀도를 측정하기 위해 질량을 3회 반복측정하고 부피를 1회 측정했다. 보석의 밀도와 약 95 %의 신뢰수준에서 확장불확도를 구하시오.

(단, 합성불확도의 확률분포는 정규분포로 가정하며, 불확도 산출을 위한 간단한 예시문제이므로 환경적 요인과 다른 불확도 요인은 없다고 가정한다.)

[측정결과]

구분	측정 데이터		
	1회	2회	3회
보석의 질량	448 g	450 g	452 g
보석의 부피	90 cm^3		
부피계의 공차한계	±1 cm^3		
신뢰도	20 %		

〈풀이〉

1) 수학적 모델링

밀도 $D = \dfrac{M}{V}$: 입력량과 출력량과의 관계(D : 보석의 밀도, M : 보석의 질량, V : 보석의 부피)

$d = \dfrac{m}{v}$: 입력 추정값과 출력 추정값 간의 관계식

2) 불확도 요인

구분	양 X_i	1 추정값 x_i	2 표준불확도 $u(x_i)$	3 확률분포	4 감도계수 c_i	5 불확도 기여량 $u_i(y)$	6 자유도 ν
A	M	A1	A2	A3	A4	A5	A6
B	V	B1	B2	B3	B4	B5	B6
C	D	C1	-	C3	-	C5	C6

3) A형 평가방법에 의한 질량(M)의 표준 불확도

질량(M)은 A형 불확도 평가, 부피(V)는 B형 불확도 평가이므로

A1 : 질량 M의 모평균의 추정값 $\overline{m}$ (4.2 참조)

$$\overline{m}=\frac{1}{n}\sum_{k=1}^{n}x_i = \frac{(448+450+452)}{3}=450 \text{ g}$$

A2 : A형 표준불확도 $u_A(m)$

1) 표준편차 $s(m)$

$$s(m)=\sqrt{\frac{1}{n-1}\sum(m_i-\overline{m})^2}=\sqrt{\frac{1}{3-1}\sum(2^2+0+2^2)}=2.828 \text{ g}$$

2) 질량 M의 A형 표준불확도 $u_A=\dfrac{s(m)}{\sqrt{n}}=\dfrac{2.828}{\sqrt{3}}=1.633 \text{ g}$

A3 : 확률분포 (4.5 참조)

t-분포

A4 : 감도계수 c_i (6.4 참조)

감도계수 c_i는 수학적 모델링식 $d=\dfrac{m}{v}$에서 d를 v로 편미분해서 구한다.

- 질량의 감도계수 c_m

$$c_m=\frac{\partial d}{\partial m}=\frac{\partial(\frac{m}{v})}{\partial m}=\frac{1}{v} = \frac{1}{90} = 0.011 \text{ [1/cm}^3\text{]}$$

A5 : 불확도 기여량 $u_m(y)$

불확도 기여량 $u_m(y)$는 질량의 감도계수 c_m × 표준불확도 u_A로 구한다.

$$u_m(y) = c_m \times u_A = 0.011 \times 1.633 = 0.018 \text{ g/cm}^3$$

A6 : 자유도 ν_A = n-1 = 3-1 = 2 (5.1 참조)

4) B형 평가방법에 의한 부피 V의 표준 불확도

부피 V = 90 cm^{3}에서 ±1 cm^{3}를 벗어나지 않는다고 100 % 확신하는 경우 직사각형 분포로 가정하면,

B1 : 부피 V의 추정값 = 90 cm^3

B2 : 부피 V의 B형 표준불확도 u_B

$$u_B = \frac{a}{\sqrt{3}} = \frac{1}{\sqrt{3}} = 0.577\ cm^3$$

B3 : 확률분포 (4.6 참조)

오차의 상한 값과 하한 값만 알 수 있고, 다른 정보는 없으므로 직사각형 분포

B4 : 부피 V의 감도계수 c_v (6.4 참조)

감도계수 c_i는 수학적 모델링식 $d = \frac{m}{v}$에서 d를 v로 편미분해서 구한다.

$$c_v = \frac{\partial d}{\partial v} = \frac{\partial(\frac{m}{v})}{\partial v} = -m\frac{1}{v^2} = -450 \times \frac{1}{90^2} = -0.056\ [g/(cm^3)^2]$$

B5 : 불확도 기여량 $u_v(y)$

불확도 기여량 $u_h(y)$는 감도계수 c_v × 표준불확도 u_B로 구한다.

$u_v(y)$ = $c_v \times u_B$ = -0.056 × 0.577 = -0.032 g/cm^3

B6 : 자유도 ν_B (5.1 참조)

신뢰도 R = 20 % 이므로

$$\nu_B = \frac{1}{2}(\frac{100}{R})^2 = \frac{1}{2}(\frac{100}{100 - \text{표준불확도 추정에 대한 확신의 정도}})^2$$

$$= \frac{1}{2}(\frac{100}{R})^2 = \frac{1}{2}(\frac{100}{20})^2 = 12.5$$

자유도는 소수점 이하를 버리고 정수로 취하므로 12가 된다.

5) 합성 표준불확도

C1 : 밀도 D의 추정값 d

$$d = \frac{m}{v} = \frac{450}{90} = 5\ g/cm^3$$

C1 : 확률분포는 정규분포이다(유효자유도가 13이므로) (4.4 참조)

C5 : 합성 표준불확도 $u(d)$

$$u(d) = \sqrt{(\frac{\partial d}{\partial m})^2 u^2(m) + (\frac{\partial d}{\partial v})^2 u^2(v)} = \sqrt{c_m^2 u_A^2 + c_v^2 u_B^2}$$

$$= \sqrt{0.011^2 \times 1.633^2 + 0.056^2 \times 0.577^2} = 0.037 \text{ g/cm}^3$$

C6 : 유효자유도 ν_{eff} (5.1 참조)

$$\nu_{eff} = \frac{u^4(d)}{\sum_{i=1}^{N} \frac{[c_i \cdot u(y)]^4}{\nu_i}} = \frac{\text{합성표준불확도}^4}{\frac{(\text{질량의 감도계수} \times \text{표준불확도})^4}{\text{질량의 자유도}} + \frac{(\text{부피의 감도계수} \times \text{표준불확도})^4}{\text{부피의 자유도}}}$$

$$= \frac{0.037^4}{\frac{(0.011 \times 1.633)^4}{2} + \frac{(0.056 \times 0.057)^4}{12}} = \frac{0.037^4}{\frac{(0.018)^4}{2} + \frac{(0.032)^4}{12}} = 13.44$$

유효자유도는 소수점 이하는 버리고 정수로 취하므로 13이 된다.

ν_{eff} = 13이므로 정규분포로 처리하여 약 95 % 신뢰구간(k = 2)을 적용한다.

6) 확장불확도 U

$U = k \times u(d)$ = 2 × 0.037 = 0.074 g/cm³

7) 측정결과 보고

$D = d \pm U$ (k = 2, 신뢰수준 약 95 %)

D = 5 ± 0.074 g/cm³ (k = 2, 신뢰수준 약 95 %)

(d와 U의 유효자리 수는 같아야 한다.)

8) 불확도 총괄표

구분	양 X_i	1 추정값 x_i	2 표준불확도 $u(x_i)$	3 확률분포	4 감도계수 c_i	5 불확도 기여량 $u_i(y)$	6 자유도 ν
A	M	450 g	1.633 g	t	0.011 1/cm³	0.018 g/cm³	2
B	V	90 cm³	0.577 cm³	직사각형	-0.056 g/cm³	-0.032 g/cm³	12
C	D	5 g/cm³	-	정규	-	0.037 g/cm³	13
합성표준불확도		$u(d) = \sqrt{0.011^2 \times 1.633^2 + 0.056^2 \times 0.577^2} = 0.037$ g/cm³					
확장불확도		$U = k \times u(d)$ = 2 × 0.037 = 0.074 g/cm³ D = (5 ± 0.07) g/cm³ (k = 2, 신뢰수준 약 95 %)					

Chapter 4. 표준불확도 산정을 위한 확률분포의 추정

3장에서 기술된 간단한 불확도의 산출과정에서 정규분포, t-분포, 직사각형분포가 언급되었다. 본 장에서는 연속확률분포인 정규분포, t-분포, 직사각형분포, 삼각분포, *U*분포 및 사다리꼴분포에 대하여 자세히 기술하고, 측정불확도 총괄표에 어떻게 적용하는지에 대하여 예를 들어 설명한다.

4.1 통계학의 개요

1) 통계학의 정의

통계학이란 불확실한 상황에 대한 의사결정에 필요한 정보를 제공하기 위해 관심의 대상(모집단)에 대하여 관련된 자료를 수집하고, 그 자료를 과학적인 방법 및 절차에 의해서 요약 · 정리하여 결론이나 일반적인 규칙성을 추구하는 학문으로 정의된다. 통계학은 일반적으로 기술(記述)통계학과 추측통계학으로 분류된다.

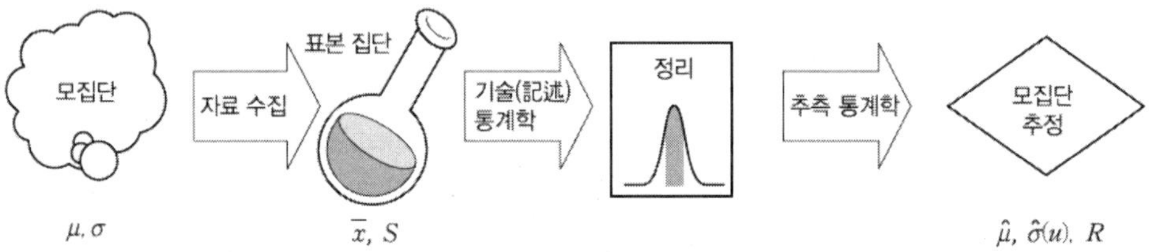

[그림 4.1] 통계학의 개념

1. 기술(記述) 통계학

자료를 수집하고 정리하여 도표나 표를 만들거나 자료를 요약하여 그래프, 차트, 평균(mean), 대푯값(central tendency), 분산(variance), 표준편차(standard deviation), 산포도(dispersion), 도수분포도(frequency table), 추정값과 표준불확도 등에 대하여 구하는 방법을 다루는 분야이다.

2. 추측통계학

평균이나 비율의 추정(estimation), 신뢰구간(confidence interval)의 추정, 가설과 검정(hypothesis testing), 분산분석(ANOVA), 회귀분석(regression), 유한값으로부터 무한값의 추정 등의 수집된 자료에 내포된 정보를 분석하여 불확실한 사실에 대한 추론을 하는 분야이다. 이때 범할 수 있는 오류를 확률이라는 개관적인 척도로 불확실한 정도를 나타내어준다.

2) 통계학의 필요성

합리적인 의사결정을 위해서는 과학적인 이론에 근거한 관심사에 대한 정확한 대상이 선정되어야 하며, 연구목적에 필요한 자료와 정보가 경제성과 정밀도를 고려하여 최적의 방법으로 수집되어야 한다. 또한, 수집된 자료는 과학적인 이론에 의해 정리, 분석되어야 한다.

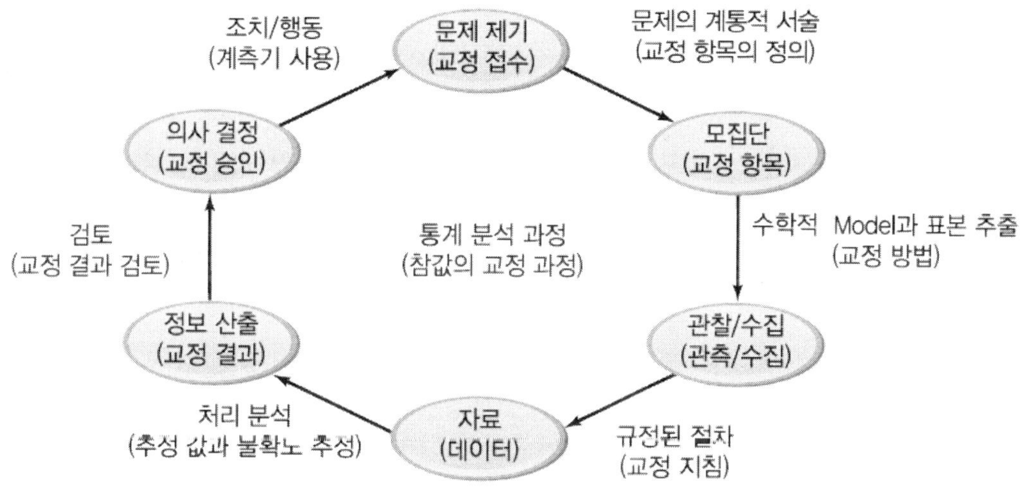

[그림 4.2] 통계학의 수행과정

3) 통계적 해석 방법

측정값의 통계적 해석방법은 실험이나 측정결과에 대한 불확실성을 결정할 수 있으므로 널리 사용된다. 어떤 부품에 대하여 동일한 조건에서 얻어진 측정값은 우연오차에 의하여 흐트러지며 측정횟수에 따라 분포곡선이 다르게 나타난다.

정규분포(normal distribution)란 가우스(Gauss)분포라고도 하며, 동일한 조건에서 측정하여 얻은 수많은 측정값의 집단을 측정값의 모집단이라 하고, 측정값에 대한 모집단 분포를 정규분포라 한다. [그림 4.3]에서 분포의 평균이 m이고 좌우로 평균 m에서 표준편차 σ만큼 떨어져 있다. 정규분포의 전체 면적은 확률로 보면 1(100 %)이 된다.

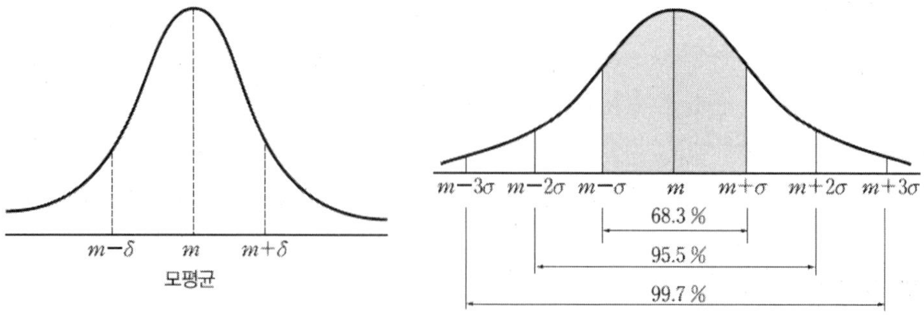

[그림 4.3] 정규분포 곡선

[그림 4.3]에서 분포의 평균 m과 표준편차 σ에 대한 정규분포의 확률은 다음과 같다.

$m\pm1\sigma$ = 68.3 %, $m\pm2\sigma$ = 95.5 %, $m\pm3\sigma$ = 99.7 %, $m\pm n\sigma$ = 100 %

측정은 통계학적인 측면에서 최소한 30회 이상은 반복해야 정규분포 곡선을 형성하며, 그에 따른 표준정규분포 표를 활용할 수 있으므로 30회 이상을 권장하고 있다. 하지만 측정자의 입장에서 매번 30회 이상을 반복 측정하기는 쉬운 일이 아니다. 따라서 최소한 3회 이상의 측정을 하여 t-분포 표를 활용하는 것이 더욱 바람직할 수 있다.

통계학 이론과 달리 일반적으로 정밀측정 데이터를 이용하여 불확도를 산출할 경우 측정횟수가 11회 이상일 때는 정규분포로 가정하며, 측정횟수가 1∼10회까지는 t-분포를 적용한다. [KOLAS-G-002, 2016] 참조

4.2 모평균 μ, 표본평균 $\bar{x}$, 표본평균의 평균 $\bar{X}$

평균이라는 용어는 일상생활에서 자주 접하는 용어이다. 그러나 평균에는 모평균, 표본평균 및 표본평균의 평균으로 분류된다. 이와 같이 평균에 대한 올바른 개념의 정립이 매우 중요하다. 앞으로 기술되는 통계관련 용어 중 다음과 같은 용어를 접하게 된다.

모집단, 표본, 표본통계량, 추정량, 불편추정량, 모평균, 모분산, 모표준편차, 표본평균, 분산, 불편분산, 표준편차, 표본평균의 평균 등이다. 이와 같은 통계학 용어는 서로 관련성이 있으므로 정확한 개념의 정립이 필요하다.

1) 모집단과 표본

모집단이란 통계적이 관찰이 대상이 되는 집단 전체를 의미한다. 그리고 모집단에서 추출한

일부의 자료를 표본이라 하고, 표본에 포함된 자료의 개수를 표본의 크기라 한다. 여기서 추출이란 모집단에서 표본을 뽑는 것을 의미한다. 모집단과 표본은 다음과 같이 설명된다.

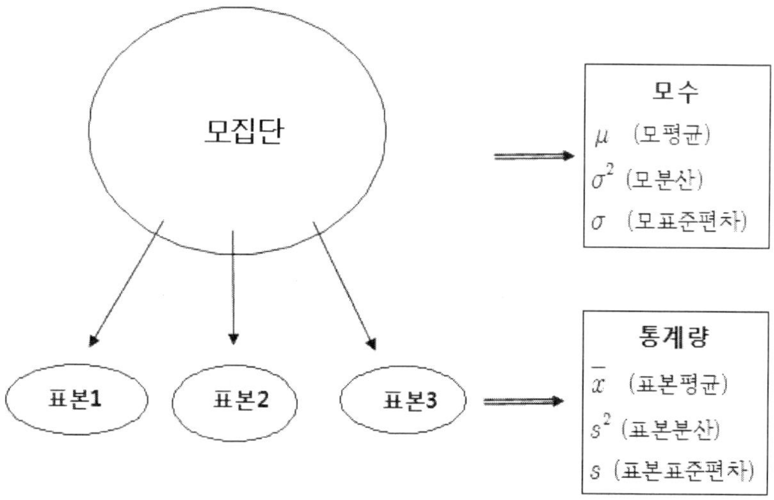

[그림 4.4] 파라미터와 통계량

1. 모집단

모집단에 대하여 알고자하는 어떤 값을 통계적으로 표현한 수치를 모수(parameter)라 하며 모평균, 모분산, 모표준편차가 있다.

어떤 모집단의 수치를 통계적 기법으로 개발했다고 하면 여기에 들어가는 모평균과 모분산을 이용해야한다. 그러나 모평균과 모분산은 우리가 모르기 때문에 알고 있는 표본평균과 표본분산을 이용하여 대체해야 한다. 그러면 어떻게 대체시킬 것인가가 문제이다.

모평균을 구하기 위하여 표본평균 $\overline{x}$를 가지고 모평균 μ를 대치하고, 표본분산 s^2으로 모분산 σ^2을 대치한다고 하면,

표본평균의 기댓값 $E\{\overline{x}\} \simeq \mu$

표본분산의 기댓값 $E\{s^2\} \simeq \sigma^2$

이 된다.

① 모평균(母平均, population mean) : μ (모집단의 평균)

② 모분산(母分散, population variance) : σ^2 (모집단의 분산)

③ 모표준편차(母標準偏差, population standard deviation) : σ (모집단의 표준편차)

예제 모집단 {2, 4, 6, 8}이 있다. 확률 변수를 x라 할 때 확률 $P(x)$는 다음 표와 같다. 이때 모평균, 모분산, 모표준편차를 구하시오.

확률변수	x	2	4	6	8
상대도수	$P(x)$	1/4	1/4	1/4	1/4

1) 모평균 μ = 확률변수 x의 기댓값

$$E\{x\} = \mu = \frac{1}{N}\sum_{i=1}^{N}(x_i) = \frac{2}{4}+\frac{4}{4}+\frac{6}{4}+\frac{8}{4} = 5$$

2) 모분산 $\sigma^2 = \frac{1}{N}\sum_{i=1}^{N}(x_i-\mu)^2 = \frac{(2-5)^2+(4-5)^2+(6-5)^2+(8-5)^2}{4} = 5$

3) 모표준편차 $\sigma = \sqrt{\frac{1}{n}\sum_{i=1}^{n}(x_i-\bar{x})^2} = \sqrt{s^2} = \sqrt{5}$

2. 표본

모집단에서 선택된 모집단 구성단위의 일부를 랜덤으로 뽑은 변수로서의 통계량(statistic)으로 통계량에는 표본평균, 표본분산, 표본표준편차가 있다.

① 표본평균(標本平均, sample mean) : $\bar{x}$ (표본의 평균)

② 표본분산(標本分散, sample variance) : s^2 (표본의 분산)

③ 표본표준편차(標本標準偏差, sample standard deviation) : s (표본의 표준편차)

모집단의 수가 큰 경우 모평균을 구하기 위해서는 전수검사를 해야 하므로 시간과 경비가 많이 들기 때문에 모평균을 알 수 없게 된다. 모평균 추론이란 모평균을 알 수 없으므로 표본으로부터 모평균을 추론하는 과정이며, 통계적 추론이란 표본으로부터 모집단의 특성을 예측하는 과정이다.

표본평균의 평균을 통하여 모평균을 추론할 수 있다. 결국 표본평균의 평균은 표본의 크기가 커질수록 모집단의 평균(모평균)과 유사하다.

3. 표본평균의 통계량

모집단으로부터 추출한 표본이 2개 이상일 때 추출한 표본평균에 대한 통계량을 구해서 모집단의 통계량을 추론하는 방법이다. 표본평균의 통계량은 다음과 같다.

① 표본평균의 평균 : $\overline{X}$ (표본평균의 평균) $\simeq$ μ (모평균)

② 표본평균의 분산 : S^2 (표본평균의 분산) $\simeq$ σ^2 (모집단의 분산)

4. 모집단에 대한 표본평균($\bar{x}$) 및 표본평균의 평균($\overline{X}$) 예

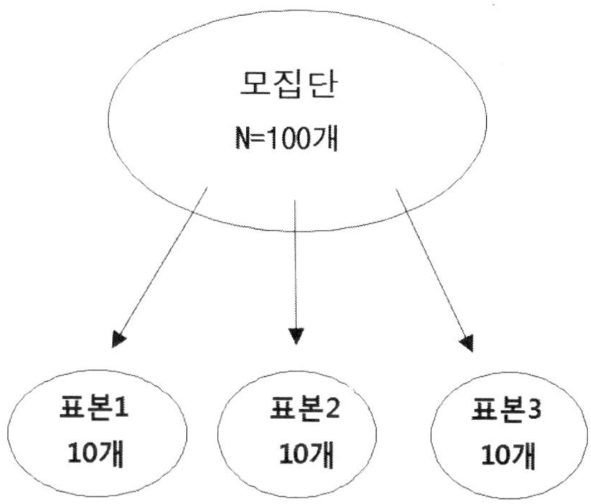

[그림 4.5] 모집단과 표본집단

모집단의 수 N=100 개가 있다. 모평균을 μ라 할 때 각각 3회 뽑은 표본의 수가 3이고, 표본의 크기가 각각 10개인 경우 표본평균을 구하면 다음과 같게 된다.

① 표본1 집단의 표본평균값 $\bar{x}_1$

$$\overline{x_1} = \frac{1}{n}\sum_{i=1}^{n}(x_i) = \frac{1}{10}(x_1 + x_2 + x_3 + x_4 + x_5 + x_6 + x_7 + x_8 + x_9 + x_{10}) = X_1$$

② 표본2 집단의 표본평균값 $\bar{x}_2$

$$\overline{x_2} = \frac{1}{n}\sum_{i=1}^{n}(x_i) = \frac{1}{10}(x_1 + x_2 + x_3 + x_4 + x_5 + x_6 + x_7 + x_8 + x_9 + x_{10}) = X_2$$

③ 표본3 집단의 표본평균값 $\bar{x}_3$

$$\overline{x_3} = \frac{1}{n}\sum_{i=1}^{n}(x_i) = \frac{1}{10}(x_1 + x_2 + x_3 + x_4 + x_5 + x_6 + x_7 + x_8 + x_9 + x_{10}) = X_3$$

이와 같이 표본평균 $\bar{x}$를 3회에 걸쳐서 구했으므로 표본평균의 횟수 k=3회이므로 표본평균의 평균 $\overline{X}$는 다음과 같이 구해진다.

$$\overline{X} = \frac{1}{k}\sum_{i=1}^{k}(\overline{x_i}) = \frac{1}{k}\sum_{i=1}^{k}(X_i) = \frac{1}{3}(\overline{x_1} + \overline{x_2} + \overline{x_3})$$

이와 같이 구한 표본평균의 평균 $\overline{X}$는 모평균 μ와 거의 일치한다. 따라서 모집단의 모평균을 알 수 없으므로 표본평균의 평균으로부터 모평균을 추론할 수 있다. 결국 표본평균의 평균은 표본의 크기가 커질수록 모집단의 평균(모평균)과 유사하다.

예제 모집단 {2, 4, 6, 8}이 있다. 표본을 2회 뽑은 결과가 다음과 같다. 이때 표본평균, 표본분산, 표본표준편차, 표본평균의 평균, 표본평균의 분산, 표본평균의 표준편차를 구하시오.

표본1	X_1	2	4
표본2	X_2	6	8

1) 표본평균 $\overline{x_1} = \frac{1}{n}\sum_{i=1}^{n}(x_i) = \frac{2+4}{2} = 3$

$$\overline{x_2} = \frac{1}{n}\sum_{i=1}^{n}(x_i) = \frac{6+8}{2} = 7$$

2) 표본분산 $s_1^2 = \frac{1}{n-1}\sum_{i=1}^{n}(x_i - \overline{x})^2 = \frac{1}{2-1}\{(2-3)^2 + (4-3)^2\} = 2$

$$s_2^2 = \frac{1}{n-1}\sum_{i=1}^{n}(x_i - \overline{x})^2 = \frac{1}{2-1}\{(6-7)^2 + (8-7)^2\} = 2$$

3) 표본표준편차 $s_1 = \sqrt{\frac{1}{n-1}\sum_{i=1}^{n}(x_i - \overline{x})^2} = \sqrt{s_1^2} = \sqrt{2} = 1.414$

$$s_2 = \sqrt{\frac{1}{n-1}\sum_{i=1}^{n}(x_i - \overline{x})^2} = \sqrt{s_2^2} = \sqrt{2} = 1.414$$

4) 표본평균의 평균 $\overline{X} = E\{\overline{x}\} = \frac{3+7}{2} = 5$ (모평균과 같다.)

4.3 측정값의 분포

1) 산술평균

동일한 조건에서 얻어진 어떤 양에 대한 측정값들은 유사한 오차 곡선을 그리게 된다. 그 중 흐트러져 나타난 측정으로부터 가장 확실한 측정값은 수많은 측정값의 산술평균(arithmetic mean)으로 구해진다.

1. 모평균

모집단의 평균으로서, 측정 대상의 모든 요소에 대해서 얻어지는 모집단의 평균값을 의미한다. 즉, 측정대상의 모든 값을 평균으로 낸 것이다.

$$\mu = \frac{1}{N}\sum_{i=1}^{N}(x_i)$$

여기서, μ : 모평균, $x_i = x_{1,} x_2 ...., x_N$: 측정값, N : 측정횟수

2. 표본평균

측정대상이 많은 경우 시료의 일부를 채취하여 얻어지는 모집단의 평균값을 의미한다. 일반적으로 전체 시료 중 30개 이하인 시료를 샘플링하여 구한 평균값이다.
산술평균이란 측정값을 전부 더하여 그 개수로 나눈 값을 의미한다.

$$\overline{x_1} = \frac{1}{n}\sum_{i=1}^{n}(x_i)$$

2) 표준편차

편차(deviation)란 측정집단의 산술평균으로부터 좌우로 흩어짐(벗어남)을 의미하며 이 크기를 양적으로 표시한 것을 표준편차라 한다. 표준편차에는 시료의 개수에 따라 모표준편차와 시료의 표준편차로 구분된다.

1. 모표준편차

모집단의 표준편차로서 채취한 시료가 30개를 초과하거나 모든 측정값에 대한 표준편차(σ)를 의미한다.

$$\sigma = \sqrt{\frac{1}{N}\sum_{i=1}^{N}(x_i - \mu)^2}$$

여기서, σ : 모표준편차, μ : 모평균, N : 모집단 시료의 수이다.

2. 표본표준편차

보통 표준편차라 하며 채취한 시료가 30개 이하일 때(정밀측정분야에서는 일반적으로 시료가 10개 이하를 사용함) 시료의 표준편차는 s로서 측정에서 일반적으로 널리 사용된다. 여기서 n은 모집단에서 추출한 시료의 수이다.

$$s = \sqrt{\frac{1}{n-1}\sum_{i=1}^{n}(x_i - \overline{x})^2}$$

표준편차(s) 식을 살펴보면 왜 제곱을 했다가 제곱근($\sqrt{\ }$)으로 취해주는지에 대한 의문이 가게 된다. 예를 들어보자.

어떤 제품을 5회 측정한 데이터가 각각 (18, 19, 20, 21, 22) mm라면, 평균값은 20 mm가 되고, 편차는 (측정값 - 평균값)이므로 각각(-2, -1, 0, 1, 2) mm가 된다. 편차에는 (-) 부호가 있으므로 모두 더하면 0이 되어 산포(흩어짐)의 정도를 알 수가 없게 된다.

그러므로 음(-)의 부호를 없애기 위해 편차항$(x_i - \overline{x})$항에 제곱$(x_i - \overline{x})^2$하여 $(n-1)$로 나누는 것이 분산(불편분산) s^2이 되고, 제곱근($\sqrt{\ }$)을 적용해서 원래 단위로 환원해서 구하는 것이 표준편차(s)이다.

3) 분산(variance)

1. 모분산

시료의 평균이 아닌 N개로 구성된 모집단의 분산을 모분산이라 하며 모표준편차(σ)의 제곱에 해당한다.

$$\sigma^2 = \frac{1}{N}\sum_{i=1}^{N}(x_i - \mu)^2$$

2. 표본분산(불편분산)

표본분산을 불편분산이라고도 하며 시료($x_i = x_1, x_2 \cdots, x_n$)에 대하여 시료 n개를 추출한 평균값 $\overline{x}$로부터 편차 제곱의 항을 자유도로 나눈 것으로 다음과 같이 표시한다.

$$s^2 = \frac{1}{n-1}\sum_{i=1}^{n}(x_i - \overline{x})^2$$

4) 산포의 경향

1. 중앙값(중위수)($\widetilde{X}$: median)

관측한 데이터를 크기순으로 정렬하였을 때, 가운데에 위치한 값이며, N개의 데이터가 있을 경우에는 크기순으로 나열한 후 (N+1)/2 번째 데이터이다. 정보의 활용도는 낮으나 이상치에 둔감한 장점이 있다.

- 자료가 홀수 개일 때 : 중앙값 = 가운데 자료
- 자료가 짝수 개일 때 : 중앙값 = (가운데 두 자료의 합) / 2

예: * N이 홀수인 경우 : 2, 3, 4, 5, 6, 7, 7, 8, 9

$\widetilde{X}$ = 6

* N이 짝수인 경우 : 2, 3, 4, 5, 6, 7, 7, 8, 9, 9

$\widetilde{X}$ = 6.5

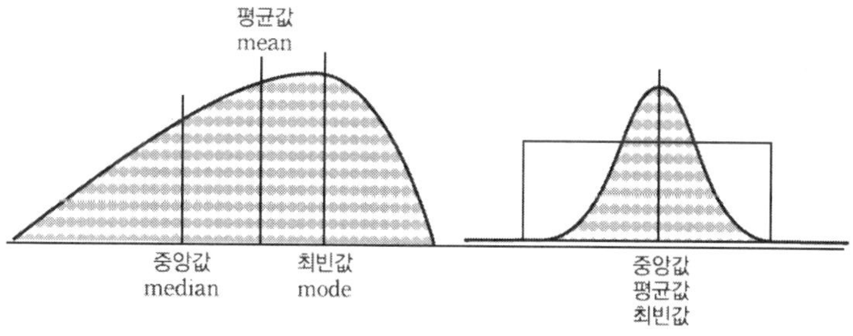

[그림 4.6] 산포의 경향

2. 최빈값(mode)

관측한 데이터 중에서 빈도수가 가장 많은 값이며, 최빈값은 존재할 수도, 하지 않을 수도 있다.

예: 측정자료1 : 10, 11, 11, 12, 13, 15 최빈값은 11

측정자료2 : 20, 20, 30, 30, 40, 50 최빈값은 20, 30

측정자료3 : 50, 52, 56, 57, 59, 60 최빈값은 존재하지 않음

3. 중점값(M : mid-range)

데이터 중에서 최대치와 최소치의 평균값

M = (Xmax + Xmin)/2

예: 측정자료 : 10, 11, 12, 14, 16 일 때

중점값 = (16+10)/2 = 13

중앙값 = 12

5) 산포의 상태

산포도란 대푯값을 중심으로 자료의 흩어진 정도를 나타내는 값이다. 산포의 상태를 표시하는 방법에는 편차, 편차 제곱합, 분산, 불편분산, 표준편차, 불편분산의 제곱근, 변동계수, 범위 등이 있다.

1. 편차(D : deviation)

각각의 데이터와 평균값의 차로서, 평균값을 중심으로 (+)편차와 (-)편차의 양쪽으로 산포되기 때문에 결국 편차들의 합은 0이 된다.

$$D = x_i - \overline{x}$$

2. 편차의 제곱합(S : sum of squares of deviation)

각각 편차들의 제곱으로 구해지며, 이를 변동이라 말하기도 한다.

$$S = \sum_{i=1}^{n}(x_i - \overline{x})^2 = \Sigma x_i^2 - n(\overline{x})^2 = \Sigma x_i^2 - \frac{(\Sigma x_i)^2}{n}$$

3. 변동계수(CV : coefficient of variation)

표준편차를 평균으로 나눈 양이며, 평균에 대한 표준편차의 비율(%)로 나타낸다. 이는 산포를 상대적으로 나타내기 때문에 계량단위가 다른 두 자료나 평균의 차이가 큰 두 로트(lot)의 상대적 산포도를 비교하는데 사용된다.

$$CV = \frac{s}{\overline{x}} \text{ 또는 } \frac{s}{\overline{x}} \times 100\ \%$$

4. 범위(R : range)

일련의 데이터 중에서 최대값과 최소값의 차이를 말한다. 이것은 산포를 나타내는 척도로서

제일 간단하게 사용한다.

$$R = X_{\max} - X_{\min}$$

예: 측정자료 : 10, 11, 12, 14, 16 일 때 범위 R = 16 - 10 = 6

6) 통계와 관련된 식의 적용 예

1. 변량 : 통계 조사 결과 값을 숫자로 표시한 것 (x_i)

   (x_1, x_2, x_3, x_4, $\cdots$, x_n)

   (3, 2, 3, 5, 4, 7, 6, 9)

2. 도수 : 각 변량들의 발생 횟수 (fi)

   (3 → 2 , 2 → 1 , 5 → 1 , 4 → 1 에서 → 뒤에 쓰인 값)

3. 평균 : 자료의 중심적 경향을 나타내는 산술 평균값 ($\bar{x}$)

   $$\left(\bar{x} = \frac{x_1 + x_2 + x_3 + \cdots x_i}{n} = \frac{\sum_{i=1}^{n} x_i}{n} = 4.875\right)$$

4. 중위수(median) : 데이터를 크기순으로 배열하여 중앙에 위치한 값.
   데이터가 짝수인 경우는 중앙 2개의 평균값.

   (3, 2, 5, 4, 7, 6, 9 인 경우 → 5)

   (3, 2, 3, 5, 4, 7, 6, 9 인 경우 → 4.5)

5. 최빈수(mode) : 데이터 중에서 가장 자주 나타나는 값.

   (3, 2, 3, 5, 4, 7, 6, 9 인 경우 → 3)

6. 범위(range R) : 데이터의 최대치와 최소치의 차.

   $$R = X_{\max} - X_{\min}, \text{ (R = 9 - 2 = 7)}$$

7. 중앙치(midrange M) : 데이터 중 최대치와 최소치의 평균치

   $$M = \frac{X_{\max} + X_{\min}}{2}, \quad \left(M = \frac{9+2}{2} = 5.5\right)$$

8. 편차 (변량값 - 평균)을 말함

(3의 경우 : 3-4.875 = -1.875, 6의 경우 : 6-4.875 = 1.125 …)

9. 모분산(σ^2) :(편차)^{2}의 합을 자료 수로 나눈 것

$$\sigma^2 = \frac{\sum(x_i - \bar{x})^2}{N}, \quad \sigma^2 = \frac{(-1.875)^2 + (1.125)^2 + \dots}{8} = 76.543$$

표본분산(또는 불편분산)(s^2) : (편차)^{2}의 합을 자유도(자료수-1)로 나눈 것

$$s^2 = \frac{\sum(x_i - \bar{x})^2}{n-1}, \quad s^2 = \frac{(-1.875)^2 + (1.125)^2 + \dots}{8-1} = 86.111$$

10. 모표준편차(σ) : 모분산의 제곱근($\sigma = \sqrt{\text{모분산}}$)

$$\sigma = \sqrt{\sigma^2} = \sqrt{\frac{\sum(x_i - \bar{x})^2}{N}}, \ \sigma = \sqrt{\frac{(-1.875)^2 + (1.125)^2 + \dots}{8}} = 8.749$$

표본표준편차(또는 불편분산의 제곱근) (s): 표본분산의 제곱근 ($s = \sqrt{\text{표본분산}}$)

$$s = \sqrt{s^2} = \sqrt{\frac{\sum(x_i - \bar{x})^2}{n-1}}, \ s = \sqrt{\frac{(-1.875)^2 + (1.125)^2 + \dots}{8-1}} = 9.280$$

4.4 정규분포

1) 개요

정규분포(nomal distribution)는 확률밀도함수로 주어지는 분포이며, 표준정규분포는 분포의 표준값(평균값)이 0이고 표준편차가 1인 정규분포를 의미한다. 정규분포란 연속확률분포의 하나로 정상분포라는 뜻을 가지며 자연현상이나 주변에서 흔히 볼 수 있는 분포로서, 화산활동, 산의 형상, 고드름이나 종유석 등에서도 정규분포형상이 나타난다.

예를 들면 500원짜리 동전 100개의 질량을 측정했을 때 동전의 평균값 주변에 많이 분포되어 있고 평균값에서 멀어질수록 적게 분포되어 있음을 알 수 있다. 동전의 수가 많을수록 정규분포를 따르므로 통계적 분석을 할 수 있다.

프랑스 수학자 드 무아브르(Abraham de Moivre)는 이항 분포식에 시행횟수 N을 아주 많이 늘리면 정규분포가 된다는 것을 발견했다.

2) 정규분포

정규분포의 특성은 연속확률변수 x의 확률분포로서, 분포의 평균과 분산에 의해 정규분포의 확률밀도함수는 다음과 같이 표현된다.

$$\text{확률밀도함수 } f(x) = \frac{1}{\sigma\sqrt{2\pi}} e^{-\frac{(x-\mu)^2}{2\sigma^2}} = \frac{1}{\sigma\sqrt{2\pi}} e^{-\frac{1}{2}\left[\frac{x-\mu}{\sigma}\right]^2}$$

여기서, x는 확률변수, μ는 모평균, σ^2은 모분산이고, σ는 모표준편차이다.

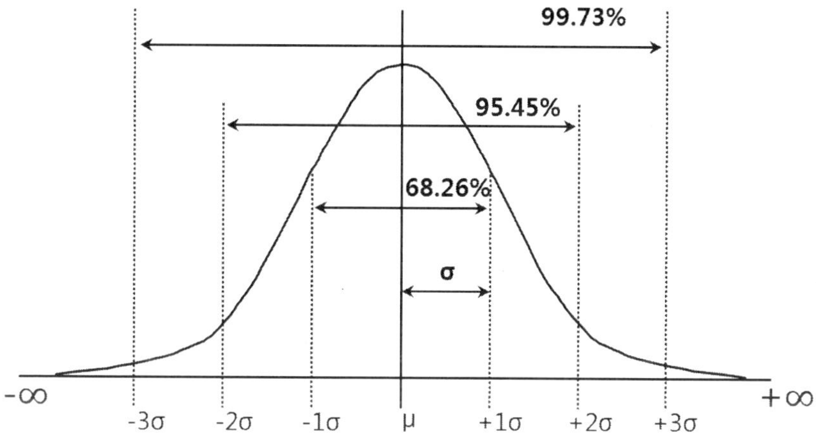

$$(\mu - 1\sigma \le x \le \mu + 1\sigma) = 0.6826$$
$$(\mu - 2\sigma \le x \le \mu + 2\sigma) = 0.9545$$
$$(\mu - 3\sigma \le x \le \mu + 3\sigma) = 0.9973$$

[그림 4.7] 정규분포

정규분포의 일반적인 특징은 다음과 같다.

① 평균 주변에 밀집한 좌우 대칭 형태의 분포로서, 종 모양을 갖는 확률변수의 분포이다.

② 평균값(중앙)에서 확률값이 높게 나타나며, 곡선 아래의 전체면적은 1이다.

③ 정규분포의 모양과 위치는 표준편차와 평균으로 결정된다.

④ 정규곡선은 x축에 접근하지만 x축에 닿지 않으므로 범위는 $-\infty < x < +\infty$이다.

⑤ 분포의 평균 μ와 표준편차 σ가 어떤 값을 가지더라도 정규곡선과 x축 사이의 전체 면적은 항상 1이 된다.

3) 표준정규분포

표준정규분포는 정규 분포 중에서 분포의 평균(모평균) μ= 0, 모표준편차 σ가 1인 정규분포이므로 $N(0,\ 1^2)$인 경우 정규분포 식에서 μ = 0, σ = 1을 적용하면 확률변수 Z는 다음과 같이 표현된다.

정규분포의 확률밀도함수 $f(x) = \dfrac{1}{\sigma\sqrt{2\pi}} e^{-\frac{(x-\mu)^2}{2\sigma^2}}$ 에서 μ = 0, σ = 1을 적용하면

$$\phi(x) = \frac{1}{\sqrt{2\pi}} e^{-\frac{X^2}{2}} \ ;\ N(\mu,\ \sigma^2) = N(0,\ 1^2)$$

확률변수 $Z = \dfrac{X-\mu}{\sigma}$ (Z : 확률변수)

확률변수 Z는 일반적인 정규분포를 표준정규분포로 변환할 때 사용된다.

정규분포 중 분포의 평균 μ = 0, 분산 σ = 1인 정규분포가 표준(standard)이 된다고 하여 표준정규분포라고 하는데, 어떤 각기 다른 평균과 분산을 지닌 정규분포 간 비교의 동질성을 위해서 평균값을 0, 분산을 1로 고쳐주는 작업을 표준화라고 한다.

[그림 4.7]의 표준정규분포에서 표준편차 간격기준은 다음과 같다.

(1) 1σ = 68.26 %, 2σ = 95.45 %, 3σ = 99.73 %가 된다.

여기서, k = 3이 적용된 경우 표준불확도 $u_B = \dfrac{a}{3}$ 이 된다.

(2) 표준정규분포의 종 모양 안쪽의 면적 합은 1이 된다.

(3) 분포의 평균값은 μ, 분산은 σ^2이고, 표준편차는 σ이다.

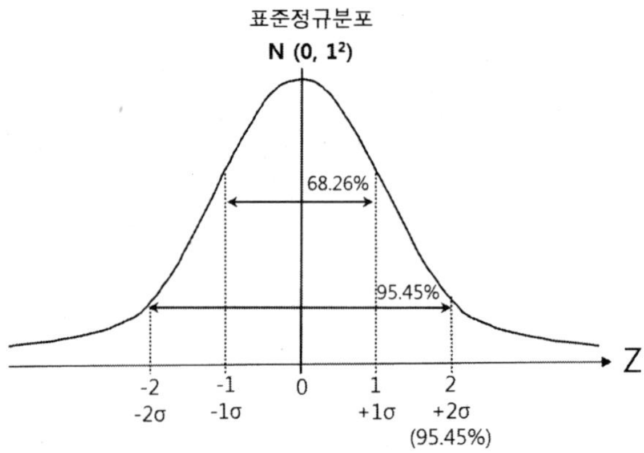

[그림 4.8] 표준정규분포

4) 표준정규분포와 확률변수 Z의 관계

정규분포에서 확률변수 X가 정규분포 $N(\mu, \sigma^2)$를 따를 때, 표준정규분포에서 확률변수 $Z = \dfrac{X-\mu}{\sigma}$ 는 표준정규분포 $N(0, 1)$을 따른다. 정규분포 가운데 특히 $\mu=0$, $\sigma=1$인 정규분포 $N(0,1)$를 표준정규분포라 한다.

정규분포를 표준정규분포로 변환할 때 확률변수 Z를 이용하여 변환한다.

확률변수 $Z = \dfrac{X-\mu}{\sigma} = \dfrac{X_i(\text{관측값}) - \mu(\text{모평균})}{\sigma(\text{모표준편차})}$ 이므로 관측값과 모평균이 같게 되면 $Z = \dfrac{X-\mu}{\sigma} = \dfrac{0}{\sigma} = 0$이 되므로 [그림 4.8]과 같이 중앙이 0이 된다.

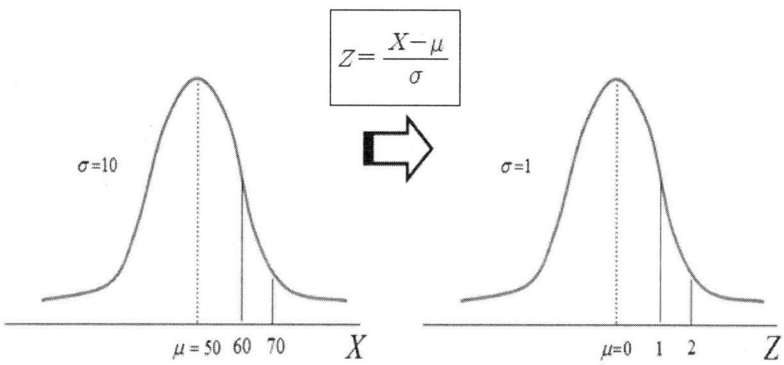

[그림 4.9] 확률변수 Z를 이용하여 정규분포를 표준정규분포로 변환

[확률변수 Z의 변환 예]

(1) $N(\mu, \sigma^2) = N(90, 10^2)$**일 때**

모평균값이 90이고, 모분산이 10일 때, 확률변수 Z를 이용하여 정규분포를 표준정규분포로 변환하면 다음과 같다.

$$Z = \frac{X_i(\text{관측값}) - \mu(\text{모평균})}{\sigma(\text{모표준편차})} = \frac{X_i - 90}{10}$$

위 식에서

$$X_1 = 70\text{이면 } Z = \frac{70-90}{10} = -2$$

$$X_2 = 80\text{이면 } Z = \frac{80-90}{10} = -1$$

$$X_3 = 90\text{이면 } Z = \frac{90-90}{10} = 0$$

$$X_4 = 100\text{이면 } Z = \frac{100-90}{10} = +1$$

$$X_5 = 110\text{이면 } Z = \frac{110-90}{10} = +2$$

가 되므로, 정규분포를 표준정규분포로 변환한 그래프는 다음과 같다.

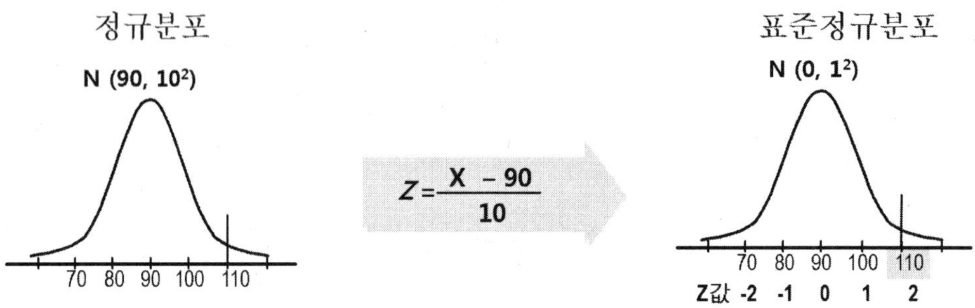

[그림 4.10] 관측값 X_i의 변화에 따른 정규분포를 표준정규분포로 변환 예

(2) 표준정규분포표 활용 방법

확률변수 Z값을 이용하여 확률분포를 구할 때 표준정규분포표를 활용한다. Z가 1 이상일 확률분포가 얼마인지 알아보자. [그림 4.11]에서 빗금 친 부분의 확률은 〈표 4.1〉의 표준정규표에서 $Z=1.0$일 때 1.59E-01이므로 0.159가 된다. 따라서 Z가 1.0 이상일 때 확률분포는 15.9 %임을 알 수 있다.

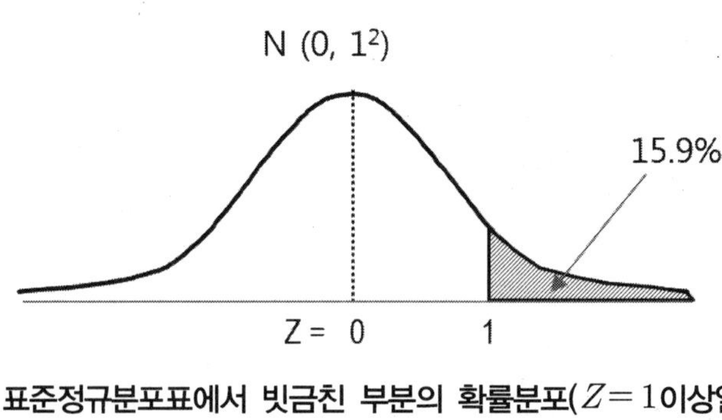

[그림 4.11] 표준정규분포표에서 빗금친 부분의 확률분포($Z=1$이상일 때 15.9 %)

〈표 4.1〉 표준정규분포표

Z	0.00	0.01	0.02	0.03	0.04	0.05	0.06	0.07	0.08	0.09
0.0	5.00E-01	4.96E-01	4.92E-01	4.88E-01	4.84E-01	4.80E-01	4.76E-01	4.72E-01	4.68E-01	4.64E-01
0.1	4.60E-01	4.56E-01	4.52E-01	4.48E-01	4.44E-01	4.40E-01	4.36E-01	4.33E-01	4.29E-01	4.25E-01
0.2	4.21E-01	4.17E-01	4.13E-01	4.09E-01	4.05E-01	4.01E-01	3.97E-01	3.94E-01	3.90E-01	3.86E-01
0.3	3.82E-01	3.78E-01	3.74E-01	3.71E-01	3.67E-01	3.63E-01	3.59E-01	3.56E-01	3.52E-01	3.48E-01
0.4	3.45E-01	3.41E-01	3.37E-01	3.34E-01	3.30E-01	3.26E-01	3.23E-01	3.19E-01	3.16E-01	3.12E-01
0.5	3.09E-01	3.05E-01	3.02E-01	2.98E-01	2.95E-01	2.91E-01	2.88E-01	2.84E-01	2.81E-01	2.78E-01
…										
1.0	1.59E-01	1.56E-01	1.54E-01	1.52E-01	1.49E-01	1.47E-01	1.45E-01	1.42E-01	1.40E-01	1.38E-01
1.1	1.36E-01	1.33E-01	1.31E-01	1.29E-01	1.27E-01	1.25E-01	1.23E-01	1.21E-01	1.19E-01	1.17E-01
1.2	1.15E-01	1.13E-01	1.11E-01	1.09E-01	1.07E-01	1.06E-01	1.04E-01	1.02E-01	1.00E-01	9.85E-02

(3) 모분산 σ값을 모를 때 t-분포표 활용방법

모분산 σ를 모르는 경우 확률변수 Z를 사용할 수 없으므로 다음과 같은 식을 사용하여 t-분포표를 활용한다.

(1) 모분산 σ를 알 때 $Z = \dfrac{X-\mu}{\sigma}$

(2) 모분산 σ를 알 때 $t = \dfrac{\bar{x}-\mu}{s/\sqrt{n}}$

5) 중심극한정리

중심극한정리(Central limit theorem)란 동일한 확률분포를 가진 표본의 평균분포는 표본의 수 n가 커짐에 따라 정규분포에 유사한 형태로 변해간다는 정리이다. 중심극한의 원리의 장점은 모집단의 분포형태에 관계없이 이 원리의 적용이 가능하며, 정규분포를 활용한 신뢰구간의 검정 수행에 결정적인 역할을 한다. 예를 들면, 표준평균분포에서 최소한 30개 이상의 표본크기를 주면 점차 정규분포와 유사한 형태로 변하는 특성을 갖게 된다. 따라서 중심극한의 원리는 측정불확도 산출에 사용되고 있으며, 특징은 다음과 같다.

(1) 모집단이 정규분포를 이루는 경우 분포와 상관없이 표본의 분포는 항상 정규분포이다.
(2) 모집단이 정규분포가 아닐 경우 표본의 분포는 정규분포라 단정하지 못한다.
(3) 표본의 크기를 크게 하면 할수록 표본의 분포는 정규분포에 접근한다.
(4) 표본의 평균은 모집단의 평균과 같다.
(5) 표본의 분산은 (모집단의 분산)/(표본의 수)이다.

위 내용을 부연설명하면 중심극한의 정리는 표본이 크기가 충분히 클 때 표본평균의 분포는 모집단의 분포와 관계없이 정규분포가 되며, 이 정규분포의 평균은 모집단의 평균과 동일하다.

표본의 평균 $\mu_{\bar{x}}$, 표본의 표준편차 $\sigma_{\bar{x}}$ 라고 하면 $\mu_{\bar{x}} = \mu$, $\sigma_{\bar{x}} = \frac{\sigma}{\sqrt{n}}$ 이 된다.

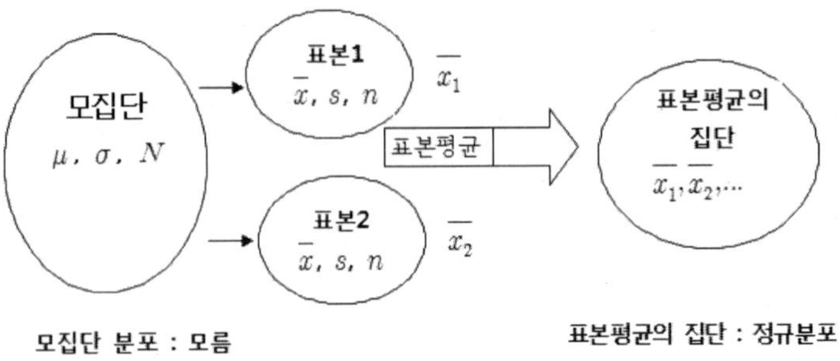

[그림 4.12] 중심극한정리의 개념

6) 정규분포의 표준불확도 추정

정규분포는 교정성적서와 같이 신뢰도가 높다고 판단되는 경우 직접 반복 측정하지 않더라도 충분한 측정횟수를 지닌다고 간주한다. 또한 성적서에 신뢰수준 약 95 %, k=2 적용이 명시되어 있으므로 표준정규분포를 만족하는 것을 알 수 있다. 교정성적서에 측정불확도가 주어질 경우 k값으로 나누어 주거나, 추정된 평균변동에 대하여 2로 나누어 A형평가의 표준불확도를 추정한다.

정규분포일 때 A형 표준불확도 $u_A = \frac{U}{k}$ (U는 교정성적서에 나타난 확장불확도이다.)

7) 정규분포 적용 예

(1) 측정횟수가 11회 이상(A형 자유도 $\nu_A = n-1$ = 11-1 = 10)일 때

(2) 교정기관에서 발급한 성적서가 있으면 신뢰도가 100 %이므로 자유도가 10～∞범위가 되어 정규분포로 간주한다.

(3) 측정데이터가 자연적 현상으로 평균값이 많은 경우(사람의 키, 몸의 질량 등)

(4) 충분한 반복측정을 통해 얻은 결과로 추정한 불확도 값이 신뢰할 만하다고 간주한 경우

4.5 t-분포

1) t-분포의 개념

t-분포(student's t distribution)는 정규분포와 형태와 유사한 종 모양을 띠는 분포로서 평균에서 멀어질수록 확률이 급격히 떨어진다. t-분포는 정규분포보다 한 단계 예측 범위가 넓은 분포를 사용하므로, 모집단의 분산을 모를 때 모집단의 평균을 추정하는 데 사용된다. t-분포는 연속확률분포이면서 표본분포로 정규분포와 매우 비슷한 분포이다. 정규분포는 표본의 데이터가 많아야 신뢰도가 올라간다는 단점이 있으므로 측정데이터의 수가 적으면 신뢰도가 낮아진다. 신뢰도를 높이기 위해 측정데이터의 수를 높이면 되지만 비용과 시간의 제약이 있다. 따라서 정규분포보다 한 단계 예측범위가 넓은 분포가 t-분포이다.

(1) 모집단의 평균 μ를 알 때

다음과 같이 표준편차 σ를 구할 수 있다.

$$\sigma = \sqrt{\frac{1}{N}\sum_{i=1}^{N}(x_i - \mu)^2}$$

(2) 모집단을 표준편차 σ를 모를 때

표본에서 구한 불편 추정량 s, 즉 표본의 표준편차를 모집단의 표준편차로 대신 사용한다.

$$s = \sqrt{\frac{1}{n-1}\sum_{i=1}^{n}(x_i - \bar{x})^2}$$

이 경우 $\sigma_{\bar{x}} = \dfrac{s}{\sqrt{n}}$ 대신에 $s_{\bar{x}} = \dfrac{s}{\sqrt{n}}$를 사용한다.

2) t-분포의 표준불확도 추정

t-분포는 측정데이터가 커질수록 정규분포에 근접하게 되므로 측정데이터의 수가 11개 이상이면 t-분포를 사용하지 않고 정규분포를 사용한다.

t-분포는 A형 평가의 표준불확도를 추정한다.

$$u_A = \frac{s}{\sqrt{n}} \quad (s: \text{ 표준편차},\ n: \text{ 측정횟수})$$

(1) t-분포는 표준정규분포보다 가로축(x축)으로 퍼져 있다.

(2) t-분포는 표본이 적을수록 가로축으로 퍼지므로, 정규분포보다 치우침에 덜 취약하다.

(3) t-분포의 모양은 z-분포의 모양과 유사하다.

(4) t-분포의 모양은 자유도 ν에 의해 결정된다.

(5) t-분포표는 직접 확률을 구할 때 사용하는 분포가 아니라 신뢰구간 검정에 사용한다.

(6) 정규분포표의 중앙은 확률을 다루지만, t-분포표의 중앙은 t값을 다룬다.

3) t-분포 적용 예

(1) 반복측정횟수가 11회 이상이면 정규분포, 1~10회 범위이면 t-분포로 간주한다.

(2) t-분포는 t-분포표의 95.45 %가 아니라 95 %에서 찾는다.(유효자유도 ν_A < 10일 때)

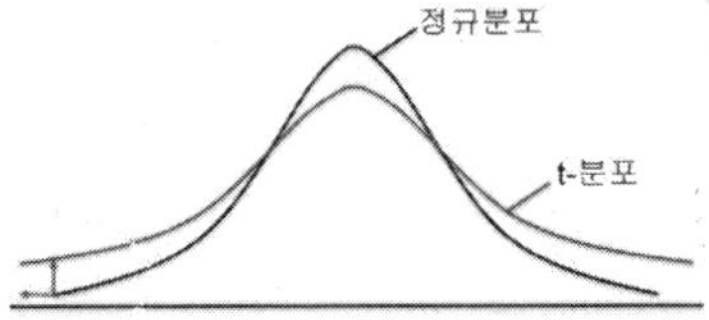

[그림 4.13] t-분포와 정규분포의 특징

〈표 4.2〉 t-분포표 (자유도 ν에 대하여 신뢰수준 p에 따른 포함인자 k값)

자유도	신뢰 수준, p(%)					
ν	68.27	90	95	95.45	99	99.73
1	1.84	6.31	12.71	13.97	63.66	235.80
2	1.32	2.92	4.30	4.53	9.92	19.21
3	1.20	2.35	3.18	3.31	5.84	9.22
4	1.14	2.13	2.78	2.87	4.60	6.62
5	1.11	2.02	2.57	2.65	4.03	5.51
6	1.09	1.94	2.45	2.52	3.71	4.90
7	1.08	1.89	2.36	2.43	3.50	4.53
8	1.07	1.86	2.31	2.37	3.36	4.28
9	1.06	1.83	2.26	2.32	3.25	4.09
10	1.05	1.81	2.23	2.28	3.17	3.96
11	1.05	1.80	2.20	2.25	3.11	3.85
12	1.04	1.78	2.18	2.23	3.05	3.76
13	1.04	1.77	2.16	2.21	3.01	3.69
14	1.04	1.76	2.14	2.20	2.98	3.64
15	1.03	1.75	2.13	2.18	2.95	3.59
16	1.03	1.75	2.12	2.17	2.92	3.54
17	1.03	1.74	2.11	2.16	2.90	3.51
18	1.03	1.73	2.10	2.15	2.88	3.48
19	1.03	1.73	2.09	2.14	2.86	3.45
20	1.03	1.72	2.09	2.13	2.85	3.42
25	1.02	1.71	2.06	2.11	2.79	3.33
30	1.02	1.70	2.04	2.09	2.75	3.27
35	1.01	1.70	2.03	2.07	2.72	3.23
40	1.01	1.68	2.02	2.06	2.70	3.20
45	1.01	1.68	2.01	2.06	2.69	3.18
50	1.01	1.68	2.01	2.05	2.68	3.16
100	1.005	1.660	1.984	2.025	2.626	3.077
∞	1.000	1.645	1.960	2.000	2.576	3.000

4.6 직사각형 분포

1) 개요

직사각형 분포는 어떤 구간 내에서 동등한 확률로 측정에 영향을 미치고 있다고 추정되는 경우 직사각형 분포로 적용한다. 예를 들면, 제조사로부터 확보하여 사용한 측정기에 대한 자료, 오차범위, 명세, 이력 등이 제공될 때 이러한 것을 바탕으로 추정이 이루어질 수 있다. 또한 분해능과 같이 눈금을 읽을 때 발생 가능한 오차 구간이 한 눈금 내에서 1/2, 1/4, 1/5 등 동등하게 여겨진다고 판단될 때 적용된다.

2) 직사각형 분포의 표준불확도 추정

직사각형 분포는 확률변수 x가 어떤 구간($a \le x \le b$)에서 x값을 취할 확률이 같은 균등분포의 확률밀도함수 $f(x)$는 다음과 같다.

$$f(x) = \frac{1}{b-a}\ ,\ (a \le x \le b)$$

모집단의 표준편차 σ는 B형 불확도 u_B로 평균 변동 폭에 대하여 $\sqrt{3}$ 으로 나누어 B형평가의 표준불확도를 추정한다.

$$u_B = \frac{a}{\sqrt{3}}$$

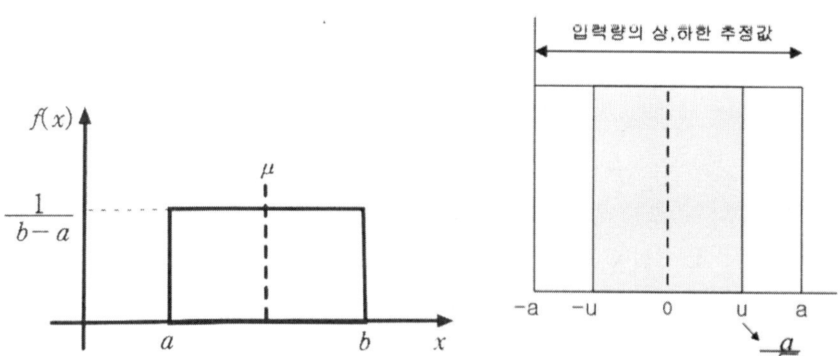

[그림 4.14] 직사각형 분포의 특징

예제 1 최소눈금이 0.02 mm인 높이게이지의 분해능에 대한 B형 표준불확도는?

직사각형 분포를 적용하여 최소눈금의 반 너비(a=0.02/2)로 계산하면

$$u_{B}=\frac{a}{\sqrt{3}}=\frac{0.02}{2\sqrt{3}}=0.0058\ \text{mm} = 5.8\ \mu\text{m}$$

예제 2 최소눈금이 0.01 mm인 마이크로미터의 분해능에 대한 B형 표준불확도는?

직사각형 분포를 적용하여 분해능 한계에 의한 불확도는 목측으로 읽을 수 있는 값을 적용하므로 한 눈금(0.01 mm)의 1/10(1 μm)까지 읽을 수 있다.

$$u_{B}=\frac{a}{\sqrt{3}}=\frac{1}{\sqrt{3}}=0.58\ \mu\text{m}$$

예제 3 최소눈금이 0.01 mm인 디지털 마이크로미터의 분해능에 대한 B형 표준불확도는?

직사각형 분포를 적용하며 디지털 타입은 분해능의 반 너비, 즉 평균 변동량에 대하여 $\sqrt{3}$을 나누어 추정한다.

$$u_{B}=\frac{a}{\sqrt{3}}=\frac{0.01}{2\sqrt{3}}=0.0029\ \text{mm} = 2.9\ \mu\text{m}$$

3) 직사각형 분포 적용 예

(1) 객관적 정보를 근거로 추정할 때 직사각형 분포가 적용된다.

(2) 열팽창계수의 영향은 전반적으로 동일하게 영향을 미친다고 간주하므로 균등분포, 즉 직사각형분포로 간주한다.

(3) 제조사로부터 확보한 정보(열팽창계수 등)에 의해 추정한 경우

(4) 온도변화가 어느 일정구간에서 변화를 보인 것이 아니라 균등하게 변화할 경우

(5) 사용한 온도계의 오차범위(±0.1 ℃)의 정보를 활용한 경우

(6) 모든 측정구간에서 눈금을 읽을 때 눈금이 동일한 최소눈금으로 된 경우

(7) 사용한 정반 영역에 동일한 확률로 영향을 미쳤으리라 간주한 경우

(8) 모든 측정구간에서 눈금을 읽을 때 실수할 수 있는 확률이 동일하다고 간주할 때

(9) 실제 측정하지 않았더라도 과거 경험에 의한 정보를 이용하여 추정한 경우

(10) 모든 측정구간에 표준자의 정확도에 받는 영향이 동일하게 적용된다고 간주한 경우

(11) 모든 측정구간에서 목측오차의 영향이 동일하게 적용된다고 간주한 경우
(12) 관련정보를 바탕으로 추정한 경우
(13) 디지털 분해능, 토크측정기의 왕복오차 등 동일한 확률로 발생하리라 추정하는 경우
(14) 범위 내 균등 또는 무작위로 분산된 것을 추정할 때
(15) 대다수 측정환경요인의 확률분포
(16) 사용한 측정기에 대한 자료, 오차범위, 명세, 이력 등이 제공될 때
(17) 주사위 1~6개 확률 등
(18) 저울의 감도, 질량비교기의 감도에 의한 영향
(19) 0점 미 복귀에 의한 오차와 같이 상한과 하한이 추정 가능한 경우
(20) 압력계의 히스테리시스오차와 같이 가압과 감압 시에 측정되는 지시값의 출력 차이로 결정되는 경우

4.7 삼각형 분포

1) 개요

삼각형 분포는 표본데이터가 매우 제한된 샘플데이터만 있는 경우 모집단의 주관적 분석에 사용된다. 예를 들어 많은 데이터를 수집하는데 경비가 많이 들어 모집단을 모형화 하기 힘들 경우, 경비를 줄이기 위해 최소한의 데이터(최댓값, 최솟값, 최빈값)를 이용하여 추정하는 방법이다. 따라서 삼각형 분포는 최댓값, 최솟값, 최빈값에 의해 기술되는 연속형 분포이다.

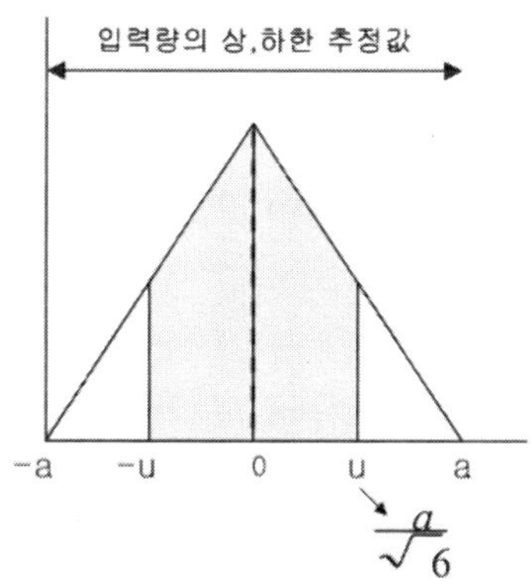

[그림 4.15] 삼각형 분포의 특징

2) 삼각형 분포의 표준불확도 추정

삼각형 분포는 측정결과가 중심경향을 보이면서 산포가 매우 적을 경우 적용하는 것이 일반적이다. 삼각형 분포는 확률변수가 존재할 수 있는 확률밀도함수의 형태가 삼각형일 것이라는 가정에서 출발한다. 즉, 전반적인 분포가 평균을 중심으로 매우 작은 값들이 분포되었을 것으로 추정될 때 적용된다. 평균변동에 대하여 $\sqrt{6}$ 으로 나누어 B형평가의 표준불확도를 추정한다.

$$u_B = \frac{a}{\sqrt{6}}$$

3) 삼각형 분포의 적용 예

(1) 게이지블록을 교정 받은 후 경년변화와 같이 매우 미미한 정도의 산포(변동 폭)를 보이며, 중심경향을 띄는 것으로 추정될 경우 삼각형 분포를 적용한다.

(2) 반 너비 즉, 평균 변동 폭 a를 $\sqrt{6}$ 으로 나누어 표준불확도를 추정한다.

(3) 토크측정기의 교정곡선과 같이 측정결과가 중심경향을 보이면서 산포가 매우 작은 경우 적용된다.

(4) 다이얼게이지와 같은 아날로그 눈금 읽음의 오차인 경우 삼각형 분포를 적용한다.

(5) 0점을 잡고 쓰는 기준기는 사각형분포로 보지만, 0점을 잡지 않고 순 지시값을 계산해서 사용하는 경우에는 삼각형 분포를 적용한다.(표준과학기술원의 고가의 기준기 등)

4.8 U 분포

1) 개요

U 분포(U-shaped distribution)의 U는 보편적(universal)이라는 뜻으로서 발생되는 측정의 유형이 전반적으로 중심경향이 아닌 바깥쪽 한계 구간에 주로 분포되어 있을 것으로 판단될 때 적용한다.

2) U 분포의 표준불확도 추정

U 분포는 평균변동에 대하여 $\sqrt{2}$ 로 나누어 B형평가의 불확도를 추정한다.

$$u_B = \frac{a}{\sqrt{2}}$$

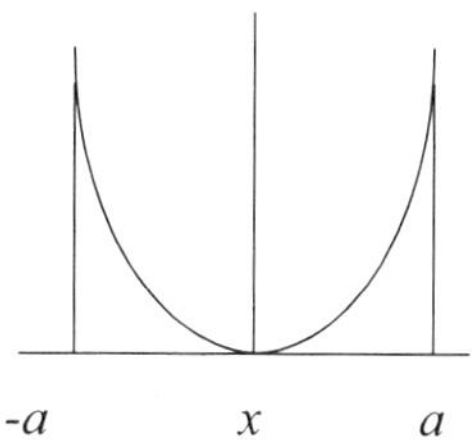

[그림 4.16] U 분포의 특징

3) U 분포 적용 예

(1) 측정의 유형이 중심이 아닌 바깥쪽 한계구간에 주로 분포되어 있을 때 적용
(2) 교정실의 온도
(3) 전자파 분야의 부정합 오차
(4) 토크측정기의 지시값은 과거에 U분포에 적용했으나 최근 개정되어 삭제되었음

4.9 사다리꼴 분포

1) 개요

사다리꼴 분포는 2개의 서로 다른 직사각형 성분이 합성되는 경우 사다리꼴 분포가 되는 경우이다. 사다리꼴 분포는 측정결과에서 도출된 불확도 요인들에 의한 불확도 기여도가 전반적으로 비슷할 경우 정규분포를 띄는 것을 알 수 있다. 하지만 1개 또는 2개가 전체의 측정불확도의 대부분을 차지하는 경우 자유도가 크게 추정되었다 하더라도 사다리꼴 분포인지 재확인이 필요하다. 잔여량의 불확도에 대하여 크게 영향을 미치는 1개 또는 2개의 불확도에 대한 비가 0.3보다 적으면 사다리꼴 분포로 간주한다.

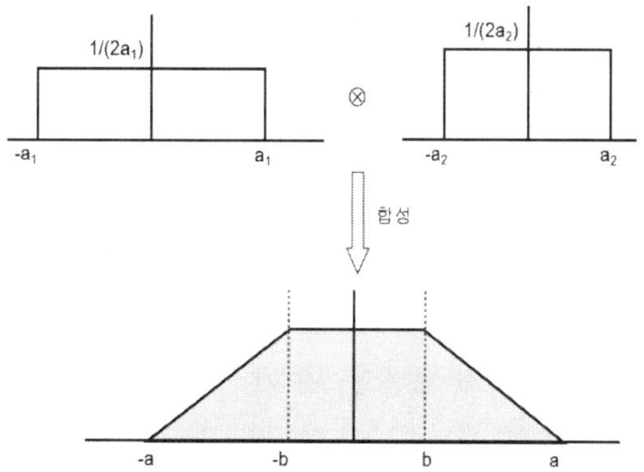

[그림 4.17] 사다리꼴 분포의 특징

[그림 4.17]에서 직사각형 분포의 서로 다른 그림이 합성되는 경우를 가정해 보면,

$a = a_1 + a_2$, $b = |a_1 - a_2|$, $\beta = \frac{b}{a} = \frac{|a_1 - a_2|}{a_1 + a_2}$일 때 $u^2(y) = \frac{a^2}{6}(1+\beta^2)$ 가 된다.

여기서 $\beta = 0$이면, $u^2(y) = \frac{a^2}{6}$이 되므로, $u_B = \frac{a}{\sqrt{6}}$ (삼각형 분포)

$\beta = 1$이면, $u^2(y) = \frac{a^2}{6}(1+1) = \frac{a^2}{3}$이 되므로, $u_B = \frac{a}{\sqrt{3}}$(사각형분포)

따라서, 사다리꼴 분포의 B형 표준불확도 u_B는

$$u_B = \frac{a}{\sqrt{6}}\sqrt{(1+\beta^2)} = \frac{a}{\sqrt{6}}\sqrt{(1+\frac{b^2}{a^2})}$$가 된다.

$\beta \leq 0.95$인 사다리꼴 분포에서 95 % 포함확률을 갖는 포함인자 k는 다음과 같이 계산된다.

$$k = \frac{1-\sqrt{(1-p)(1-\beta^2)}}{\sqrt{\frac{1+\beta^2}{6}}} \quad (p\text{=95 \%인 경우 } \beta\text{=0.91})$$

2) 사다리꼴 분포의 표준불확도 추정

사다리꼴의 아랫변 반 너비를 a, 윗변 반 너비를 b라 할 때 다음 식으로 B형 평가의 표준불확도를 추정한다.

$$u_B = \frac{1}{\sqrt{6}}(1+\frac{b^2}{a^2})$$

3) 사다리꼴 분포 적용 예

(1) 잔여량의 불확도에 크게 영향을 미치는 1개 또는 2개의 불확도에 대한 비가 0.3보다 적으면 적용한다.

(2) 두 개 이상의 분포가 결합된 경우 버니어캘리스나 마이크로미터 등에서 가끔 발생한다.

(3) 불확도 요인을 합성한 후 다시 합성하는 경우 적용된다.

(4) 정규분포와 사각형 분포가 결합된 경우

(5) 사각형분포와 사각형 분포가 결합된 경우

(6) 삼각형 분포와 사각형 분포가 결합된 경우 등

Chapter 5. 자유도와 포함인자

5.1 자유도 ν

자유도(degree of freedom)란 자유스러운 정도를 의미하며, 과학의 여러 분야에서 사용되고 있다. 자유도를 활용하는 분야는 수학이나 물리학, 역학, 통계학 등에서 널리 사용되며, 측정불확도와 관련되는 분야는 통계학 분야이다.

자유도는 통계량을 추정할 때 사용되는 데이터의 정보량을 의미하며, 확률론에 기초를 두고 있다. 표본수가 n개인 표본에서 표본평균 $\overline{x}$가 결정되었다면 표본 값 중 '자유롭게 변할 수 있는' 것은 $n-1$개의 표본이다.

예를 들어, 3회 반복 측정한 측정값의 평균이 20 mm라면 1회 측정값이 19 mm이고 2회 측정값이 21 mm라면 나머지 3회 측정값은 반드시 20 mm가 되어야한다. 따라서 이 경우에는 표본수가 3이지만 자유롭게 변할 수 있는 것은 2개(3-1)가 된다.

다시 설명하면, 자유도는 독립변수의 개수가 된다.

> $X+Y+Z=3$일 때
> $1+0+Z=3$을 만족하기 위해서는 Z는 2 밖에 선택할 여지가 없다.
> $2+0+Z=3$을 만족하기 위해서는 Z는 1이 되어야 한다. 즉, 종속된다.

그러므로 X, Y, Z 중 자유도는 2가 된다. 따라서 n = 3일 때 자유도는 $\nu = n-1 = 3-1 = 2$가 된다.

1) 왜 자유도를 구하는가?

자유도는 분포도(정규분포, t-분포)를 결정하기 위한 것이고, 분포도는 포함인자 k를 구하기 위함이다. 최종 분포도를 구하기 위한 자유도가 유효자유도이다. 만약 유효자유도가 10 이상이면 정규분포로 적용하고, 10 미만이면 t-분포를 적용한다.

2) 자유도의 분류

(1) 수학, 물리학 분야

우주공간에 떠다니는 물체의 자유도는 6이다. 그 이유는 상-하, 좌-우, 전-후, X축 회전, Y축 회전, Z축 회전과 같이 6개의 변수가 있기 때문이다.

(2) 역학 분야

진동하는 물체가 상-하로만 운동하고 다른 방향은 구속되었다면 자유도가 1이다. 그러나 X-Y-Z축의 3방향으로 운동하고 있다면 자유도는 3이 된다.

(3) 통계학 분야

통계학에서는 자유도라는 개념을 많이 사용한다. 통계학에서 자유도의 정의는 "추정해야 할 미지수의 개수를 내가 가진 정보에서 뺀 값"이다. 추론 통계학에서 표준편차나 분산을 구할 때 자유도 $\nu = n-1$을 사용한다. 그 이유는 내가 가진 정보의 수는 n이고 내가 추정해야 할 미지수는 모집단 평균 1개가 되므로 $n-1$이 된다는 뜻이다.

3) 표본평균($\overline{x}$)의 자유도와 표본분산(s^2)의 자유도

(1) 표본평균의 자유도

Chapter 1에서 기술한 표본평균을 다시 한 번 생각해보자.

$$\overline{x} = \frac{1}{n}\sum_{i-1}^{n} x_i, \ (\overline{x} \ : \text{표본평균}, \ x_i = x_{1,} \ x_2 \cdots, \ x_n \ : \text{측정값}, \ n \ : \text{측정횟수})$$

표본평균에서 n개의 데이터가 갖는 정보량 n은 표본평균의 자유도를 의미한다. 즉, 측정데이터가 10개이면 자유도 ν = 10이 된다.

(2) 표준편차의 자유도

채취한 시료가 30개 이하일 때(정밀측정분야에서는 일반적으로 시료가 10개 이하를 사용함) 시료의 표준편차 s로서 측정에서 일반적으로 널리 사용된다.

$$s = \sqrt{\frac{1}{n-1}\sum_{i=1}^{n}(x_i - \overline{x})^2}$$

표본편차에서 n-1개의 데이터가 갖는 정보량 n-1은 표준편차의 자유도를 의미한다. 자유도는 $\nu = n-1$이 된다.

(3) 표본분산(불편분산)의 자유도

시료의 표본분산이란 불편분산이라고도 하며 시료($x_i = x_1, x_2 \cdots, x_n$)에 대하여 평균값 $\overline{x}$로부터 편차 제곱의 항을 자유도로 나눈 것으로 다음과 같이 표시한다.

$$s^2 = \frac{1}{n-1}\sum_{i=1}^{n}(x_i - \overline{x})^2 \text{ (표본분산)}, \qquad \sigma^2 = \frac{1}{n}\sum_{i=1}^{n}(x_1 - \overline{x})^2 \text{ (모분산)}$$

표본평균은 측정값의 합에 측정 횟수 n을 나누어 자유도는 n이지만, 표본분산의 경우 각 측정값에 표본평균의 차이를 구하고 제곱$(x_i - \overline{x})^2$하여 합계를 구한 값에 $n-1$을 나눈 값으로 정의된다.

표본은 모집단에서 일부(측정에서는 10개 이하)만 추출하므로 모집단보다 사례수가 적게 된다. 따라서 추출된 표본으로 모집단의 모수를 측정하기 위해 표본의 분산(표본분산)값이 모집단의 분산(모분산)값에 근접하도록 $n-1$로 조정한다.

따라서, 표본분산의 자유도 $\nu = n-1$이 된다. 예를 들면,

$n=3$일 때, 자유도 $\nu = n-1$ = 3 - 1 = 2

$n=10$일 때, 자유도 $\nu = n-1$ = 10 -1 = 9

$n=100$일 때, 자유도 $\nu = n-1$ = 100 - 1 = 99

4) A형 자유도 ν_A

측정불확도에서 사용되는 자유도는 크게 3가지가 있다.

- A형 자유도 (ν_A)
- B형 자유도 (ν_B)
- 유효자유도 (ν_{eff})

반복적인 측정에서 얻어진 통계량으로 평균과 표준편차를 구하여 평균에 대한 표준편차, 즉 표준불확도를 구한다. 이 때 측정횟수가 n인 경우 A형 표준불확도에서 자유도 ν는 다음과 같이 표기된다.

$$\nu_A = n-1$$

5) B형 자유도 ν_B

일련의 관측값을 통계적인 방법이 아닌 그 외의 다른 모든 방법으로 불확도를 구하는 방법이

B형 표준 불확도이다. B형 표준불확도에서 자유도는 주어진 정보에 근거하여 다음과 같은 방법으로 산출한다.

(1) 과거의 측정 데이터
(2) 관련자료
(3) 교정 및 인증서 등의 자료

B형 자유도 ν_B는 다음과 같이 표기된다.

$$\nu_B = \frac{1}{2}\left(\frac{100}{R}\right)^2 = \frac{1}{2}\left(\frac{100}{100 - \text{표준불확도 추정에 대한 확신의 정도}}\right)^2$$

여기서 R은 상대불확도이며, $R=0$이면 $\nu=\infty$가 된다.

추정한 표준불확도에 대하여 각각 50 %, 90 %, 100 % 확신한다면 자유도 ν는

(1) 50 % 확신할 때 : $\nu = \frac{1}{2}\left(\frac{100}{R}\right)^2 = \frac{1}{2}\left(\frac{100}{100-50}\right)^2 = 2$

(2) 90 % 확신할 때 : $\nu = \frac{1}{2}\left(\frac{100}{R}\right)^2 = \frac{1}{2}\left(\frac{100}{100-80}\right)^2 = 12.5 = 12$(소수점 이하 버림)

(3) 100 % 확신할 때 : $\nu = \frac{1}{2}\left(\frac{100}{R}\right)^2 = \frac{1}{2}\left(\frac{100}{100-100}\right)^2 = \infty$로 산출된다.

자유도를 계산한 결과 소수점 이하의 숫자나 나올 때는 소수점 이하는 반올림법과 상관없이 버림(truncated method)으로 처리하여 정수로 적용한다.
예: ν_B = 22.96로 계산되었다면 소수점 이하는 버림 처리하여 ν_B = 22가 된다.

6) 유효자유도 ν_{eff}

포함인자 k를 구하기 위해서는 합성표준불확도 $u_c(y)$의 유효자유도를 추정하여야 하는데 이 유효자유도를 ν_{eff}라고 표현한다. 이 유효자유도는 합성표준불확도 $u_c(y)$가 측정량 Y의 표준편차를 얼마나 잘 추정하는가를 나타내는 것으로서 "합성표준불확도의 불확도 척도"라고 할 수 있다.

예를 들어 유효자유도가 10보다 크면 합성표준불확도 $u_c(y)$의 불확도는 무시할 수 있을 정도가 된다. [KOLAS-G-002] 2016

지금까지 A형 자유도가 9 이하일 때 t-분포를 적용하고, 10 이상이면 정규분포를 적용함을 알았다. 이와 같은 t-분포나 정규분포로 포함인자 k를 구하여 해당되는 신뢰구간을 적용시켜야 한다. 그리고 최종 분포도를 구하기 위한 자유도가 유효자유도이다.

따라서, 유효자유도는 합성표준불확도가 얼마나 잘 추정했는가 하는 근거로써 각각 요인들에 대 한 자유도를 하나로 종합하여 산출하는 자유도로써 '합성표준불확도의 불확도 척도'로 볼 수 있다. 유효자유도의 결과값이 10이상이면 합성표준불확도가 비교적 잘 추정되었고, 측정횟수가 충분히 이루어진 것으로 간주한다.

유효자유도 ν_{eff}는 Welch-Satterthwaite의 공식을 이용하여 $u_c(y)$의 유효자유도 ν_{eff}를 다음과 같이 추정한다.

$$\nu_{eff} = \frac{u_c^4(y)}{\sum_{i=1}^{N} \frac{c_i u_i(x_i)^4}{\nu_i}} = \frac{u_c^4(y)}{\sum_{i=1}^{N} \frac{u_i^4(y)}{\nu_i}} = \frac{u_c^4(y)}{\frac{u_1^4(y)}{\nu_1} + \frac{u_2^4(y)}{\nu_2} + ... + \frac{u_N^4(y)}{\nu_N}} \le \sum_{i=1}^{N} \nu_i$$

여기서,

$u_c(y)$: 합성표준불확도, ν_i : 각 성분의 자유도

$u_i(y) = u(x_i) \cdot \left(\frac{\partial f}{\partial x_i} \right)$이며, $u(x_i)$는 A형 평가로 얻은 표준불확도, $\frac{\partial f}{\partial x_i}$는 감도계수이다.

예를 들어 4회 반복측정하고 A형 평가로 얻은 어떤 불확도 $u(x_i)$ = 3.5이고, 감도계수 $\frac{\partial f}{\partial x_i}$ = 1일 때, 다른 종류의 불확도 요인이 4개가 B형으로 평가되어 불확도가 모두 무한대로 추정되고, 합성표준불확도 $u_c(y)$ = 5.7로 계산되었을 유효자유도를 구해보자.

$$\nu_{eff} = \frac{u_c^4(y)}{\sum_{i=1}^{N} \frac{u_i^4(y)}{\nu_i}} = \frac{u_c^4(y)}{\frac{u_1^4(y)}{\nu_1} + \frac{u_2^4(y)}{\nu_2} + ... + \frac{u_N^4(y)}{\nu_N}}$$

$$\nu_{eff} = \frac{5.7^4}{\frac{3.5^4}{(4-1)} + 0 + 0 + 0 + 0} = \frac{3 \times 5.7^4}{3.5^4} = 21.1$$

[집필자 주]

계산값에서 소수점이하는 버림 처리하여 20이 되므로 t-분포를 적용하는 것이 바람직하지만 내부적으로 한국인정기구(KOLAS)에서 확장불확도를 계산하는 경우, 다른 나라의 국가표준연구소와 관련 국제기구에서 채택하고 있는 실무방침에 보조를 맞추어, 측정의 유효자유도가 충분히 크도록(10 이상) 측정계획을 수립한다.(측정결과의 불확도 측정 및 표현을 위한 지침 [KOLAS-G-002] 2016)

따라서 유효자유도 ν가 20이지만 정규분포로 가정하여 k = 2를 적용한다.

5.2 포함인자 k

1) 포함인자 k란?

포함인자 k란 확장불확도를 구하기 위하여 합성표준불확도에 곱하는 수치 인자를 말한다. 합성표준불확도까지는 점추정에 지나지 않는다. 측정불확도의 개념은 측정점의 추정이 아닌 측정구간의 추정 개념이므로 표준정규분포 또는 t-분포에서 신뢰수준과 그에 대한 표준편차를 구하여 합성표준불확도에 곱함으로써 비로소 구간추정이 된다.

일반적으로 유효자유도의 크기가 10이상이면 충분히 잘 추정한 것으로 간주하여 표준정규분포의 신뢰수준 95.45 %에 해당되는 포함인자 $k=2$를 적용할 수 있게 된다. 여기서 k값은 표준정규분포에서 z값, 다시 말해 표준편차 σ를 의미한다.

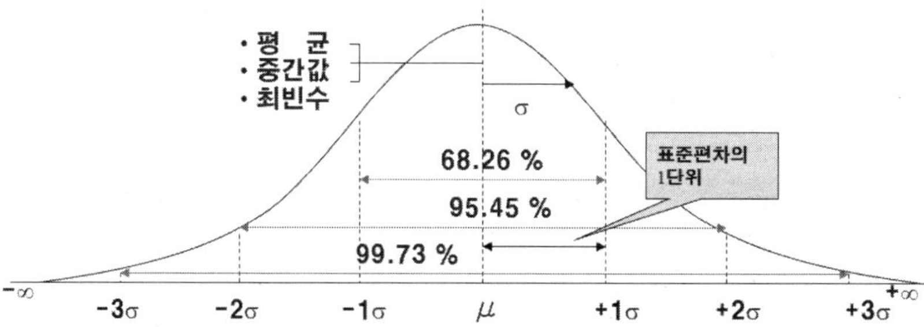

$$(\mu - 1\sigma \le k \le \mu + 1\sigma) = 0.6826$$

$$(\mu - 2\sigma \le k \le \mu + 2\sigma) = 0.9545$$

$$(\mu - 3\sigma \le k \le \mu + 3\sigma) = 0.9973$$

[그림 4.16] 포함인자 k의 범위

2) 포함인자 k의 적용

교정이나 시험 분야에서는 특성상 30회 이상의 많은 측정을 매번 수행할 수 없으므로 유효자유도가 10이상이면 표준정규분포에서 95.45 %에 해당되는 무한대 구간의 포함인자 $k=2$를 적용시키며, 10미만이면 t-분포에서 신뢰수준 95 %(95.45 %를 적용하면 안 됨)에서 추정한 자유도에 해당하는 k값을 찾아 합성표준불확도에 곱함으로써 전체 측정불확도를 추정한다.

포함인자 $k=2$ 는 많은 경우의 확장불확도 계산에 이용하도록 권고하고 있는데 이 $k=2$ 의 값은 전체 불확도가 주로 우연요인에 따라서 결정된다. 확률분포가 정규분포로 가정할 수 있는 경우에 따라 약 95 %(정확히 95.45 %)의 신뢰수준으로 결정된 값이다. 이것은 일반적인 가정이지만 그 밖의 몇 개 포함인자(정규분포에 한함)는 다음과 같다.

- k = 1 (신뢰 수준이 약 68 %일 때)
- k = 2 (신뢰 수준이 약 95 %일 때)
- k = 2.58 (신뢰 수준이 약 99 %일 때)
- k = 3 (신뢰 수준이 약 99.7 %일 때)

그러나 불확도의 우연요인이 다른 요인에 비해 상대적으로 크더라도 반복 측정 횟수가 작아서 합성표준불확도의 자유도가 작게 된다면, 불확도의 확률분포는 정규 분포와 차이를 보이며, t－분포를 보일 가능성이 크다. 이러한 경우 포함인자를 구하기 위해서는 합성표준불확도의 자유도를 산정하여야 한다.

$k=2$ 라는 포함인자는 실제로 정규분포에서 95.45 % 의 신뢰수준에 상응하는 값이며, 편의를 위해 포함인자, $k=1.96$ 에 상응하는 95 % 의 신뢰수준의 근삿값으로 사용한다. 실제적인 측면에서, 이러한 정도의 차이는 일반적인 불확도 추정 절차에서 중요하지 않은 경우가 많다.

〈표 4-2〉에서 자유도가 9인 경우 신뢰수준 95 %에서 포함인자 $k=2.26$이 된다.

3) 신뢰구간

표본에서 얻은 결과를 이용하여 모집단의 평균, 표준편차 등의 값을 추측하는 것을 추정이라고 한다. 또, 표본조사에 의하여 얻어지는 어떤 수치가 모집단의 어떤 구간에 있을 것이라고 추정할 수 있을 때, 이 추정이 적중할 확률을 그 추정의 신뢰도라 하고, 그 구간을 신뢰구간이라고 한다.

모평균의 추정에는 크게 점 추정과 구간 추정으로 구분된다. 점 추정이란 A학교 학생들의 평균 키가 170 cm이라면, 실제 모집단에 따라 평균키가 달라진다. 그래서 그 단점을 보완하기 위해 구간 추정을 한다.

모평균을 μ라 할 때 모평균은 a와 b의 구간 안에 있다고 한다면 다음과 같이 표현할 수 있다.

$$a \le \mu \le b$$

여기서, a와 b의 구간을 결정하고자 할 때 신뢰도가 필요하게 된다. 모집단의 평균이 추정한 a, b에 들어올 확률을 신뢰도라 한다. 신뢰도를 95 %할 경우 모평균이 추정한 구간이 a, b 사이에 들어올 확률이 95 %가 된다. 그러나 신뢰도를 높이면 a와 b의 구간이 넓어지게 된다. 따라서 모평균 추정 시 구간추정을 하며 이 때 모집단에 들어올 확률을 신뢰도라 한다.

4) 신뢰수준

측정 및 교정분야에서 계산으로 구한 전체 불확도와 이에 대한 신뢰도를 표기할 때 먼저 고려할 사항은 확률분포에 따른 측정량의 포함확률 (coverage probability), 즉 신뢰수준을 결정하는 것이다. 전체 측정불확도에 대한 신뢰수준은 최고 수준(100 % 에 아주 가까운 값)으로 유지하는 것이 바람직하다. 그러나 모든 단계의 측정불확도는 불확도 전파를 통하여 누적되어 커지기 때문에 항상 최고의 수준을 유지하는 것은 실질적으로 불가능하다. 신뢰수준은 통상적으로 약 95 %를 이용하며, 측정량이 법적인 요구사항 또는 규정의 최대 한계값 수준과 비슷한 경우일 때, 99 % 또는 99.73 % 등을 적용하여야 한다.

확장불확도 U는 신뢰수준에 따른 포함인자 k를 합성표준불확도에 곱하여 다음의 식과 같이 계산하여 사용하도록 하고 있다.

$$U = ku_c(y)$$

Chapter 6. 감도계수 계산을 위한 편미분

6.1 감도계수 c_i

1) 개요

감도계수 c_i란 입력량 x_i의 변화에 따른 출력량 y의 변화정도로서 편미분 계수라고도 한다. 감도계수는 편미분하여 구할 수 있고, 이 밖에도 수치적 계산과 실험에 의한 방법으로 구할 수 있다. 감도계수는 각각의 표준불확도에 곱해져서 불확도 기여도를 알 수 있게 해준다. 예를 들어 u라는 불확도 요인의 감도계수가 2라면 추정한 u의 표준불확도에 2를 곱함으로써 불확도 기여도가 $2u$로 산출되며 이는 출력량 즉, 전체 측정불확도에 영향을 미치는 정도가 기본 u라는 표준불확도에 2배만큼이 가중되어 작용함을 의미한다.

감도계수는 수학적 모델에 따라 다양하게 나타날 수 있다. 편미분에 의해 감도계수를 구하는 계산은 측정량의 관계 모델식 f가 알려진 경우 이용할 수 있다. 그러나 측정량과 어느 입력량의 함수적인 관계가 알려지지 않은 경우, 그 입력량의 감도계수는 다른 모든 입력량들을 일정 수준으로 유지하면서, 그 입력량을 약간 변화시키는 추가적인 실험을 통하여 출력량의 변화를 기록함으로써 구할 수 있다.

따라서 감도계수를 올바르게 구하기 위해서는 기본적인 미분과 편미분 지식이 필요하다. 아직 미분과 편미분을 설명하지 않았지만 3장에서 언급한 감도계수의 적용 예를 다시 번 상기해 보자. 그러면 편미분의 왜해야 하는지 절감하게 될 것이다.

2) 감도계수의 적용 예

(1) 길이 측정에서

감도계수 c_i는 수학적 모델링식 $L = L_i + L_r$를 L_i로 편미분해서 구한다.

편미분하면

$$c_i = \frac{\partial L}{\partial L_i} = 1$$

(2) 면적 측정에서

폭의 감도계수 c_w는

$$c_w = \frac{\partial a}{\partial w} = \frac{\partial(w \times h)}{\partial w} = h$$

높이의 감도계수 c_h는

$$c_h = \frac{\partial a}{\partial h} = \frac{\partial(w \times h)}{\partial h} = w$$

(3) 밀도측정에서

감도계수 c_i는 수학적 모델링 식 $d = \dfrac{m}{v}$에서 d를 v로 편미분해서 구한다.

질량의 감도계수 c_m

$$c_m = \frac{\partial d}{\partial m} = \frac{\partial(\frac{m}{v})}{\partial m} = \frac{1}{v}$$

체적의 감도계수 c_v

$$c_v = \frac{\partial d}{\partial v} = \frac{\partial(\frac{m}{v})}{\partial v} = -m\frac{1}{v^2}$$

이제 편미분을 학습하기 전에 기본적인 미분 개념을 먼저 알아보자.

6.2 미분

1) 미분계수와 도함수

어떤 함수 $y=f(x)$에서 독립변수 x가 어느 한 점 a에 가까이 갈 때 그에 대응하는 종속변수 $f(x)$의 값이 한 점 A에 한없이 가까워질 때, 함수 $f(x)$의 극한이 존재하며, 그 극한값을 A라고 한다. 또는, $f(x)$는 A에 수렴한다고 한다.

$x \to a$일 때 $y=f(x) \to A$ 또는 $\lim\limits_{x \to a} f(x) = A$로 나타낸다.

함수 $f(x)$의 정의역을 실수집합의 부분집합 A라 하고 $a \in A$에서

$\Delta y = f(a+\Delta x) - f(a)$를 y의 증분(increment), Δx를 x의 증분이라고 하며

$$\lim_{\Delta x \to 0} \frac{\Delta y}{\Delta x} = \frac{f(a+\Delta x) - f(a)}{\Delta x}$$

가 존재하면, 이 극한값을 a에서 f의 미분계수라 부르며, 기호는 다음과 같다.

$$f'(a),\quad y'_{x=a},\quad \frac{dy}{dx}\Big|_{x=a},\quad \frac{d}{dx}f(a),\ Df(a)$$

이때 함수 $y=f(x)$는 $x=a$에서 미분이 가능하다고 하며, $y=f(x)$는 A에서 미분이 가능하다고 한다. 기호는 다음과 같이 나타내며 도함수(derivative)라고 부른다.

$$y',\ f'(x),\ \frac{dy}{dx},\ \frac{d}{dx}y,\ \frac{df(x)}{dx},\ \frac{d}{dx}f(x),\quad Df(x)$$

도함수

$$f'(x) = \lim_{\Delta x \to 0} \frac{f(x+\Delta x) - f(x)}{\Delta x}$$

가 존재할 때 이것을 y의 미분이라고 한다.

2) 미분법

함수 $f(x)$에서 도함수 $f(x)$를 구하는 것은 $f(x)$를 x에 관해서 미분한다고 말하며, 기호는 $f'(x)$로 나타내고 그 계산법을 미분법이라 한다.

(1) 미분법의 기본공식

다양한 미분기호에 대하여 다시 한 번 정리해보자.

$y=f(x)$이면, $y' = \dfrac{dy}{dx} = f'(x)$로 표현된다.

$$\frac{d}{dx}(a) = 0$$

$$\frac{d}{dx}(x) = 1$$

$$\frac{d}{dx}(au) = a\frac{du}{dx}$$

$$\frac{d}{dx}(u+v) = \frac{du}{dx} + \frac{dv}{dx}$$

$$\frac{d}{dx}(uv) = v\frac{du}{dx} + u\frac{dv}{dx}$$

$f(x) = a$ ▸ $f'(x) = 0$

$f(x) = x^n$ ▸ $f'(x) = nx^{n-1}$

$f(x) = cf(x)$ ▸ $f'(x) = cf'(x)$

$y = f(x) \pm g(x)$ ▸ $y' = f'(x) \pm g'(x)$

$y = f(x)g(x)$ ▸ $y' = f'(x)g(x) + f(x)g'(x)$

$y = \dfrac{f(x)}{g(x)}$ ▸ $y' = \dfrac{f'(x)g(x) - f(x)g'(x)}{[g(x)]^2}$

$y = \dfrac{1}{g(x)}$ ▸ $y' = -\dfrac{g'(x)}{[g(x)]^2}$

〈미분 계산 예〉

$y = 2$를 미분하면 $y' = 0$이 된다.(상수 2를 미분하면 항상 0)

$y = x^2$을 미분하면 $y' = 2x^{(2-1)} = 2x$가 된다.

(지수 2를 미분하면 상수로 2를 곱해주고 지수에서 1을 빼줌)

$y = 2x^3$을 미분하면 $y' = 2 \times 3x^{(3-1)} = 6x^2$이 된다.

$y = 3x^2 + 2x$ 를 미분하면 $y' = 6x + 2$가 된다.

$y = 2x^3 \times x^2$을 미분하면 $y' = 6x^2 \times x^2 + 2x^3 \times 2x = 6x^4 + 4x^4 = 10x^4$

$y = \dfrac{2x^3}{x^2}$을 미분하면 $y' = \dfrac{6x^2 \times x^2 - 2x^3 \times 2x}{x^4} = \dfrac{6x^4 - 4x^4}{x^4} = 2$

$y = \dfrac{1}{x}$을 미분하면 $y' = -\dfrac{1}{x^2}$이 된다. (감도계수 구할 때 많이 사용된다)

$y = \dfrac{1}{x^2}$을 미분하면 $y' = -\dfrac{2x}{(x^2)^2} = -\dfrac{2}{x^3}$

$y = \dfrac{1}{x^3}$을 미분하면 $y' = -\dfrac{3x^2}{(x^3)^2} = -\dfrac{3}{x^4}$

(2) **삼각함수의 미분**

$$y = \sin x \quad \rightarrow \quad y' = \cos x(x')$$

$$y = \cos x \quad \rightarrow \quad y' = -\sin x(x')$$

$$y = \tan x \quad \rightarrow \quad y' = \sec x^2(x')$$

〈미분 계산 예〉

$$y = \sin 5x \quad \rightarrow \quad y' = \cos 5x(5) = 5\cos 5x$$

$$y = \cos 2x \quad \rightarrow \quad y' = -\sin 2x(2) = -2\sin 2x$$

$$y = \tan^2 x \quad \rightarrow \quad y' = 2\tan x \cdot \sec^2 x$$

(3) **지수함수와 로그함수의 미분**

$$y = x^a \quad \rightarrow \quad y' = ax^{a-1}$$

$$y = a^x \quad \rightarrow \quad y' = a^x \log a$$

$$y = e^x \quad \rightarrow \quad y' = e^x(x')$$

$$y = \log_a x \quad \rightarrow \quad y' = \frac{1}{x} log_a e(x')$$

$$y = \ln x \quad \rightarrow \quad y' = \frac{1}{x}(x')$$

〈미분 계산 예〉

$$y = x^{4a} \quad \rightarrow \quad y' = 4ax^{3a}$$

$$y = a^{4x} \quad \rightarrow \quad y' = a^{4x} \ln a(4) = 4a^{4x} \ln a$$

$$y = e^{x^2} \quad \rightarrow \quad y' = e^{x^2}(2x) = 2xe^{x^2}$$

$$y = \log_a(3x-5) \quad \rightarrow \quad y' = \frac{1}{(3x-5)} log_a e(3) = \frac{3}{(3x-5)} log_a e$$

$$y = \ln(x-2)^2 \quad \rightarrow \quad y' = \frac{1}{(x-2)^2} 2(x-2) = \frac{2}{x-2}$$

6.3 편미분

1) 개요

편미분(partial derivative)은 다변수함수(독립변수가 2개 이상인 함수)를 특정 변수는 제외하고, 나머지 변수는 상수로 취급하여 미분하는 것을 말한다. 다른 말로 편도함수를 구한다고도 하며, 그 기호는 ∂(라운드)를 사용한다. 함수 $z=f(x,y)$에서 y를 상수로 보고 $f(x,y)$를 x만의 함수로 가정하여 x에 관한 도함수를 다음과 같이 나타내면,

$$\lim_{\Delta x \to 0} \frac{f(x+\Delta x, y)-f(x,y)}{\Delta x}$$

위와 같은 극한값을 $f(x,y)$의 x에 관한 편도함수라 하고 이것을 $\frac{\partial f}{\partial x}$, $\frac{\partial z}{\partial x}$, $\frac{\partial}{\partial x}f(x,y)$ 등으로 사용한다.

2) 편미분

$\frac{\partial}{\partial x}$로 표시하며 x를 제외한 문자를 상수로 취급한다.

다음과 같이 독립변수(x_1, x_2)가 2개 이상인 함수에 대하여 편미분을 해 보자.

$$y=f(x_1, x_2) = x_1^3 + 3x_1^2 + 5x_2^3 - 2x_2 + 5$$

위 식을 편미분하면 다음과 같이 된다.

$\frac{\partial y}{\partial x_1} = 3x_1^2 + 6x_1$ (x_1만 함수로 보고 나머지 x_2 등은 상수로 처리한다)

$\frac{\partial y}{\partial x_2} = 15x_2^2 - 2$ (x_2만 함수로 보고 나머지는 x_1등은 상수로 처리한다)

예: 다음을 편미분 하시오.

$$y=f(x_1, x_2) = 2x_1^4 + 3x_1^2x_2^3 + 5x_2^3$$

풀이) $\frac{\partial y}{\partial x_1} = 8x_1^3 + 6x_2^3 x_1$ (함수 y를 변수 x_1로 편미분 한다는 뜻이다)

$\frac{\partial y}{\partial x_2} = 9x_1^2 x_2^2 + 15x_2^2$ (함수 y를 변수 x_2로 편미분 한다는 뜻이다)

3) 전미분

다음과 같이 독립변수(x_1, x_2)가 2개 이상인 함수에 대하여 전미분을 해 보자.

$$y = f(x_1, x_2) = x_1^2\, x_2 - 2x_1 x_2^3$$

위 식을 전미분하면 다음과 같이 된다.

먼저 각각 편미분을 하면

$$f_1 = 2x_1 x_2 - 2x_2^3 \qquad (1)$$

$$f_2 = x_1^2 - 6x_1 x_2^2 \qquad (2)$$

편미분한 식(1)과 식(2)를 이용하여 y를 전미분하면 다음과 같이 dy를 구할 수 있다.

$y = f(x_1, x_2) = x_1^2\, x_2 - 2x_1 x_2^3$을 전미분하면

$dy = (2x_1 x_2 - 2x_2^3)dx_1 \ + (x_1^2 - 6x_1 x_1^2)dx_2$

이와 같이 전미분이란 각각의 독립변수 x_i로 편미분한 값을 괄호로 묶고 dx_i를 붙인 후 모두 더한 것을 의한다.

6.4 편미분에 의한 감도계수

1) 개요

편도함수 $\frac{\partial f}{\partial x_i}$는 함수 f를 X_i에 관하여 미분하고 기댓값 $E(X_i)$를 대입한 것이지만 실제로는 추정값 x_i를 대입하여 구한다. 편도함수는 감도계수 c_i라는 식으로 표시할 수 있다.

$c_i = \frac{\partial f}{\partial x_i} = \frac{\partial f}{\partial X_i}|_{x_1, x_2, ..., x_N}$ 이다. 이 편도함수는 x_i의 변화에 따라 y의 변화를 나타내는 것이므로 감도계수 c_i라 한다. 따라서 감도계수는 위 식에서 다음과 같이 쓸 수 있다. $c_i = \frac{\partial f}{\partial x_i} \approx \frac{(\Delta y)}{\Delta x_i}$의 근사식으로 나타낼 수 있다.

예제 저항기의 수학적 모델식이 다음과 같을 때 감도계수를 구하시오.

$$R = \frac{R_a \cdot R_b}{R_c} + R_a + R_b$$

감도계수 c_i는 저항기의 수학적 모델식에 대하여 각각 R_a, R_b, R_c를 편미분하여 구하면 다음과 같다.

$$c_a = \frac{\partial R}{\partial R_a} = \frac{R_b}{R_c} + 1 \qquad \text{(저항 } R_a\text{의 감도계수)}$$

$$c_b = \frac{\partial R}{\partial R_b} = \frac{R_a}{R_c} + 1 \qquad \text{(저항 } R_b\text{의 감도계수)}$$

$$c_c = \frac{\partial R}{\partial R_c} = -\frac{R_a R_b}{R_c^2} \qquad \text{(저항 } R_c\text{의 감도계수)}$$

2) 불확도와 관련된 편미분 계산 예

(1) 내외측 캘리퍼스의 수학적 모델

$E = l_x - l_s + (\overline{\alpha}\Delta t + \Delta\alpha \cdot \delta t)l_0 + \delta l_x + \delta l_M$일 때, l_x, l_s, $\overline{\alpha}$로 편미분하면

$\frac{\partial E}{\partial l_x}$ = 1 (l_x로 편미분하면 1이 되며, 우 항은 모두 상수로 취급하여 0)

$\frac{\partial E}{\partial l_s}$ = -1 ($-l_s$로 편미분하면 1이 되며, 타 항은 모두 상수로 취급하여 0)

$\frac{\partial E}{\partial \overline{\alpha}}$ = $\Delta t \cdot l_0$ ($\overline{\alpha}$로 편미분하면 1이 되며, 타 항은 모두 상수로 취급하여 0)

(2) **외측 마이크로미터의 수학적 모델**

$B = l_r - l_x - (\overline{\alpha}\Delta t + \Delta\alpha \cdot \delta t)l_0$ 일 때, l_r, l_s, $\overline{\alpha}$로 편미분하면

$$\frac{\partial E}{\partial l_r} = 1, \quad \frac{\partial E}{\partial l_x} = -1, \quad \frac{\partial E}{\partial \overline{\alpha}} = -\Delta t \cdot l_0$$

(3) **게이지블록 길이 차의 수학적 모델**

$d = (L_1 + L_2)/2 - L_3$ 일 때, L_1으로 편미분하면

$$\frac{\partial d}{\partial L_1} = \frac{1}{2}$$

(4) **깊이마이크로미터의 수학적 모델**

$B = d - l - (\overline{\alpha} \cdot \Delta t + \Delta\alpha \cdot \delta t)d$ 일 때, $\Delta\alpha$로 편미분하면

$$\frac{\partial B}{\partial \Delta\alpha} = -\delta t \cdot d$$

(5) **직사각형 면적의 수학적 모델**

$A = W \cdot H$ 일 때, W와 H로 각각 편미분하면

$$\frac{\partial A}{\partial W} = H, \quad \frac{\partial A}{\partial H} = W$$

(6) **밀도의 수학적 모델**

$d = \frac{m}{V}$ 일 때, m과 V로 각각 편미분하면

$$\frac{\partial d}{\partial m} = \frac{\partial(\frac{m}{V})}{\partial m} = \frac{1}{V}, \quad \frac{\partial d}{\partial V} = \frac{\partial(\frac{m}{V})}{\partial V} = -\frac{m}{V^2}$$

(7) **투영 측정기의 수학적 모델**

$\Delta M(\%) = (\frac{L + \delta L_r + \delta L_x}{l \cdot M_0} - 1) \times 100$ 일 때, l, L, δL, δL_r, δL_x로

각각 편미분하면

$$\frac{\partial \Delta M}{\partial l} = (-\frac{L + \delta L_r + \delta L_s}{l^2 \cdot M_0}) \times 100$$

$$\frac{\partial \Delta M}{\partial L} = (\frac{1}{l \cdot M_0}) \times 100, \quad \frac{\partial \Delta M}{\partial \delta L_r} = (\frac{1}{l \cdot M_0}) \times 100, \quad \frac{\partial \Delta M}{\partial \delta L_x} = (\frac{1}{l \cdot M_0}) \times 100$$

(8) 전기식 지시저울의 보정값에 의한 수학적 모델

$m_{cor.} = m_N - m_{x_i} + \delta m_d + \delta m_E$ 일 때, m_N과 m_{x_i}로 각각 편미분하면

$$\frac{\partial m_{cor.}}{\partial m_N} = 1, \qquad \frac{\partial m_{cor.}}{\partial m_{x_i}} = -1$$

(9) 게이지압용 압력계의 수학적 모델

$P_c = P_s - P_i + \delta P_{zero} + \delta P_{repeat} + \delta P_{hyster}$ 일 때, P_s와 P_i로 각각 편미분하면

$$\frac{\partial P_c}{\partial P_s} = 1, \qquad \frac{\partial P_c}{\partial P_i} = -1$$

(10) 기준 가속도계의 수학적 모델

$$A_S = \frac{E}{S} + \delta A_{S,M} + \delta A_{S,T}$$

$S = S_S + \delta S_L$ 일 때, S_S와 δS_L로 각각 편미분하면

$A_S = \dfrac{E}{(S_S + \delta S_L)} + \delta A_{S,M} + \delta A_{S,T}$이므로

$$\frac{\partial A_S}{\partial S_S} = -\frac{E}{S^2}, \quad \frac{\partial A_S}{\partial \delta S_L} = -\frac{E}{S^2}$$

Chapter 7. 측정불확도의 산출 예

7.1 내 · 외측 캘리퍼스의 표준교정

KASTO 11-10604-080(2011.12.30 개정)

1) 일반사항 기록

의뢰기관	○ ○ ○ ㈜
제작회사	○ ○ ○
모 델 명	○ ○ ○
제조번호	12345
측정범위	600 mm
해 독 도	0.05 mm

측정일자	0000. 00. 00		
측 정 자	홍 길 동		
측정환경	온도(℃)	기압(Pa)	습도(% R.H.)
	최저 : 20.5 최고 : 20.5	100 500 100 700	49 50

표준기의 기본자료		교정대상기기(캘리퍼스)의 기본자료	
캘리퍼 검사기	(0～1000) mm	기 기 명	캘리퍼스
표면온도계	분해능 0.1 ℃	기기번호	000
게이지블록	(0.5～100) mm	최소눈금	0.05 mm
게이지블록 보조구	홀더, 평행죠	사용범위	(0～600) mm

* 캘리퍼 검사기 대신 게이지블록을 조합하여 교정할 수 있음.

1. 교정 준비

(1) 표준교정 절차서를 숙독한다.

(2) 교정대상기기(캘리퍼스)를 깨끗이 닦은 후 외관 상태를 파악한다.
(죠의 마모, 평행상태, 슬라이드의 헐거움 등)

(3) 충분한 열평형이 이루어지도록 정반위에 일정시간 정렬시켜 둔다.

(4) 죠를 서로 닿게 하여 0 mm부터 측정을 한다. 이 때, 빛(조명)을 향해 조의 부분을 관찰했을 때 미세하고 평행한 빛이 보이는지 확인한다.

(5) 캘리퍼 검사기(Caliper checker)를 이용하여 해당 구간을 5회씩 반복 측정하여 기록한다.

측정 시 죠의 중앙부분이 가장 많이 접촉되도록 한다.
(6) 외측 캘리퍼스의 교정을 마쳤으면 내측도 캘리퍼 검사기의 해당 구간을 반복 측정하여 데이터를 기록한다.

2. 교정데이터 처리

캘리퍼 검사기를 이용하여 측정구간(0~600 mm), 최소눈금(0.05 mm)인 캘리퍼스의 외측 눈금 교정에 대한 교정처리 과정을 예시로 설명하였다.

2) 측정데이터

표준기인 캘리퍼 검사기를 이용하여 버니어 캘리퍼스(600 mm)를 600 mm구간에서 5회 측정한 로우 데이터는 다음과 같다.

(단위 : mm)

명목값 (캘리퍼 검사기)	버니어 캘리퍼스 외측 지시값					평균값	표준편차
	1회	2회	3회	4회	5회		
0							
20							
50							
100							
150							
200							
300							
600	600.05	600.00	600.05	600.10	600.05	600.05	0.035 36

3) 교정 데이터 처리

1. 지시편차로 나타낸 수학적 모델

캘리퍼스의 수학적 모델은 보정값, 지시편차, 실제치수 등을 산출하기 위해 수식을 자유롭게 세울 수 있다. 본 절차서 서에서는 이들 중 하나로써 지시편차를 구하기 위한 수학적 모델을 수립하여 설명하였다.

$$E_x = l_x - l_s + (\overline{\alpha} \cdot \Delta t + \Delta\alpha \cdot \delta t) l_0 + \delta l_x + \delta l_M$$

여기서,

E_x : 표준온도(20 ℃)에서 버니어캘리퍼스의 지시편차

l_x : 캘리퍼스의 지시값(해당 구간을 캘리퍼스로 반복측정한 값들의 평균값)

l_s : 캘리퍼 검사기의 교정값(해당 구간에 대해 성적서에 명시되어 있는 값으로 성적서 참조)

l_0 : 캘리퍼 검사기의 명목값(캘리퍼 검사기에 새겨진 눈금값)

$\overline{\alpha}$: 캘리퍼스와 캘리퍼 검사기의 평균 열팽창계수(재질에 따른 평균 열팽창계수로써 열팽창계수표를 참조)

Δt : 캘리퍼스와 캘리퍼 검사기의 온도 차이

$\Delta\alpha$: 캘리퍼스와 캘리퍼 검사기의 열팽창계수와의 차

δt : 캘리퍼스와 캘리퍼 검사기의 평균 온도값과 기준온도와의 차 (20 ℃와 실제 교정 장소의 평균온도 차이)

δl_x : 캘리퍼스의 분해능의 한계에 대한 보정값(기댓값=0)

δl_M : 캘리퍼스의 기계적 효과에 대한 보정값(기댓값=0)

2. 교정용 표준기값

본 교정에 사용한 기준장비는 캘리퍼 검사기로 교정성적서에 주어진 편차는 600 mm구간에서 1.7 μm이다. 실제 교정기관에서는 해당 장비의 교정성적서에 명시된 값을 꼭 참조하여 적용한다.

3. 온도 보정값

기준장비와 교정대상 장비는 스틸로 동일 재질이며, 교정 시 충분한 열평형이 이루어진 상태에서 교정을 하였다. 측정할 당시의 표준실 온도가 기준 및 교정대상기기를 놓아두었던 정반 주위의 온도를 측정한 결과 20.5 ℃ 였다. * 실제 온도계로 측정하여 적용

온도에 대한 길이 변화량 ΔL은 다음과 같다.

$$\Delta L = (\overline{\alpha} \cdot \Delta t + \Delta\alpha \cdot \delta t) l_0$$

여기서,

$\overline{\alpha} = (\alpha_x + \alpha_r)/2 = 11.5 \times 10^{-6}/℃$

$\Delta t = (t_x - t_r) = 20.5 - 20.5 = 0$ ℃

$\Delta\alpha = (\alpha_x - \alpha_r) = 11.5 \times 10^{-6} - 11.5 \times 10^{-6} = 0/℃$

$$\delta t = (t_x + t_r)/2 - 20 = (20.5 + 20.5)/2 - 20 = 0.5\ ℃$$

$$\Delta L = [(11.5 \times 10^{-6}/℃) \cdot 0\ ℃ + 0 \cdot 0.5\ ℃] \times 600\ \text{mm} = 0\ \ \text{mm}$$

온도 보정값은 상호간 동일 재질이고 충분한 열평형이 이루어진 경우일 때 $\Delta L = 0$ 이므로 무시 가능

4. 편차값으로 나타낸 수학적 모델

교정 시 기계적 효과와 분해능 한계에 대한 기댓값은 0이므로 보정할 필요가 없으며, 편차 E_x를 계산하면 다음과 같다.

$$\text{지시편차 } E_x = l_x - l_s + (\bar{\alpha} \cdot \Delta t + \Delta\alpha \cdot \delta t) l_0 + \delta l_x + \delta l_M$$

E_x : 지시편차

l_x : 5회 반복 측정한 600 mm 구간의 평균값
(600.05 mm로 가정했으나 실제 본인의 평균값을 적용)

l_s : 캘리퍼 검사기의 교정성적서를 참조하여 600 mm 구간의 실제 값
(교정용 표준기값 항목에서 주어진 성적서 참조(1.7 μm))

$\bar{\alpha}$: 캘리퍼스와 캘리퍼 검사기의 평균 열팽창계수
(동일한 재질인 스틸이므로 $11.5 \times 10^{-6}/℃$ 적용)

Δt : 0 ℃

$\Delta\alpha$: 0 ℃

δt : 0.5 ℃

l_0 : 600 mm

따라서

지시편차 $E_x = l_x - l_s + (\bar{\alpha} \cdot \Delta t + \Delta\alpha \cdot \delta t) l_0$

= 600.05 mm - 600.001 7 mm + ($11.5 \times 10^{-6}/℃$ × 0 ℃ + 0 ℃ × 0.5 ℃) × 600 mm

= 0.048 3 mm

교정값 = 눈금값 + 보정값이므로

교정값 = 600 mm + (-0.048 3 mm) = 599.951 7 mm 로
캘리퍼스의 분해능을 고려하여 599.95 mm로 산출

4) 불확도 계산

불확도 요인은 측정환경에 따라 얼마든지 달라질 수 있으며, 그로인해 수립되는 수학적 모델도 달라질 수 있다. 본 예제에서 도출된 불확도 요인 이외에 실제 교정환경에서 측정결과에 영향을 미쳤을 것으로 의심이 되는 요인이 있다면 수학적 모델에 추가하여 수립할 수 있다. 이와는 반대로 충분한 열평형이 이루어진 상태이고, 피교정기기와 교정기기가 동일한 재질로 열팽창계수가 같을 경우 온도 보정값은 수식에서 생략할 수 있다. 즉, 동일한 교정대상 및 항목일지라도 실제 상황을 최대한 고려하여 불확도 요인을 도출하여 수식에 반영하는 것이 바람직하다.

1. 합성표준불확도 u_c의 수학적 모델

합성표준불확도는 수학적 모델에 불확도 전파 법칙(Law of propagation of uncertainty)을 적용하여 불확도를 추정하기 위한 수식을 새롭게 세운다.

$$\text{지시편차 } E_x = l_x - l_s + (\overline{\alpha} \cdot \Delta t + \Delta\alpha \cdot \delta t) l_0 + \delta l_x + \delta l_M$$

이 식에 불확도 전파법칙을 적용하며,

$$\begin{aligned} u_c^2(E_x) = {} & c_{l_x}^2 u^2(l_x) + c_{l_s}^2 u^2(l_s) + c_{\overline{\alpha}}^2 u^2(\overline{\alpha}) + c_{\Delta t}^2 u^2(\Delta t) \\ & + c_{\Delta\alpha}^2 u^2(\Delta\alpha) + c_{\delta t}^2 u^2(\delta t) + c_{\delta l_x}^2 u^2(\delta l_x) + c_{\delta l_M}^2 u^2(\delta l_M) \end{aligned}$$

$$\begin{aligned} = {} & \left(\frac{\partial E_x}{\partial l_x}\right)^2 u^2(l_x) + \left(\frac{\partial E_x}{\partial l_s}\right)^2 u^2(l_s) + \left(\frac{\partial E_x}{\partial \overline{\alpha}}\right)^2 u^2(\overline{\alpha}) + \left(\frac{\partial E_x}{\partial \Delta t}\right)^2 u^2(\Delta t) \\ & + \left(\frac{\partial E_x}{\partial \Delta\alpha}\right)^2 u^2(\Delta\alpha) + \left(\frac{\partial E_x}{\partial \delta t}\right)^2 u^2(\delta t) + \left(\frac{\partial E_x}{\partial \delta l_x}\right)^2 u^2(\delta l_x) + \left(\frac{\partial E_x}{\partial \delta l_M}\right)^2 u^2(\delta l_M) \end{aligned}$$

$$\begin{aligned} = {} & (1)^2 \cdot u^2(l_x) + (-1)^2 \cdot u^2(l_s) + (\Delta t \cdot l_0)^2 u^2(\overline{\alpha}) + (\overline{\alpha} \cdot l_0)^2 u^2(\Delta t) \\ & + (\delta t \cdot l_0)^2 u^2(\Delta\alpha) + (\Delta\alpha \cdot l_0)^2 u^2(\delta t) + (1)^2 u^2(\delta l_x) + (1)^2 u^2(\delta l_M) \end{aligned}$$

2. 캘리퍼스 지시값의 표준불확도 $u(l_x)$

통계적 방법으로 추정하는 방식인 A형 불확도로, 반복측정에서 우연효과로 인해 발생된 산포(표준편차 s)로부터 추정한다. "눈금값의 교정"항의 표에서 최대 표준편차를 반복 측정한 횟수의 제곱으로 나누어 산출한다.

(1) 추정값 : 600.05 mm

600 mm 구간의 평균값 600.05 mm로 측정한 값이다.

(2) 표준불확도 : $\dfrac{s}{\sqrt{\text{반복측정횟수}}} = \dfrac{0.035\,36 \text{ mm}}{\sqrt{5}} = 0.015\,81 \text{ mm} \fallingdotseq 16\ \mu\text{m}$

(3) 확률분포 : t-분포

반복측정 횟수가 10회 초과(11회 이상)이면 정규분포, 초과되지 않으면 t분포로 간주

(4) 감도계수 : $c_{l_x} = \dfrac{\partial E_x}{\partial l_x} = 1$

감도계수는 수학적 모델에서 편미분하여 산출(수학적 모델에서 출력값 E_x에 여러 입력 값들 중에서 l_x값이 영향을 미친 정도를 의미)

(5) 불확도 기여도 : $1 \times 16\ \mu\text{m} = 16\ \mu\text{m}$

감도계수와 표준불확도의 곱으로 산출

(6) 자유도 : 5-1=4

* 자유도는 n-1 즉, 반복측정횟수 -1 로 산출

3. 캘리퍼 검사기의 표준불확도 $u(l_s)$

객관적 · 과학적인 정보를 근거로 하여 추정하는 방식인 B형 불확도로써 교정기기로 사용된 캘리퍼 검사기의 교정성적서를 참조한다. 만일 성적서에 600 mm 구간에서 편차가 1.7 μm, 확장불확도 U 는 0.8 μm(신뢰수준 약 95 %, 포함인자 k = 2)라고 명시되어 있다면 이러한 정보를 근거로 하여 표준불확도를 추정한다.

(1) 추정값 : 600.001 7 mm

캘리퍼 검사기의 성적서에서 600 mm 구간에 1.7 μm의 편차가 나타났으므로 600 mm+0.001 7 mm로 추정하여 600.001 7 mm

(2) 표준 불확도 : $\dfrac{U}{k}=\dfrac{0.8}{2}=0.4\ \mu\text{m}$

캘리퍼 검사기의 확장불확도 U가 주어졌으므로 이것을 k로 나누어 추정

(3) 확률분포 : 정규분포

B형 불확도의 추정은 A형과 다름. 일반적으로 교정기관에서 발급된 성적서와 같이 확신의 근거가 충분하다고 여겨지는 경우 정규분포로 간주한다.

(4) 감도계수 : $c_{l_s}=\dfrac{\partial E_x}{\partial l_s}=-1$

감도계수는 수학적 모델에서 편미분하여 산출

(5) 불확도 기여도 : $(-1)\times 0.4\ \mu\text{m}=-0.4\ \mu\text{m}$

감도계수와 표준불확도의 곱으로 산출

(6) 자유도 : ∞

B형 불확도의 자유도 $\dfrac{1}{2}\left(\dfrac{100}{R}\right)^2=\dfrac{1}{2}\left(\dfrac{100}{100-\text{확신의 정도}}\right)^2$로 추정. R은 표준 불확도의 확신의 정도에 따라 실무자의 주관적 판단에 근거하여 부여한다. 만일 표준 불확도를 추정한 값을 80 % 확신한다면 자유도는 $\dfrac{1}{2}\left(\dfrac{100}{100-80}\right)^2=12.5=12$로 계산한다. 여기서 자유도는 정수로 표현하며 반올림없이 소수점 이하는 버림(truncated).

4. 캘리퍼스와 캘리퍼 검사기의 평균 열팽창 계수의 표준불확도 $u(\overline{\alpha})$

(1) 추정값 : $\overline{\alpha}=\dfrac{11.5\times10^{-6}/℃+11.5\times10^{-6}/℃}{2}=11.5\times10^{-6}/℃$

캘리퍼스와 캘리퍼 검사기의 재질이 동일한 스틸이므로 스틸의 열팽창 계수값을 적용

(2) 표준 불확도 : 0.41×10^{-6} /℃

B형 불확도의 표준 불확도는 확률분포를 적용하여 추정한다. 확률분포의 종류에는 정규, 직사각, 삼각, 사다리꼴, U자 등이 있다. 직사각 확률분포는 다른 말로 균등분포라고도 한다. 이것은 추정 대상의 확률분포가 전 구간에 걸쳐 동등한 확률로 영향이 미치고 있다고 판단될 때 적용한다. 가장 대표적인 예로, 분해능과 같이 어느 부분을 읽는다 해도 잘못 읽을 확률은 동등하게 발생할 수 있다고 보고 적용하는 것이다. 이 뿐 아니라 주어진 정보를 활용하거나 또는 어떤 확률분포인지 모호하거나 알 수 없는 경우 모두 직사각형 확률분포로 간주한다. 추정 방법은 반너비를 $\sqrt{3}$ 으로 나눈 값으로 산출한다. 여기서 $\overline{\alpha}=(\alpha_r+\alpha_x)/2$ 이므로 불확도 전파법칙에 의하면 수식을 변형시켜 계산한다. $u^2(\overline{\alpha})=\frac{1}{4}u^2(\alpha_r)+\frac{1}{4}u^2(\alpha_x)$ 여기에 캘리퍼스와 캘리퍼 검사기의 제작회사로부터 얻은 자료(사양, 관련 정보 등)의 자료에서 참조한 열팽창 계수의 오차 범위의 값을 적용한다. 예를 들어 제조사의 사양서에 캘리퍼스와 캘리퍼 검사기의 열팽창 계수의 오차 범위의 값이 각각 $\pm1.0\times10^{-6}$/℃라고 가정하면, $u(\alpha_r)=u(\alpha_x)=\pm1.0\times10^{-6}$/℃에 직사각형 확률분포를 적용하여

$$u(\alpha_r)=u(\alpha_x)=\frac{1.0\times10^{-6}/℃}{\sqrt{3}}=0.000\,000\,577\,℃ \fallingdotseq 0.58\times10^{-6}/℃$$ 가 된다.

따라서 $u^2(\overline{\alpha})=\frac{1}{4}u^2(\alpha_r)+\frac{1}{4}u^2(\alpha_x)=\frac{1}{4}u^2(0.58\times10^{-6}/℃)+\frac{1}{4}u^2(0.58\times10^{-6}/℃)$

$$\therefore u(\overline{\alpha})=\sqrt{\frac{1}{4}u^2(0.58\times10^{-6}/℃)+\frac{1}{4}u^2(0.58\times10^{-6}/℃)}=0.000\,000\,41=0.41\times10^{-6}/℃$$

(3) 확률분포 : 직사각형

B형 불확도의 추정방법은 주로 정보를 근거로 하여 추정하기 때문에 직사각형 확률분포가 가장 많다. 본 예제에서도 제조사로부터 확보한 정보 즉, 불확도 값을 이용하여 추정하므로 직사각형 확률분포로 간주한 것이다.

(4) 감도계수 : $c_{\overline{\alpha}}=\frac{\partial E_x}{\partial\overline{\alpha}}=\Delta t \cdot l_0=0\,℃ \cdot 600\ \text{mm}=0\,℃\cdot\text{mm}$

감도계수는 수학적 모델에서 편미분하여 산출. 예제에서 캘리퍼스와 캘리퍼 검사기를 충분히 열평형을 시켰다고 하여도 상호간에 실제 교정환경 또는 사용한 온도계의 불확실성이 존재할 가능성을 고려한 것으로써 예를 들어 ±0.1 ℃ 발생했다고 가정하여 적용했다. 실제 교정

중 온도 변동량을 관찰하고 기록하여 적용한다.

(5) 불확도 기여도 : (0 ℃ • mm)×(0.41×10^{-6}/℃)=0 ㎛
감도계수와 표준불확도의 곱으로 산출한다.

(6) 자유도 : 200
예를 들어 추정한 표준불확도의 값에 대해 95 % 확신한다고 가정하면,

$$\frac{1}{2}\left(\frac{100}{R}\right)^2=\frac{1}{2}\left(\frac{100}{100-95}\right)^2=200$$ 이다.

5. 캘리퍼스와 캘리퍼 검사기의 열팽창 계수 차에 의한 표준불확도 $u(\Delta\alpha)$

(1) 추정값 : 0
캘리퍼스와 캘리퍼 검사기의 재질이 동일한 스틸이므로 열팽창 계수 차이는 없다. 즉, $\Delta\alpha=11.5\times10^{-6}/℃-11.5\times10^{-6}/℃=0$

(2) 표준불확도 : 0.82×10^{-6} /℃
$\Delta\alpha=(\alpha_x-\alpha_r)$이므로 불확도 전파법칙에 의해 $u^2(\Delta\alpha)=u^2(\alpha_x)+u^2(\alpha_r)$가 된다. 즉, $u(\Delta\alpha)=\sqrt{u^2(\alpha_x)+u^2(\alpha_r)}$ 로 산출한다. 만일 제조사로부터 얻은 캘리퍼스와 캘리퍼 검사기의 열팽창 계수에 대한 오차 범위가 ±1.0×10^{-6}/℃
라고 한다면, 이것은 정보에 근거한 것이므로 직사각 확률분포를 적용하여 $u(\Delta\alpha)$의 식에 대입하여 구하면 된다.

즉, $u(\alpha_r)=u(\alpha_x)=\dfrac{1.0\times10^{-6}/℃}{\sqrt{3}}=0.000\,000\,577\,℃\fallingdotseq0.58\times10^{-6}/℃$을 $u(\Delta\alpha)$의 식에 대입한다.

$$\therefore\ u(\Delta\alpha)=\sqrt{u^2(\alpha_x)+u^2(\alpha_r)}=\sqrt{u^2(0.58\times10^{-6}/℃)+u^2(0.58\times10^{-6}/℃)}$$
$$=0.82\times10^{-6}/℃$$

(3) 확률분포 : 직사각형
제조사로부터 확보한 정보에 근거하여 추정했으므로 직사각형 확률분포로 간주

(4) 감도계수 : $c_{\Delta\alpha} = \dfrac{\partial E_x}{\partial \Delta\alpha} = \delta t \cdot l_0 = 0.5℃ \cdot 600\ \text{mm} = 300\ ℃\ \cdot \text{mm}$

감도계수는 수학적 모델에서 편미분하여 산출. 예제에서 표준온도와 실제 교정이 이루어진 측정환경의 온도 차이 δt는 0.5 ℃로 가정하여 캘리퍼 검사기의 명목값 l_0에 해당되는 치수 600 mm를 적용하여 구한다.

(5) 불확도 기여도 : $(300\ ℃ \cdot \text{mm}) \times (0.82 \times 10^{-6}/℃) = 0.246\ \mu\text{m}$

감도계수와 표준불확도의 곱으로 산출

(6) 자유도 : ∞

예를 들어 추정한 표준불확도의 값에 대해 100 % 확신한다고 가정하면,

$\dfrac{1}{2}\left(\dfrac{100}{R}\right)^2 = \dfrac{1}{2}\left(\dfrac{100}{100-100}\right)^2 = \infty$로 간주한다.

6. 캘리퍼스와 캘리퍼 검사기의 온도 차이에 의한 표준불확도 $u(\Delta t)$

충분한 열평형 상태가 이루어졌다고 하더라도 측정 데이터를 확보하는 과정 중에 체온이나 그 밖의 어떠한 원인으로 인한 온도 드리프트가 발생하여 영향을 줄 수 있다. 또는 과거의 경험상 몇 ℃ 이내에서 상호간에 일치하는 것을 적용할 수 있다.

(1) 추정값 : 0 ℃

동일 장소에 일정 시간 두게 되면 열평형이 이루어지기 때문에 온도는 차이가 없는 것으로 간주하여 기댓값을 0으로 본다.

(2) 표준 불확도 : $\dfrac{\pm 0.3℃/2}{\sqrt{3}} = \dfrac{0.3℃}{\sqrt{3}} = 0.17321\ ℃ \fallingdotseq 0.17\ ℃$

충분한 열평형이 이루어진 상태라도 측정중 체온 또는 알 수 없는 온도 드리프트에 의해 온도가 변할 수 있다. 예를 들어 ±0.3 ℃ 이내에서 열평형이 이루어졌다면, 또는 과거의 경험상 ±0.3 ℃ 이내에서 상호간 열평형이 이루어진 것을 알고 있다면 여기에 직사각형 확률분포를 적용하여 ±0.3 ℃의 반 범위에 $\sqrt{3}$으로 나누어 산출한다.

(3) 확률분포 : 직사각형

온도 변화가 어느 일정 구간에서만 ±0.3 ℃의 변화를 보인 것이 아닌 균등하게 어느 측정환

경에서도 동일한 확률분포로 변화가 일어났을 것으로 간주하여 추정한 것이다.

(4) 감도계수 : $c_{\Delta t} = \dfrac{\partial E_x}{\partial \Delta t} = \overline{\alpha} \cdot l_0 = 11.5 \times 10^{-6}/℃ \cdot 600\ \text{mm} = 6.9\ \mu\text{m}/℃$

감도계수는 수학적 모델에서 편미분 하여 산출한다.

(5) 불확도 기여도 : $(6.9\ \mu\text{m}/℃) \times 0.17\ ℃ = 1.173\ \mu\text{m} \fallingdotseq 1.17\ \mu\text{m}$

* 감도계수와 표준불확도의 곱으로 산출한다.

(6) 자유도 : 200

* 예를 들어 추정한 표준불확도의 값에 대해 95 % 확신한다고 가정하면,

$$\frac{1}{2}\left(\frac{100}{R}\right)^2 = \frac{1}{2}\left(\frac{100}{100-95}\right)^2 = 200$$

7. 캘리퍼스와 캘리퍼 검사기의 평균온도와 표준온도와의 차이에 의한 표준불확도 $u(\delta t)$

(1) 추정값 : 0.5 ℃

캘리퍼스와 캘리퍼 검사기가 교정이 이루어지는 동안 충분한 열평형 상태이며 이 때의 교정 환경 온도가 20.5 ℃ 였다고 가정한다면

$\delta t = (t_x + t_r)/2 - 20 = (20.5 + 20.5)/2 - 20 = 0.5\,℃$로 추정할 수 있다.

(2) 표준불확도 : $\dfrac{\pm 0.1℃/2}{\sqrt{3}} = \dfrac{0.1℃}{\sqrt{3}} = 0.0577\ ℃ \fallingdotseq 0.058\ ℃$

예를 들어 사용한 온도계의 오차 범위가 ±0.1 ℃였다고 한다면 정보를 활용하여 추정하므로 직사각형 확률분포를 적용하여 반범위/ $\sqrt{3}$을 적용하여 산출한다.

(3) 확률분포 : 직사각형

사용한 온도계의 오차 범위를 활용한 것으로써 직사각형 확률분포로 간주한다.

(4) 감도계수 : $c_{\delta t} = \dfrac{\partial E_x}{\partial \delta t} = \Delta\alpha \cdot l_0 = 0\ ℃ \cdot 600\ \text{mm} = 0$

감도계수는 수학적 모델에서 편미분하여 산출한다. 예에서는 동일 재질로 열팽창 계수차이는 없다.

(5) 불확도 기여도 : 0 ℃ × 0.058 ℃ = 0

감도계수와 표준 불확도의 곱으로 산출한다.

(6) 자유도 : 22

예를 들어 추정한 표준불확도의 값에 대해 85 % 확신한다고 가정하면,

$\frac{1}{2}\left(\frac{100}{R}\right)^2 = \frac{1}{2}\left(\frac{100}{100-85}\right)^2 = 22.2 = 22$로 간주한다. 자유도는 소수점 이하는 버린다.

8. 캘리퍼스의 분해능으로 인한 표준불확도 $u(\delta l_x)$

(1) 추정값 : 0

캘리퍼스의 분해능으로 인하여 측정결과에 영향을 미친 정도는 사실상 기댓값을 추정하기 어려우므로 0으로 둔다.

(2) 표준불확도 : $\frac{0.05\ \text{mm}}{2\sqrt{3}} = 0.0144\ \text{mm} = 14\ \mu\text{m}$

캘리퍼스의 최소눈금이 0.05 mm이므로 직사각형 확률분포를 적용하여 최소눈금의 반너비에 $\sqrt{3}$ 으로 나누어 산출한다.

(3) 확률분포 : 직사각형

모든 측정 구간에서 눈금을 읽을 때 실수할 수 있는 확률은 최소눈금 한 눈금으로 동일한 확률을 지닐 것으로 간주하여 직사각형 확률분포로 추정한다.

(4) 감도계수 : $c_{\delta l_x} = \frac{\partial E_x}{\partial \delta l_x} = 1$

감도계수는 편미분하여 산출한다.

(5) 불확도 기여도 : 1 × 14 μm = 14 μm

감도계수와 표준 불확도의 곱으로 산출한다.

(6) 자유도 : ∞

예를 들어 추정한 표준불확도의 값에 대해 100 % 확신한다고 가정하면,

$$\frac{1}{2}\left(\frac{100}{R}\right)^2 = \frac{1}{2}\left(\frac{100}{100-100}\right)^2 = \infty$$

9. 캘리퍼스의 기계적 효과(평행도)에 대한 표준불확도 $u(\delta l_M)$

(1) 추정값 : 0

캘리퍼스의 조 부분이 캘리퍼 검사기에 닿을 때, 조의 안쪽, 중간 그리고 끝 부분일 때 평행도의 차이가 발생할 수 있음을 고려한다. 추정값으로는 가능성을 존재하지만 그에 대한 명확한 기댓값은 사실상 알 수 없으므로 추정값은 0으로 둔다.

(2) 표준불확도 : $\dfrac{0.05\ \text{mm}}{2\sqrt{3}} = 0.0144\ \text{mm} = 14\ \mu\text{m}$

캘리퍼스의 최소눈금이 0.05 mm이므로 기계적 효과에 의해 발생될 불확도는 최소눈금에 대한 직사각형 확률분포를 적용하여 최소눈금의 반너비의 $\sqrt{3}$으로 추정한다.

(3) 확률분포 : 직사각형

모든 측정 구간에서 캘리퍼스의 조가 닿는 부분에 따라 평행도의 차이로 인해 발생되는 확률이 동등할 것으로 추정하여 직사각형 확률분포로 간주한다.

(4) 감도계수 : $c_{\delta l_M} = \dfrac{\partial E_x}{\partial \delta l_M} = 1$

감도계수는 편미분하여 산출한다.

(5) 불확도 기여도 : $1 \times 14\ \mu\text{m} = 14\ \mu\text{m}$

감도계수와 표준 불확도의 곱으로 산출한다.

(6) 자유도 : 50

예를 들어 추정한 표준불확도의 값에 대해 95 % 확신한다면 다음과 같이 추정한다.

$$\frac{1}{2}\left(\frac{100}{R}\right)^2 = \frac{1}{2}\left(\frac{100}{100-95}\right)^2 = 50 \text{ (본인의 확신 정도를 부여하여 산출)}$$

10. 합성표준불확도 $u_c(E_x)$

합성표준불확도는 수학적 모델에 속한 각각의 불확도 요인에 대한 추정값들을 하나로 합성하는 것으로 수식은 “11. 합성표준불확도(u_c)의 수학적 모델”을 이용하여 산출한다. 아래의 식에서 각각의 항목은 감도계수와 표준불확도를 곱하여 추정한 값, 즉 불확도 기여도를 나타낸다.

$$u_c^2(E_x) = c_{l_x}^2 u^2(l_x) + c_{l_s}^2 u^2(l_s) + c_{\overline{\alpha}}^2 u^2(\overline{\alpha}) + c_{\Delta t}^2 u^2(\Delta t) + c_{\Delta\alpha}^2 u^2(\Delta\alpha) + c_{\delta t}^2 u^2(\delta t) + c_{\delta l_x}^2 u^2(\delta l_x) + c_{\delta l_M}^2 u^2(\delta l_M)$$

$$u_c(E_x) = \sqrt{(16)^2 + (-0.4)^2 + (0)^2 + (0.246)^2 + (1.17)^2 + (0)^2 + (14)^2 + (14)^2}$$

$$\fallingdotseq 25.487 \ \mu\text{m}$$

11. 유효자유도 ν_{eff}

Welch-Satterthwaite 공식으로부터 출력 추정값 E_x에 수반된 표준불확도 $u(E_x)$의 유효자유도 ν_{eff}를 추정한다.

$$\nu_{\text{eff}} = \frac{u_c^4(E_x)}{\sum_{i=1}^{N} \frac{[c_i u(x_i)]^4}{\nu_i}} = \frac{u_c^4(E_x)}{\sum_{i=1}^{8} \frac{[c_i u(x_i)]^4}{\nu_i}}$$

$$= \frac{(20.556)^4}{\frac{(16)^4}{4} + \frac{(-0.4)^4}{\infty} + \frac{(0)^4}{200} + \frac{(0.246)^4}{\infty} + \frac{(1.17)^4}{200} + \frac{(0.0)^4}{22} + \frac{(14)^4}{\infty} + \frac{(14)^4}{50}}$$

$= 10.26 = 10$(소숫점 이하 버림)

수학적 모델에 속한 각각의 표준불확도 요인들에 대한 자유도를 앞에서 산출했다. 이것을 하나의 자유도로 산출함으로써 이 크기에 따라 추정한 합성표준불확도가 얼마나 타당성이 있는지를 나타낸다. 일반적으로 통계학에서는 자유도가 30이 초과되어야 표준정규분포의 형태를 지닌다고 가정하여 신뢰구간을 부여하나 교정 분야에서는 자유도가 10 이상이면 충분한 것으로 간주한다.

12. 불확도 총괄표(Uncertainty budget)

입력량 X_i	추정값 x_i	표준 불확도 $u(x_i)$	확률분포	감도계수 c_i	불확도 기여량 $u_i(y)$	자유도 ν
l_x	600.05 mm	16 μm	t	1	16 μm	4
l_s	600.001 7 mm	0.4 μm	정규	-1	-0.4 μm	∞
$\bar{\alpha}$	11.5×10^{-6}/℃	0.41×10^{-6} /℃	직사각형	0	0	200
$\Delta\alpha$	0	0.82×10^{-6} /℃	직사각형	300 ℃ · mm	0.246 μm	∞
Δt	0	0.17 ℃	직사각형	6.9 μm/℃	1.17 μm	200
δt	0.5 ℃	0.058 ℃	직사각형	0	0	22
δl_x	0	14 μm	직사각형	1	14 μm	∞
δl_M	0	14 μm	직사각형	1	14 μm	50
E_x	0.048 3 ≒0.05 mm				u_c=25.487 μm	ν_{eff}=10

13. 확장불확도(Expanded uncertainty) U

유효자유도의 크기가 10 이므로 정규분포로 간주하고 표준정규분포에서 신뢰수준 약 95 %, k = 2를 적용하여 확장불확도를 추정한다.(KOLAS-G-002 측정결과의 불확도 추정 및 표현을 위한 지침)

$$U = k\times u_c(E_x) = 2\times25.487\ \mu\text{m} = 51\ \ \mu\text{m}$$

확장불확도의 유효자리수는 1개 또는 2개로 표현한다.

5) 기타 중요한 보충설명

1. 점검사항

유효자유도가 10이상의 충분히 큰 크기로 산출되었다고 하더라도 불확도 요인들 중에서 불확도 기여도가 지배적으로 차지하는 요인이 있는지를 확인해야 한다. 1개 또는 2개가 전체 불확도의 대부분을 차지한다면 이것은 정규분포가 아닌 사다리꼴 분포로 간주되므로 다음과 같은 방식으로 점검한다.

불확도 총괄표를 보면 알 수 있듯이 합성표준불확도를 구성하는 입력변수 중에서 직사각형 확률분포를 가지는 한 개 또는 두 개의 표준불확도 성분이 전체의 대부분을 차지하는 경우로 버니어 캘리퍼스의 분해능(δl_x)과 기하학적 효과(δl_M)에 의해 지배적인 영향을 받고 있음을 알 수 있다. 이런 경우에는 주된 성분에 대한 잔여 성분의 크기가 0.3보다 작은지를 점검해

보아야 한다. 비율이 0.3보다 작으면 E_x의 확률분포는 사다리꼴 확률분포가 되기 때문이다. 주된 기여량을 u_M, 잔여 기여량을 u_R 이라고 하면, 그 비율은

$$\frac{u_{Remain}}{u_{Main}} = \frac{u\left(l_{\text{나머지 불확도 요인들}}\right)}{\sqrt{u^2(\delta l_x) + u^2(\delta l_M)}} = \frac{\sqrt{2.5^2 + 0.4^2 + 0.246^2 + 1.17^2}}{\sqrt{14^2 + 14^2}} \fallingdotseq 0.137$$

이와 같이 두 개의 비율이 0.3보다 작아 직사각형분포의 합성분포는 사다리꼴 분포가 된다. 따라서 아래에 예시된 방법에 따라 반너비의 비율(β)을 구하고 사다리꼴 분포에 해당하는 포함인자를 구하면 k = 1.90이 된다. 따라서 확장불확도는

$$U = k \times u_c(E_x) = 1.9 \times 20.556\ \mu\text{m} = 39.056\ \mu\text{m} \fallingdotseq 39\ \mu\text{m}$$

2. 결과보고

버니어 캘리퍼스 600 mm지점에서의 지시편차는 0.05 이며, 이 결과에 영향을 미친 측정불확도는 신뢰수준 약 95 %, k = 1.9를 적용한 사다리꼴 분포로 표현할 수 있다. 이것을 다음과 같이 표현한다.

E_x= (0.05 mm ± 0.04 mm) (신뢰수준 약 95 %, k = 1.9, 사다리꼴 확률분포)

* 사다리꼴 분포의 포함인자 k 계산방법

포함인자를 계산하는 방법은, 측정 불확도가 두 가지(캘리퍼스의 분해능의 한계, 기계적 효과)에 대해 지배적으로 영향을 받는다는 점에 기초한다. 그러므로 출력량이 정규분포를 이룬다는 가정은 적절치 않으며, EAL-R2의 5.6절의 조건을 적용, 이때 두 개의 직사각형 분포가 합성된 사다리꼴 분포라고 본다. 주된 기여량 u_M , 잔여기여량 u_R 이라 하면 두 개의 항이 하나로 합성될 수 있을 때 측정결과 y에 대한 표준불확도는 다음과 같이 나타낼 수 있다.

$$u(y) = \sqrt{u_M^2(y) + u_R^2(y)} = \sqrt{20.364\,6^2 + 2.799\,9^2} \fallingdotseq 20.56\ \mu\text{m} = 20.9\ \mu\text{m}$$

여기서 두 개의 지배적인 항에 대한 합성 항은 다음과 같고,

$$u_M(y) = \sqrt{u_1^2(y) + u_2^2(y)} = \sqrt{14^2 + 14^2} = 20.364\ 6\ \mu\text{m}$$

나머지 지배적이지 않은 모든 불확도 성분은 다음과 같다.

$$u_R(y) = \sqrt{\sum_{i=1}^{6} u_i^2(y)}$$

$$= \sqrt{2.5^2 + 0.4^2 + 0^2 + 0.246^2 + 1.17^2 + 0^2} = 2.799\,89\ \mu\text{m} \fallingdotseq 2.8\,\mu\text{m}$$

지배적인 두 불확도 성분이 각각 반너비 $a_1 = 25\ \mu\text{m}$(분해능), $a_2 = 25\ \mu\text{m}$(기하학적)의 직사각형 분포를 이루었다면, 이들의 합성으로 인한 분포는 사다리꼴 분포가 된다. 여기서 밑변과 윗변에 해당하는 반너비는 다음과 같다.

$$a = a_1 + a_2 \qquad b = |a_1 - a_2|$$

$$50 = 25 + 25 \qquad 0 = |25 - 25|$$

확률분포는 다음과 같이 통합된 형태로 표현될 수 있다.

$$\varphi(y) = \frac{1}{a(1+\beta)} \times \begin{cases} 1 & |y| < \beta \cdot a \\ \dfrac{1}{1-\beta}\left(1 - \dfrac{|y|}{a}\right) & \beta \cdot a \leqq |y| \leqq a0 \qquad a < |y| \end{cases}$$

여기서 사다리꼴의 상하 변의 길이의 비는

$$\beta = \frac{b}{a} = 0.0$$

분포식을 사용하면, 포함인자와 포함확률의 관계가 유도된다.

$$k(p) = \frac{1}{\sqrt{\dfrac{1+\beta^2}{6}}} \times \begin{cases} \dfrac{p(1+\beta)}{2} & \dfrac{p}{2-p} < \beta \\ 1 - \sqrt{(1-p)(1-\beta^2)} & \beta \leqq \dfrac{p}{2-p} \end{cases}$$

$\beta < 95$인 사다리꼴 분포에 대해 약 95 % 포함확률을 갖는 포함인자는 다음과 같이 계산된다.

$$k = \frac{1 - \sqrt{(1-p)(1-\beta^2)}}{\sqrt{\dfrac{1+\beta^2}{6}}} = \frac{1 - \sqrt{(1-0.95)(1-0.0^2)}}{\sqrt{\dfrac{1+0.0^2}{6}}} = 1.90$$

7.2 외측 마이크로미터의 교준교정

KASTO 11-10619-082(2011.12.30 개정)

1) 일반사항 기록

의뢰기관	○ ○ ○ ㈜
제작회사	○ ○ ○
모 델 명	○ ○ ○
제조번호	12345
측정범위	0~25 mm
최소눈금	0.01 mm

측정일자	0000. 00. 00		
측 정 자	홍 길 동		
측정환경	온도(℃)	기압(Pa)	습도(% R.H.)
	최저 : 20.1 최고 : 20.9	100 500 100 700	49 50

1. 교정대상기기의 교정항목, 측정범위 및 교정방법

교정항목	측정범위	교정방법
평면도	앤빌면, 스핀들면	옵티컬 플랫, 단색광원
평행도	앤빌면과 스핀들면	옵티컬 파라렐, 단색광원 또는 게이지 블록
눈금	전 구간	게이지 블록

2. 필요장비 명세 및 최저요구 성능

구분	장비명	수량	최저 요구 성능
표준기	게이지 블록	1 세트	등급 : KS B 5201 2급 범위 : (0.5~100) mm
	옵티컬 플랫	1 개	등급 : KS B 5241(옵티컬 플랫) 1급
	옵티컬 파라렐	1 세트	등급 : KS B 5242(옵티컬 패러렐) 1급
	정밀 정반	1 개	등급 : KS B 5254(정밀정반)
	단색광원장치	1 개	파장을 알 수 있는 것
부대장비	마이크로미터 스탠드		측정 범위에 맞을 것

2) 교정준비 및 절차

1. 교정준비

(1) 표준교정절차서를 숙독한다.

(2) 정반, 교정용 표준기, 교정대상 등을 깨끗이 닦고 각 부위에 손상이 없는지 점검 후 정반 위에 정렬시켜 둔다.

(3) 교정 전 충분한 열평형이 이루어지도록 한다.
(4) 체온이 전달되지 않도록 장갑을 착용한다.
(5) 외측 마이크로미터의 0점 조정을 한다.
(6) 옵티컬 플랫을 이용하여 외측 마이크로미터의 앤빌과 스핀들 면의 평면도를 각각 측정한다.
(7) 옵티컬 패러렐 또는 게이지 블록을 이용하여 외측 마이크로미터의 앤빌면과 스핀들면의 평행도를 교정한다.
(8) 외측 마이크로미터의 눈금의 정확도는 정반 위에서 마이크로미터 스탠드를 이용하여 교정한다. 해당 구간을 교정하기 위하여 게이지 블록을 서로 조합하여 필요한 길이를 생성하여 반복측정 한다.

2. 교정데이터

게이지 블록을 이용하여 측정구간(0~25 mm), 최소눈금(0.01 mm)인 외측 마이크로미터에 대한 교정을 실시한다.

3) 측정데이터

1. 평면도 측정

단색광원 장치의 전원을 켜고 약 20분 이상 두면 처음 선홍색에서 주황색으로 안정된 상태가 된다. 단색광원 장치 내에서 옵티컬 플랫을 이용하여 평면도를 교정한다. 간섭무늬가 3~4개 정도 생기게 하여 간섭무늬와 간섭무늬의 간격(a), 간섭무늬 한 개의 휨량(b)를 목측으로 비율로써 측정한다. 예를 들어, a=10 mm, b=2 mm, 그리고 사용한 단색광원의 최강파장은 0.59 μm 였다면 다음과 같은 방식으로 산출한다. 앤빌면과 스핀들면의 평면도를 각각 측정한다.

$$\frac{b}{a}\times\frac{\lambda}{2}=\frac{2}{20}\times\frac{0.000\ 59}{2}=0.000\ 029\ 5\,\text{mm}\ \fallingdotseq 0.03\ \ \mu\text{m}$$

2. 평행도 측정

평행도를 측정하는 방법은 두 가지가 있다. 단색광원과 옵티컬 패러렐을 이용하는 방법과 게이지 블록을 이용하는 방법이 있다. 옵티컬 패러렐의 세트에 있는 4개를 각각 모두 측정하여 앤빌면과 스핀들면에 생기 간섭무늬의 개수가 가장 많은 것에 반파장(0.59 μm/2)을 곱하여 구한다. 옵티컬 패러렐을 앤빌면과 스핀들면 사이에 두고 래칫스톱을 천천히 1~2회 회전시켜 접촉시킨 다음 앤빌면에 생긴 간섭무늬 수와 스핀들면에 생긴 간섭무늬수를 합한다. 게이지 블록을 이용하는 경우는 게이지 블록의 5지점(중앙, 상, 하, 좌, 우)를 각각 측정한 다음 (최대-최소)로 평행도를 측정한다.

	옵티컬 패러렐 (12.00) mm	옵티컬 패러렐 (12.12) mm	옵티컬 패러렐 (12.25) mm	옵티컬 패러렐 (12.37) mm
스핀들면의 무늬 개수	2	1	0	2
앤빌면의 무늬 개수	1	1	2	2
합계	3	2	2	4
평행도 (μm)	$3\times\frac{\lambda}{2}=0.89$	$2\times\frac{\lambda}{2}=0.59$	$5\times\frac{\lambda}{2}=0.59$	$4\times\frac{\lambda}{2}=1.18$

∴ 평행도=1.18 μm

3. 눈금의 교정

(1) 수학적 모델

수학적 모델은 보정값, 지시편차, 실제치수 등을 산출하기 위해 수식을 자유롭게 세울 수 있다. 본 절차서에서는 이들 중 하나로써 보정값을 구하기 위한 수학적 모델을 수립하여 설명하였다.

$$\text{보정값} \quad B = l_r - l_x - (\overline{\alpha}\Delta t + \Delta\alpha\delta t)l_0$$

여기서, B 보정값

l_r 게이지 블록의 20 ℃에서의 길이

l_x 외측 마이크로미터의 지시값

$\overline{\alpha}$ 외측 마이크로미터와 게이지 블록의 평균 열팽창

Δt 외측 마이크로미터와 게이지 블록의 온도차

Δ_α 외측 마이크로미터와 게이지 블록의 열팽창계수 차

δ_t 외측 마이크로미터와 게이지 블록의 평균온도와 기준온도(20 ℃)의 차

l_0 게이지 블록의 명목값

만일 교정 전 충분한 열평형이 이루어졌고, 외측 마이크로미터와 게이지 블록의 재질이 동일하다면 수식에서 $(\overline{\alpha}\Delta t + \Delta\alpha\delta t)l_0$는 0으로 볼 수 있다. 그러므로 수식을 간단하게 표현할 수 있다.

$$B = l_r - l_x$$

(2) 눈금에 대한 보정값 계산

게이지 블록을 조합하여 명목값에 해당되는 길이는 만들고 5회 반복 측정한 값, 평균, 표준편차, 보정값을 계산한 결과는 다음 표와 같다.

명목값 (mm)	외측 마이크로미터 지시값 (mm)								
	1회	2회	3회	4회	5회	평균값	표준편차 (μm)	게이지 블록 편차(μm)	보정값 (μm)
0.00								0.00	
1.00								0.00	
1.25								-0.06	
1.50								-0.10	
1.70								-0.13	
2.00								-0.01	
5.00								-0.04	
10.00								0.04	
15.00								-0.08	
20.00								-0.26	
25.00	25.002	25.002	25.002	25.001	25.001	25.001 6	0.55	-0.17	-1.8

* 게이지 블록의 편차는 명목값의 치수에 해당되는 게이지블록의 성적서에 기록되어 있는 편차를 나타낸다. 예로써 든 것이며, 실제 사용 게이지 블록의 성적서를 참조하여 적용한다. 게이지 블록을 조합했을 경우 두 게이지 블록의 편차는 합하여 적용한다.

(3) 보정값 및 교정값 계산

기준장비는 세라믹 게이지 블록이고 피교정 장비는 스틸 재질의 외측 마이크로미터이다. 교정 시 충분한 열평형이 이루어진 상태에서 교정을 하였다. 측정할 당시의 표준실 온도가 기준 및 교정 대상기기를 놓아두었던 정반 주위의 온도를 측정한 결과 20.5 ℃이었으므로 다음과 같이 계산된다.

사용한 기준 및 교정대상기기의 재질을 확인하고 열팽창 계수를 찾아 적용한다. 또한 온도계로 측정환경 온도를 측정하여 적용한다.

$$\text{보정값 } B = l_r - l_x - (\overline{\alpha}\Delta t + \Delta\alpha\delta t)l_0$$

B : 보정값

l_r : 기준온도 20 ℃에서의 사용 게이지 블록의 실제 길이 (성적서에 제시된 길이)

* 예를 들어 25 mm의 게이지 블록이라면 성적서에 명기된 25 mm와 그 편차를 참조. 본 교정에서는 "5.2 눈금값의 교정"항에 제시된 25 mm 게이지 블록의 편차값 -0.17을 참조하여 적용하였음

l_x : 5회 반복 측정한 값의 평균값(25 mm 구간에서의 평균값은 25.001 6 mm)

$\overline{\alpha}$ $(\alpha_x + \alpha_r)/2 = (11.5 \times 10^{-6}/℃ + 10.0 \times 10^{-6}/℃)/2 = 10.75 \times 10^{-6}/℃$

* α_x= 스틸 재질의 외측 마이크로미터의 열팽창 계수

α_r= 세라믹 재질의 게이지 블록의 열팽창 계수

Δt : $(t_x - t_r) = 20.5 - 20.5 = 0$ ℃

* t_x= 외측 마이크로미터 온도

t_r= 게이지 블록의 온도로 동일 장소에 충분한 시간 두면 열평형을 이룸

$\Delta\alpha$: $(\alpha_x - \alpha_r) = (11.5 \times 10^{-6}/℃ - 10.0 \times 10^{-6}/℃) = 1.5 \times 10^{-6}/℃$

δt : $(t_x + t_r)/2 - 20$ ℃ $= (20.5$ ℃ $+ 20.5$ ℃$)/2 - 20$ ℃ $= 0.5$ ℃

* 기준온도 20 ℃에서의 차이

l_0 : 교정에 사용된 게이지 블록의 명목값

$$\therefore B = l_r - l_x - (\overline{\alpha}\Delta t + \Delta\alpha\delta t)l_0$$

$$= 24.999\,83\text{ mm} - 25.001\,6\text{ mm} - (10.75 \times 10^{-6}/℃ \cdot 0\,℃ + 1.5 \times 10^{-6}/℃ \cdot 0.5\,℃)25\text{ mm} = -0.001\,788\text{ mm}$$

$$\fallingdotseq -1.8\ \mu\text{m}$$

보정값 B를 산출한 다음 교정값을 구한다.

교정값 = 눈금값 + 보정값

즉, 교정값은 25 mm + (-0.001 788 mm) = 24.998 212 mm ≒ 24.998 mm로 산출한다.

4) 불확도 계산

본 교정에서는 25 mm의 외측 마이크로미터의 교정에 대한 불확도의 평가 과정을 상세히 설명하였다.

불확도 요인은 측정환경에 따라 얼마든지 달라질 수 있으며, 그로인해 수립되는 수학적 모델도 달라질 수 있다. 본 예제에서 도출된 불확도 요인 이외에 실제 교정환경에서 측정 결과에 영향을 미쳤을 것으로 의심이 되는 요인이 있다면 수학적 모델에 추가하여 수립할 수 있다. 이와는 반대로 충분한 열평형이 이루어진 상태이고, 교정대상기기와 교정기기가 동일

한 재질로 열팽창계수가 같을 경우 온도 보정값은 수식에서 생략할 수 있다. 즉, 동일한 교정대상 및 항목일지라도 실제 상황을 최대한 고려하여 불확도 요인을 도출하여 수식에 반영하는 것이 바람직하다.

1. 합성표준불확도 u_c의 수학적 모델

합성표준불확도는 "5.1 수학적 모델"항에서 수립한 수학적 모델에 불확도 전파 법칙(Law of propagation of uncertainty)을 적용하여 불확도를 추정하기 위한 수식을 새롭게 세운다.

$$\text{보정값 } B = l_r - l_x - (\overline{\alpha} \cdot \Delta t + \Delta\alpha \cdot \delta t)l_0$$

$$u_c^2(B) = c_{l_r}^2 u^2(l_r) + c_{l_x}^2 u^2(l_x) + c_{\overline{\alpha}}^2 u^2(\overline{\alpha}) + c_{\Delta t}^2 u^2(\Delta t) + c_{\Delta\alpha}^2 u^2(\Delta\alpha) + c_{\delta t}^2 u^2(\delta t)$$

$$= \left(\frac{\partial B}{\partial l_r}\right)^2 u^2(l_r) + \left(\frac{\partial B}{\partial l_x}\right)^2 u^2(l_x) + \left(\frac{\partial B}{\partial \overline{\alpha}}\right)^2 u^2(\overline{\alpha}) + \left(\frac{\partial B}{\partial \Delta t}\right)^2 u^2(\Delta t) + \left(\frac{\partial B}{\partial \Delta\alpha}\right)^2 u^2(\Delta\alpha) + \left(\frac{\partial B}{\partial \delta t}\right)^2 u^2(\delta t)$$

$$= (1)^2 \cdot u^2(l_r) + (-1)^2 \cdot u^2(l_x) + (-\Delta t \cdot l_0)^2 u^2(\overline{\alpha}) + (-\overline{\alpha} \cdot l_0)^2 u^2(\Delta t) + (-\delta t \cdot l_0)^2 u^2(\Delta\alpha) + (-\Delta\alpha \cdot l_0)^2 u^2(\delta t)$$

2. 게이지 블록의 표준불확도 $u(l_r)$

객관적 · 과학적인 정보를 근거로 하여 추정하는 방식인 B형 불확도로써 표준 장비기로 사용된 게이지 블록의 교정성적서를 참조한다. 만일 성적서의 25 mm 구간에서 편차가 -0.17 μm, 확장불확도 U는 $U = \sqrt{72^2 + 1.4^2 \times l_0^2}$ nm (신뢰수준 약 95 %, k = 2, l_0의 단위는 mm)라고 기록되어 있다면 이러한 정보를 근거로 하여 표준불확도를 추정한다.

(1) 추정값 : 24.999 83 mm

25 mm 구간에서 -0.17 μm의 편차가 났으므로 실제 길이는 25 mm - 0.000 17 mm = 24.999 83 mm

(2) 표준 불확도 : 0.04 μm **(수식 표현=** $\sqrt{(36)^2 + (0.7 \times l_0)^2}$ **nm)**

성적서에 주어진 확장불확도값을 포함인자 k = 2로 나누어 산출한다. 결과는 상수 또는 수식으로 표현할 수 있다.

$$\frac{U}{k}=\frac{1}{2}\sqrt{72^2+1.4^2\times l_0^2}=\sqrt{\left(\frac{72}{2}\right)^2+\left(\frac{1.4\times l_0}{2}\right)^2}$$
$$=\sqrt{(36)^2+(0.7\times l_0)^2}=40.028\ \text{nm}\ =\ 0.04\ \mu\text{m}$$

(3) 확률분포 : 정규분포

B형 불확도의 추정은 A형과 다르다. 일반적으로 교정기관에서 발급된 성적서와 같이 확신의 근거가 충분하다고 여긴다. 즉, 성적서에서 명시된 확장불확도는 표준정규분포의 신뢰수준 약 95 %, k = 2에 근거하여 추정된 결과값이므로 정규분포로 추정한다.

(4) 감도계수 : $c_{l_s}=\frac{\partial B}{\partial l_r}=1$

감도계수는 수학적 모델에서 편미분하여 산출한 값이다.

(5) 불확도 기여도 : $(1)\times 0.04\ \mu\text{m}=0.04\ \ \mu\text{m}$

* 수식 표현= $\sqrt{(36)^2+(0.7\times l_0)^2}$ nm (l_0=mm)

감도계수와 표준불확도의 곱으로 산출한다.

(6) 자유도 : ∞

B형 불확도의 자유도 $\frac{1}{2}\left(\frac{100}{R}\right)^2=\frac{1}{2}\left(\frac{100}{100-\text{확신의 정도}}\right)^2$로 추정한다. R은 표준 불확도의 확신의 정도에 따라 실무자의 주관적 판단에 근거하여 부여한다. 만일 표준 불확도를 추정한 값을 80 % 확신한다면 자유도는 $\frac{1}{2}\left(\frac{100}{100-80}\right)^2=12.5=12$로 계산한다. 여기서 자유도는 정수로 표현하며 반올림 없이 소수점 이하는 버림(truncated)한다. 본 예제에서 성적서에 근거한 추정결과이므로 확신의 정도는 100 %를 부여하여 ∞로 한다.

3. 외측 마이크로미터 눈금 읽음값의 표준불확도 $u(l_x)$

l_x의 불확도는 세 가지 요인에 의해 동시에 영향을 받는 것을 고려하여 추정한다. 우연효과로 인한 산포$u^2(l_{x우})$, 분해능의 한계$u^2(l_{x분})$, 그리고 앤빌과 스핀들의 기하학적 불완전성 $u^2(l_{x기})$에서 기인한다.

$$u^2(l_x) = u^2(l_{x우연효과}) + u^2(l_{x분해능}) + u^2(l_{x기하학적\ 효과})$$

$$\therefore\ u(l_x) = \sqrt{u^2(l_{x우연효과}) + u^2(l_{x분해능}) + u^2(l_{x기하학적\ 효과})}$$

(1) 우연효과에 의한 표준불확도 $u^2(l_{x우연효과})$

우연효과에 의한 불확도는 N 회 반복 측정하여 얻은 결과의 평균의 표준편차에 해당한다. 평균의 표준편차는 표준편차를 측정횟수의 제곱근(본 예에서는 $\sqrt{5}$)으로 나눈 값이다. 눈금마다 이 값이 다를 수 있으므로, 전 구간에 걸쳐서 최대값을 찾아 적용한다.

가) 추정값 : 25.001 6 mm

마이크로미터 25 mm 구간의 평균값이 25.001 62 mm가 추정값이 된다.

나) 표준불확도 : 0.246 μm

최대 표준편차가 0.55 μm를 적용한다. 이 때, 최대표준편차는 0 mm~25 mm 전체 구간에서 가장 큰 표준편차를 적용한다. $\dfrac{s}{\sqrt{반복측정횟수}} = \dfrac{0.55\ \mu m}{\sqrt{5}} = 0.246\ \mu m$

다) 확률분포 : t-분포

반복측정 횟수가 10회 초과면 정규분포, 초과되지 않으면 t분포로 간주한다.

라) 감도계수 : $c_{l_{x우연효과}} = \dfrac{\partial l_x}{\partial l_{x우연효과}} = 1$

감도계수는 수학적 모델에서 편미분하여 산출한다.

마) 불확도 기여도 : 0.246 μm

감도계수와 표준불확도의 곱으로 산출한다. $1 \times 0.246\ \mu m = 0.246\ \mu m$

바) 자유도 : 4

자유도는 n-1 즉, 반복측정횟수 -1로 산출한다. 5-1 = 4

2. 분해능 한계에 의한 표준불확도 $u^2(l_{x분해능})$

외측 마이크로미터의 최소눈금이 0.01 mm이므로 아날로그 타입의 눈금은 실무자의 숙련도에 따라 목측에 의해 다르게 읽을 수 있다. 초보자의 경우 한 눈금(0.01 mm)을 1/2로 읽을 수도 있고, 숙련된 경우 한 눈금(0.01 mm)을 1/10로 읽어 1 ㎛까지 읽을 수 있다. 분해능 한계에 의한 불확도는 목측으로 읽을 수 있는 값을 적용하여 직사각형 확률분포를 적용하여 추정한다. 일반적으로 디지털 타입은 분해능의 반너비에 $\sqrt{3}$으로 나누어 추정한다.

가) 추정값 : 0

외측 마이크로미터의 분해능으로 인하여 측정결과에 영향을 미친 정도는 사실상 기댓값을 추정하기 어려우므로 0으로 둔다.

나) 표준불확도 : 0.29 ㎛

최소눈금 0.01 mm를 목측으로 1/10까지 나누어 읽는다면 분해능은 0.001 mm가 되므로 여기에 직사각형 확률분포를 적용하여 반너비, 즉 0.001 mm의 1/2에 $\sqrt{3}$으로 나누어 추정한다.

$$\frac{0.001\ \text{mm}}{2\sqrt{3}} = 0.000\,288\ \mu\text{m} \fallingdotseq 0.29\ \mu\text{m}$$

다) 확률분포 : 직사각형

모든 측정 구간에서 눈금을 읽을 때 실수할 수 있는 확률은 최소눈금 한 눈금으로 동일한 확률을 지닐 것으로 간주하여 직사각형 확률분포로 추정한다.

라) 감도계수 : $c_{l_{x분해능}} = \dfrac{\partial l_x}{\partial_{l_{x분해능}}} = 1$

감도계수는 편미분하여 산출한다.

마) 불확도 기여도 : 0.29 ㎛

감도계수와 표준 불확도의 곱으로 산출한다. 1×0.29 ㎛

바) 자유도 : 200

예를 들어 추정한 표준불확도의 값에 대해 95 % 확신한다고 가정하면,

$$\frac{1}{2}\left(\frac{100}{R}\right)^2 = \frac{1}{2}\left(\frac{100}{100-95}\right)^2 = 200$$

3. 기하학적 효과에 의한 표준불확도 $u^2(l_{x\text{기하학적 효과}})$

스핀들과 앤빌의 평면도와 평행도의 상태가 양호하지 않으면 길이 측정에 영향을 미치게 된다. 앞서 측정했던 평면도와 평행도를 고려하여 표준불확도를 추정한다. 만일 평면도와 평행도 모두 상태가 좋지 않은 측정결과가 나타났다면 기하학적 효과에 의한 표준불확도의 추정에서 모두 고려해야 한다. 본 예에서 평면도는 0.03 μm, 평행도는 1.18 μm였으므로 평행도가 주된 영향을 미친 것으로 간주하여 평행도의 결과값에 직사각형 확률분포를 적용하여 불확도를 추정한다.

가) 추정값 : 0

외측 마이크로미터의 기하학적인 효과로 인하여 측정결과에 영향을 미친 정도는 사실상 기댓값을 추정하기 어려우므로 0으로 둔다.

나) 표준불확도 : 0.34 μm

옵티컬 패러렐 4개 중 최대 평행도는 1.18 μm이므로 여기에 직사각형 확률분포를 적용하여 산출한다. $\dfrac{1.18\ \mu\text{m}}{2\sqrt{3}} = 0.340\,6\ \mu\text{m} \fallingdotseq 0.34\ \mu\text{m}$

다) 확률분포 : 직사각형

모든 측정 구간에서 기하학적인 효과로 인하여 측정결과에 영향을 미친 확률이 동등할 것으로 간주하여 직사각형 확률분포로 추정한다.

라) 감도계수 : $c_{l_x\text{기하학적 효과}} = \dfrac{\partial l_x}{\partial_{l_x\text{기하학적 효과}}}$

감도계수는 편미분하여 산출한다.

마) 불확도 기여도 : 0.34 μm

감도계수와 표준 불확도의 곱으로 산출한다. $1 \times 0.34\ \mu\text{m}$

바) 자유도 : 22

추정한 표준불확도의 값에 대해 85 % 확신한다고 가정하면,

$$\frac{1}{2}\left(\frac{100}{R}\right)^2 = \frac{1}{2}\left(\frac{100}{100-85}\right)^2 = 22.2 = 22$$

4. 외측 마이크로미터의 눈금 읽음값의 표준불확도 $u(l_x)$

외측마이크로미터의 눈금 읽음값의 표준불확도는 다음 식에 적용하여 추정할 수 있다.

$$u(l_x) = \sqrt{u^2(l_{x\text{우연효과}}) + u^2(l_{x\text{분해능}}) + u^2(l_{x\text{기하학적 효과}})}$$

(1) **우연효과 추정값** : 25.001 6 mm

마이크로미터 25 mm 구간의 평균값이 25.001 62 mm이므로 이 값을 적용한다.

(2) **표준불확도** : 0.51 μm

외측 마이크로미터 지시값의 표준불확도는 세 가지(우연효과, 분해능 한계, 기하학적 효과) 영향을 동시에 고려하여 추정한다.

$$u(l_x) = \sqrt{u^2(l_{x\text{우연효과}}) + u^2(l_{x\text{분해능}}) + u^2(l_{x\text{기하학적 효과}})}$$

$$u(l_x) = \sqrt{0.246^2 + 0.29^2 + 0.34^2} = 0.510\ \text{µm} \fallingdotseq 0.51\ \mu\text{m}$$

(3) **확률분포** : **정규분포**

외측 마이크로미터 지시값의 표준불확도에 세 가지(우연효과, 분해능 한계, 기하학적 효과) 요인에 대한 유효자유도를 산출하면 43이다. 즉, 30이상이 되므로 충분한 횟수로 간주하여 정규분포로 한다.

(4) **감도계수** : $c_{l_x} = \dfrac{\partial B}{\partial_{l_x}} = -1$

감도계수는 편미분하여 산출한다.

(5) **불확도 기여도** : -0.51 μm

감도계수와 표준 불확도의 곱으로 산출한다. $(-1) \times 0.51$ μm

(6) **유효자유도** : 43

* 외측 마이크로미터 지시값의 표준불확도에 영향을 미치는 세 가지 불확도 요인에 대한 각각의 자유도를 Welch-Satterthwaite 공식으로부터 유효자유도 ν_{eff}를 추정한다.

$$\nu_{l_x} = \frac{u_c^4(l_x)}{\sum_{i=1}^{3}\frac{[c_i u(x_i)]^4}{\nu_i}} = \frac{(0.51)^4}{\frac{(0.246)^4}{4}+\frac{(0.29)^4}{200}+\frac{(0.34)^4}{22}} = 43.4 = 43$$

4. 외측 마이크로미터와 게이지 블록의 평균 열팽창 계수의 표준불확도 $u(\bar{\alpha})$

(1) **추정값** : $\bar{\alpha} = \frac{\alpha_x + \alpha_r}{2} = \frac{11.5\times10^{-6}/℃ + 10.0\times10^{-6}/℃}{2} = 10.75\times10^{-6}/℃$

강재의 외측 마이크로미터(α_x)와 세라믹 재질의 게이지 블록(α_r)의 평균 열팽창 계수를 나타낸다.

(2) **표준 불확도** : 0.41×10^{-6} /℃

B형 불확도의 표준 불확도는 확률분포를 적용하여 추정한다. 확률분포의 종류에는 정규, 직사각, 삼각, 사다리꼴, U자 등이 있다. 직사각 확률분포는 다른 말로 균등분포라고도 한다. 이것은 추정 대상의 확률분포가 전 구간에 걸쳐 동등한 확률로 영향이 미치고 있다고 판단될 때 적용한다. 가장 대표적인 예로, 분해능과 같이 어느 부분을 읽는다 해도 잘못 읽을 확률은 동등하게 발생할 수 있다고 보고 적용하는 것이다. 이 뿐 아니라 주어진 정보를 활용하거나 또는 어떤 확률분포인지 모호하거나 알 수 없는 경우 모두 직사각형 확률분포로 간주한다. 추정 방법은 반너비를 $\sqrt{3}$ 으로 나눈 값으로 산출한다.

여기서 $\bar{\alpha} = (\alpha_x + \alpha_r)/2$ 이므로 불확도 전파법칙에 의하면 수식을 변형시켜 계산한다. $u^2(\bar{\alpha}) = \frac{1}{4}u^2(\alpha_r) + \frac{1}{4}u^2(\alpha_r)$ 여기에 외측 마이크로미터와 게이지 블록의 제작회사로부터 얻은 자료(사양, 관련 정보 등)의 자료에서 참조한 열팽창 계수의 오차 범위의 값을 적용한다. 예를 들어 제조사의 사양서에 외측 마이크로미터와 게이지 블록의 열팽창 계수의 오차 범위의 값이 각각 $\pm1.0\times10^{-6}/℃$ 라고 가정하면, $u(\alpha_x) = u(\alpha_r) = \pm1.0\times10^{-6}/℃$ 에 직사각형 확률분포를 적용하여 $u(\alpha_x) = u(\alpha_r) = \frac{1.0\times10^{-6}/℃}{\sqrt{3}} = 0.000\,000\,577\,℃ ≒ 0.58\times10^{-6}/℃$ 가 된다. 따라서

$$u^2(\bar{\alpha}) = \frac{1}{4}u^2(\alpha_x) + \frac{1}{4}u^2(\alpha_r) = \frac{1}{4}u^2(0.58\times10^{-6}/℃) + \frac{1}{4}u^2(0.58\times10^{-6}/℃)$$

$$\therefore u(\bar{\alpha}) = \sqrt{\frac{1}{4}u^2(0.58\times10^{-6}/℃) + \frac{1}{4}u^2(0.58\times10^{-6}/℃)} = 0.000\,000\,41 = 0.41\times10^{-6}/℃$$

(3) **확률분포 : 직사각형**

B형 불확도의 추정방법은 주로 정보를 근거로 하여 추정하기 때문에 직사각형 확률분포가 가장 많다. 본 예제에서도 제조사로부터 확보한 정보 즉, 오차 범위의 값을 이용하여 추정하므로 직사각형 확률분포로 간주한 것이다.

(4) **감도계수** : $c_{\overline{\alpha}} = \frac{\partial B}{\partial \overline{\alpha}} = \Delta t \times l_0 = 0\,℃ \times 25\ \text{mm} = 0\,℃ \cdot \text{mm}$ (**수식 표현**=$0\,℃ \cdot l_0$)

감도계수는 수학적 모델에서 편미분하여 산출한다. 외측 마이크로미터와 게이지 블록을 충분히 열평형을 시켰다고 하여도 상호간에 실제 교정환경 또는 사용한 온도계의 불확실성이 존재할 가능성을 고려한 것으로써 예를 들어 ±0.1 ℃ 발생했다고 가정하여 적용했다. 실제 교정 중에 온도 변동량을 관찰하고 기록하여 적용한다.

(5) **불확도 기여도**

$(0\,℃ \times mm) \times (0.41 \times 10^{-6}/℃) = 0\ \ \mu\text{m}$, 수식표현=$0 \times l_0 \times (0.41 \times 10^{-6})$

즉, 감도계수와 표준불확도의 곱으로 산출한다.

(6) **유효자유도** : **100**

추정한 표준불확도의 값에 대해 95 % 확신한다고 가정하면, 자유도는

$\frac{1}{2}\left(\frac{100}{R}\right)^2 = \frac{1}{2}\left(\frac{100}{100-90}\right)^2 = 50$ 이다.

여기에서 평균 열팽창계수에 대한 불확도는 두 가지(외측 마이크로미터와 게이지 블록)를 합하여 나눈 식으로 추정되므로 이 두 가지 불확도 요인에 대한 각각의 자유도를 Welch-Satterthwaite 공식에 의해 유효자유도 ν_{eff}를 추정한다.

$$\nu(\overline{\alpha}) = \frac{u^4(\overline{\alpha})}{\frac{\left\{\frac{1}{4}u^2(\alpha_x)\right\}^2}{50} + \frac{\left\{\frac{1}{4}u^2(\alpha_r)\right\}^2}{50}}$$

$$= \frac{(0.41 \times 10^{-6}\ /℃)^4}{\frac{\left\{\frac{1}{4}\left(\frac{1.0 \times 10^{-6}\ /℃}{\sqrt{3}}\right)^2\right\}^2}{50} + \frac{\left\{\frac{1}{4}\left(\frac{1.0 \times 10^{-6}\ /℃}{\sqrt{3}}\right)^2\right\}^2}{50}} = 100$$

5. 외측 마이크로미터와 게이지 블록의 온도 차에 의한 불확도 $u(\Delta t)$

충분한 열평형 상태가 이루어졌다고 하더라도 측정 데이터를 확보하는 과정 중에 체온이나 그 밖의 어떠한 원인으로 인한 온도 드리프트가 발생하여 영향을 줄 수 있다. 또는 과거의 경험상 몇 ℃ 이내에서 상호간에 일치한 것을 적용할 수 있다. 예를 들어 경험적으로 ±0.5 ℃이내에서 일치하는 것을 알고 있다고 가정하면 다음과 같이 추정된다.

(1) **추정값 : 0 ℃**

동일 장소에 일정 시간 두게 되면 열평형이 이루어지기 때문에 온도는 차이가 없는 것으로 간주하여 기댓값을 0으로 본다.

(2) **표준 불확도 :** $\dfrac{\pm 0.5\ ℃}{2\sqrt{3}} = \dfrac{0.5\ ℃}{\sqrt{3}} = 0.288\,℃ \fallingdotseq 0.29\ ℃$

충분한 열평형이 이루어진 상태라도 측정 중 체온 또는 알 수 없는 온도 드리프트에 의해 온도가 변할 수 있다. 예를 들어 ±0.5 ℃이내에서 열평형이 이루어졌다면, 또는 과거의 경험상 ±0.5 ℃이내에서 상호간 열평형이 이루어진 것을 알고 있다면 여기에 직사각형 확률분포를 적용하여 ±0.5 ℃의 반 범위, 즉 0.5 ℃에 $\sqrt{3}$으로 나누어 산출한다.

(3) **확률분포 : 직사각형**

온도 변화가 어느 일정 구간에서만 ±0.5 ℃의 변화를 보인 것이 아닌 균등하게 어느 측정환경에서도 동일한 확률분포로 변화가 일어났을 것으로 간주하여 추정한 것이다.

(4) **감도계수 :**

$$c_{\Delta t} = \frac{\partial B}{\partial \Delta t} = -\overline{\alpha} \cdot l_0 = -10.75 \times 10^{-6}/℃ \cdot 25\ \text{mm} = -0.268\ \mu\text{m}/℃$$

* 수식 표현 = $(-10.75 \times 10^{-3}/℃ \cdot l_0\ \text{mm})\ \mu\text{m}$

감도계수는 수학적 모델에서 편미분하여 산출한다.

(5) **불확도 기여도 :** $(-0.268\ \mu\text{m}/℃) \times 0.29\ ℃ = -0.077\ \mu\text{m}$

* 수식 표현 = $(-3.12 \times 10^{-3} \times l_0\ \text{mm})\ \mu\text{m}$

* 감도계수와 표준불확도의 곱으로 산출한다.

(6) **자유도** : ∞

추정한 표준불확도의 값에 대해 100 % 확신한다고 가정하면,

$$\frac{1}{2}\left(\frac{100}{R}\right)^2 = \frac{1}{2}\left(\frac{100}{100-100}\right)^2 = \infty$$

외측 마이크로미터와 게이지 블록의 온도차에 대한 불확도는 두 가지(외측 마이크로미터와 게이지 블록) 요인에 의해 추정하므로 이 두 가지 불확도 요인에 대한 각각의 자유도를 Welch-Satterthwaite 공식에 의해 유효자유도 $\nu_{\rm eff}$를 추정한다. 하지만 일차적으로 추정한 자유도는 ∞이므로 유효자유도 $\nu_{\rm eff}$ 역시 ∞로 산출된다.

$$\nu_{eff}(\Delta t) = \frac{u^4(\Delta t)}{\dfrac{\left\{\dfrac{1}{4}u^2(\Delta t_r)\right\}^2}{\infty} + \dfrac{\left\{\dfrac{1}{4}u^2(\Delta t_x)\right\}^2}{\infty}}$$

$$= \frac{(0.41\times 10^{-6}\ /℃)^4}{\dfrac{\left\{\dfrac{1}{4}\left(\dfrac{1.0\times 10^{-6}\ /℃}{\sqrt{3}}\right)^2\right\}^2}{\infty} + \dfrac{\left\{\dfrac{1}{4}\left(\dfrac{1.0\times 10^{-6}\ /℃}{\sqrt{3}}\right)^2\right\}^2}{\infty}} = \infty$$

6. 외측 마이크로미터와 게이지 블록의 열팽창 계수 차에 의한 표준불확도$u(\Delta\alpha)$

(1) **추정값** : $1.5\times 10^{-6}/℃$

강재의 외측 마이크로미터와 세라믹 재질의 게이지 블록의 열팽창 계수의 차이에서 발생할 수 있는 불확도이다.

$$\Delta\alpha = (\alpha_x - \alpha_r) = (11.5\times 10^{-6} - 10.0\times 10^{-6}) = 1.5\times 10^{-6}/℃$$

(2) **표준불확도** : $0.82\times 10^{-6}\ /℃$

$\Delta\alpha = (\alpha_x - \alpha_r)$이므로 불확도 전파법칙에 의해 $u^2(\Delta\alpha) = u^2(\alpha_x) + u^2(\alpha_r)$가 된다. 즉, $u(\Delta\alpha) = \sqrt{u^2(\alpha_x) + u^2(\alpha_r)}$ 로 산출한다. 만일 제조사로부터 얻은 외측 마이크로미터와 게이지 블록의 열팽창 계수에 대한 오차 범위가 $\pm 1.0\times 10^{-6}/℃$라고 한다면, 이것은 정보에 근거한 것이므로 직사각 확률분포를 적용하여 $u(\Delta\alpha)$의 식에 대입하여 구하면 된다. 즉, $u(\alpha_x) = u(\alpha_r) = \dfrac{1.0\times 10^{-6}/℃}{\sqrt{3}} = 0.000\,000\,577\,℃ ≒ 0.58\times 10^{-6}/℃$를 $u(\Delta\alpha)$의 식에 대

입한다.

$$\therefore\ u(\Delta\alpha) = \sqrt{u^2(\alpha_x) + u^2(\alpha_r)} = \sqrt{u^2(0.58\times10^{-6}/℃) + u^2(0.58\times10^{-6}/℃)}$$

$$= 0.82\times10^{-6}\ /℃$$

(3) **확률분포 : 직사각형**

제조사로부터 확보한 정보에 근거하여 추정했으므로 직사각형 확률분포로 간주한다.

(4) **감도계수** : $c_{\Delta\alpha} = \dfrac{\partial B}{\partial \Delta\alpha} = -\delta t \bullet l_0 = 0.5℃ \bullet 25\ \text{mm} = -12.5\ ℃\ \cdot \text{mm}$

* 수식 표현 = $(-0.5℃ \bullet l_0\ \text{mm})$

감도계수는 수학적 모델에서 편미분하여 산출한다. 예제에서 표준온도와 실제 교정이 이루어진 측정환경의 온도 차이 δt는 0.5 ℃로 가정하여 25 mm의 게이지 블록을 명목값 l_0로 하여 산출한다.

(5) **불확도 기여도** : $-(12.5\ ℃\times\text{mm})\times(0.82\times10^{-6}/℃) \fallingdotseq -0.01\ \mu\text{m}$

* 수식 표현 = $((-0.41\times10^{-3})\times l_0\ \text{mm})\ \mu\text{m}$

감도계수와 표준불확도의 곱으로 산출한다.

(6) **유효자유도 : 100**

추정한 표준불확도의 값에 대해 90 % 확신한다고 가정하면, 자유도는

$\dfrac{1}{2}\left(\dfrac{100}{R}\right)^2 = \dfrac{1}{2}\left(\dfrac{100}{100-90}\right)^2 = 50$ 이다.

여기에서 평균 열팽창계수에 대한 불확도는 두 가지(외측 마이크로미터와 게이지 블록)를 합하여 추정하므로 이 두 가지 불확도 요인에 대한 각각의 자유도를 Welch-Satterthwaite 공식에 의해 유효자유도 ν_{eff}를 추정한다.

$$\nu(\overline{\alpha}) = \frac{u^4(\overline{\alpha})}{\dfrac{\left\{\dfrac{1}{4}u^2(\alpha_r)\right\}^2}{50} + \dfrac{\left\{\dfrac{1}{4}u^2(\alpha_x)\right\}^2}{50}}$$

$$= \frac{(0.41\times10^{-6}\ /℃)^4}{\dfrac{\left\{\dfrac{1}{4}\left(\dfrac{1.0\times10^{-6}\ /℃}{\sqrt{3}}\right)^2\right\}^2}{50} + \dfrac{\left\{\dfrac{1}{4}\left(\dfrac{1.0\times10^{-6}\ /℃}{\sqrt{3}}\right)^2\right\}^2}{50}} = 100$$

7. 외측 마이크로미터와 게이지 블록의 평균온도와 표준온도와의 차이에 의한 불확도 $u(\delta t)$

(1) 추정값 : 0.5 ℃

외측 마이크로미터와 게이지 블록의 교정이 이루어지는 동안 충분한 열평형 상태이며 이때의 교정 환경 온도가 20.5 ℃였다고 가정한다면

$\delta t = (t_r + t_x)/2 - 20\ ℃ = (20.5\ ℃ + 20.5\ ℃)/2 - 20\ ℃ = 0.5\ ℃$로 추정할 수 있다.

(2) 표준불확도 : 0.3 ℃

사용한 온도계의 교정성적서에 확장불확도의 값이 0.6 μm(신뢰수준 약 95 %, k = 2 적용)였다면 $\dfrac{U}{k} = \dfrac{0.6\ ℃}{2} = 0.3\ ℃$로 추정한다.

(3) 확률분포 : 정규분포

사용한 온도계의 성적서를 참조한 것이며 성적서 상에 신뢰수준 약 95 %, k = 2를 적용한 것으로써 정규분포임을 추정할 수 있다.

(4) 감도계수 : − 0.268 μm/℃

수식 표현 : $(-10.75\times10^{-3}/℃ \cdot l_0\,\text{mm})$ μm

수학적 모델에서 편미분하면

$$c_{\delta t} = \frac{\partial B}{\partial \delta t} = -\Delta\alpha \cdot l_0 = -10.75\times10^{-6}/℃ \cdot 25\ \text{mm}/℃$$

= −0.268 μm/℃로 산출된다.

(5) 불확도 기여도 : −0.080 μm

수식 표현 : $(-3.225\times10^{-3} \cdot l_0\ \text{mm})$ μm

$$(-10.75\times 10^{-6}/ ℃ \cdot l_0\ \text{mm})\times 0.3\ ℃ = (-3.225\times 10^{-3}\cdot l_0\ \text{mm})\ \mu\text{m}$$

감도계수와 표준 불확도의 곱으로 산출한다.

$$-0.268\ \mu\text{m}/℃\times 0.3\ ℃ = -0.080\ \mu\text{m}$$

(6) **자유도** : ∞

추정한 표준불확도의 값에 대해 100 % 확신한다고 가정하면,

$\frac{1}{2}\left(\frac{100}{R}\right)^2 = \frac{1}{2}\left(\frac{100}{100-100}\right)^2 = \infty$로 간주한다.

8. 합성표준불확도 $u_c(B)$

합성표준불확도는 수학적 모델에 속한 각각의 불확도 요인에 대한 추정값들을 하나로 합성한다. 아래의 식에서 각각의 항목은 감도계수와 표준불확도를 곱하여 추정한 값, 즉 불확도 기여도를 나타낸다.

$$u_c^2(B) = c_{l_r}^2 u^2(l_r) + c_{l_x}^2 u^2(l_x) + c_{\overline{\alpha}}^2 u^2(\overline{\alpha}) + c_{\Delta t}^2 u^2(\Delta t) + c_{\Delta\alpha}^2 u^2(\Delta\alpha) + c_{\delta t}^2 u^2(\delta t)$$

$$\begin{aligned} u_c(B) &= \sqrt{(0.04)^2 + (-0.51)^2 + (0)^2 + (-0.077)^2 + (-0.01)^2 + (-0.08)^2} \\ &= 0.523\ 57\ \mu\text{m} \fallingdotseq 0.52\ \mu\text{m} \end{aligned}$$

수식 표현

$:u_c^2(B) = (36^2 + (0.7\times l_0\ \text{mm})^2)\text{nm} + (-0.51)^2\ \ \mu\text{m} + 0^2\ \ \mu\text{m}$

$+(-3.12\times 10^{-3}\ \times l_0\ \text{mm})^2\ \mu\text{m}$

$+(-0.41\times 10^{-3}\times l_0\text{mm})^2\ \ \mu\text{m} + (-3.225\times 10^{-3}\times l_0\ \text{mm})^2\ \ \mu\text{m}$

$\therefore\ u_c(B) = \sqrt{0.511^2 + (0.004\ 559\times l_0\ \text{mm})^2}$

$= \sqrt{0.511^2 + (0.004\ 559\times 25)^2}$

$= 0.523\ 556\ \mu\text{m} \fallingdotseq 0.52\ \ \mu\text{m}$

합성표준불확도의 추정 결과에서 상수 또는 수식으로 표현할 수 있다. 수식 표현의 결과에서 0.511은 $\sqrt{(0.036)^2 + (-0.51)^2}$에 의해 산출되었고,

0.004 559는 $\sqrt{(0.000\ 7)^2 + (-3.12\times 10^{-3})^2 + (-0.41\times 10^{-3})^2 + (-3.225\times 10^{-3})^2}$로 산출된 것이다.

9. 유효자유도 ν_{eff}

Welch-Satterthwaite 공식으로부터 출력 추정값 B에 수반된 표준불확도 $u(B)$ 의 유효자유도 ν_{eff}를 추정한다.

$$\nu_{\rm eff} = \frac{u_c^4(B)}{\sum_{i=1}^{N} \frac{[c_i u(x_i)]^4}{\nu_i}} = \nu_{\rm eff} = \frac{u_c^4(B)}{\sum_{i=1}^{6} \frac{[c_i u(x_i)]^4}{\nu_i}}$$

$$= \frac{(0.523\ 57)^4}{\frac{(0.04)^4}{\infty} + \frac{(-0.51)^4}{43} + \frac{(0)^4}{100} + \frac{(-0.077)^4}{\infty} + \frac{(-0.01)^4}{100} + \frac{(-0.08)^4}{\infty}} = 47.7 = 47$$

수학적 모델에 속한 각각의 표준불확도 요인들에 대한 자유도를 앞에서 산출했다. 이것을 하나의 자유도로 산출함으로써 이 크기에 따라 추정한 합성표준불확도가 얼마나 타당성이 있는지를 나타낸다. 교정분야에서는 자유도가 10 이상이면 충분한 것으로 간주한다.

10. 확장불확도(Expanded uncertainty) U

유효자유도의 크기가 10 이상으로 충분히 크므로 정규분포로 간주하고 표준정규분포에서 신뢰수준 약 95 %, k = 2를 적용하여 확장불확도를 추정한다.(KOLAS-G-002 측정결과의 불확도 추정 및 표현을 위한 지침)

$$U = k \times u_c(B) = 2 \times 0.523\ \ \mu\text{m} = 1.046\ \ \mu\text{m} \fallingdotseq 1.0\ \ \mu\text{m}$$

또는, $U = \text{k} \cdot u_c = 2 \cdot \sqrt{0.511^2 + 0.004\,559^2 \times l_0^2} = \sqrt{1.022^2 + 0.009\,1^2 \times l_0^2}\ \ \mu\text{m}$ (l_0 단위는 mm)

11. 결과 보고

수학적 모델에서 추정한 보정값 B는 약 -1.8 μm이며, 이에 대한 측정불확도는 신뢰수준 약 95 %에서 k = 2를 적용하여 약 1.0 μm로 추정되었다. 이것을 다음과 같이 표현한다.

$$B = -1.8\ \ \mu\text{m}\ \pm 1.0\ \ \mu\text{m}\quad (\text{약 } 95\ \%,\ k = 2)$$

12. 불확도 총괄표(Uncertainty budget)

입력량 X_i	추정값 x_i	표준 불확도 $u(x_i)$	확률분포	감도계수 c_i	불확도 기여량 $c_i \cdot u(x_i)$	자유도 ν_i
l_r	24.999 83 mm	0.04 μm	정규	1	$\sqrt{(36)^2+(0.7\times l_0\ \text{mm})^2}$ nm = 0.04 μm	∞
l_x	25.001 6 mm	0.51 μm	정규	-1	-0.51 μm	43
$l_{x우}$	25.001 6 mm	0.246 μm	t	1	0.246 μm	4
$l_{x분}$	0	0.29 μm	직사각	1	0.29 μm	200
$l_{x기}$	0	0.34 μm	직사각	1	0.34 μm	22
$\bar{\alpha}$	10.75×10^{-6}/℃	0.41×10^{-6} /℃	직사각	0	0	100
Δt	0 ℃	0.29 ℃	직사각	-0.268 μm/℃	$(-3.12\times10^{-3}l_0\ \text{mm})\mu\text{m}$ = -0.077 μm	∞
$\Delta\alpha$	1.5×10^{-6}/℃	0.82×10^{-6} /℃	직사각	-12.5 ℃ · mm	$(-0.41\times10^{-3}\times l_0\ \text{mm})\mu\text{m}$ = -0.01 μm	100
δt	0.5 ℃	0.3 ℃	정규	-0.268 μm/℃	$(-3.225\times10^{-3}\times l_0\ \text{mm})\mu\text{m}$ = -0.08 μm	∞
B	-1.788 μm ≒-1.8 μm				$\sqrt{0.511^2+(0.004\ 559\times l_0\ \text{mm})^2}$ μm u_c = 0.52 μm	ν_{eff}=47

7.3 전기식 지시저울의 표준교정

KASTO 17-20109-075(2017.12.15 개정)

1) 일반사항 기록

의뢰기관	○ ○ ○ ㈜
제작회사	○ ○ ○
모 델 명	○ ○ ○
제조번호	12345
최대용량	2 100 g
분 해 능	10 mg

측정일자	0000. 00. 00		
측 정 자	홍 길 동		
측정환경	온도(℃)	기압(Pa)	습도(%R.H.)
	최저 : 20.1 최고 : 20.9	100 500 100 700	49 50

표준기(분동 시리즈)의 기본자료		교정대상기기(전기식 지시저울)의 기본자료	
기기명	분동(F1급)	기기명	전기식 지시저울
기기번호	000	기기번호	12345
규격	500 g	분해능	10 mg
등급	F1	최대용량	2 100 g

2) 개요

전기식 지시저울을 교정하기 위해 표준기는 분동을 사용한다. 저울 교정에 적합한 분동은 I급 저울인 경우 E급(E1, E2) 이상의 분동을 사용하며, II급 저울인 경우 F급(F1, F2) 이상의 분동을 사용한다.

3) 교정항목

1. 편심오차

최대용량 1/3 이상의 분동을 사용한다.

2. 직선성

빈 접시상태에서 최대용량까지 등간격으로 4구간 설정 시 분동을 0 % → 25 % → 50 % → 75 % → 100 %의 순서로 올려놓고 각각의 지시값을 읽는다.

3) 측정데이터

1. 저울의 편심 오차 시험

(최대용량의 약 1/3이상 분동)

	중앙	전	후	좌	우
지시값(g)	999.80	999.72	999.90	999.76	999.82
편심오차(g)	-	-0.08	0.10	-0.04	0.02

편심오차 = (전, 후, 좌, 우)값 - 중앙값

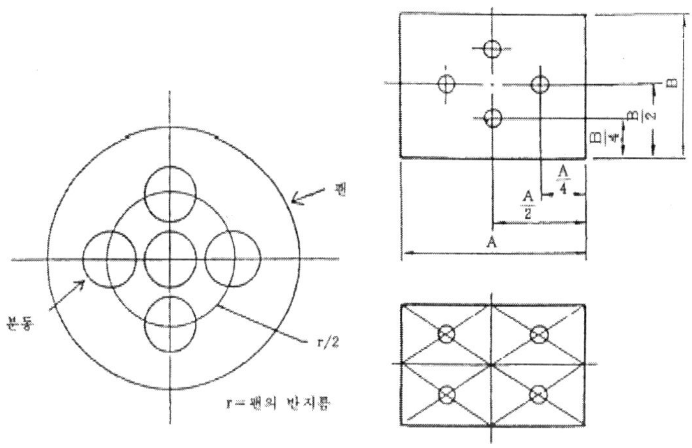

[그림 1] 편심오차 시험 시 분동의 위치

2. 저울의 직선성 시험

표준분동 명목값(g)	저울의 지시값(g)			
	1회	2회	3회	평균
0	0	0	0	0
500	499.92	499.92	499.92	499.920
1 000	999.79	999.80	999.82	999.803
1 500	1 499.67	1 499.68	1 499.69	1 499.680
2 000	1 999.50	1 999.52	1 999.53	1 999.517

* 3회 반복시험 한 지시값의 표준편차를 구하면 2 000 g 구간에서의 값이 가장 크므로 이에 따른 표준편차 s = 15.28 mg임.

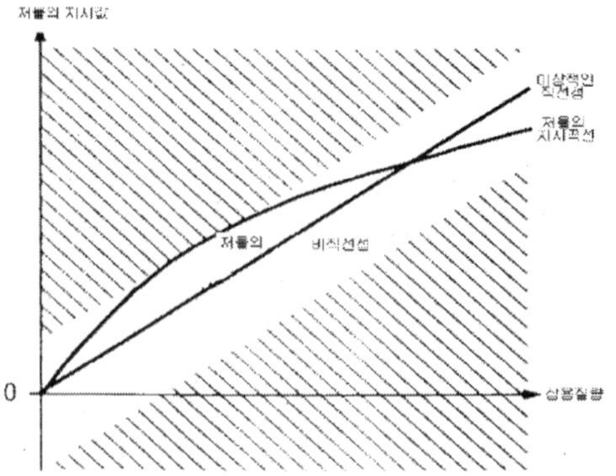

[그림 2] 저울의 직선성

4) 교정데이터 처리

1. 수학적 모델

보정값에 의한 수학적 표현은

$$m_{cor.} = m_N - m_x + \delta m_d + \delta m_E$$

여기서,

$m_{cor.}$: 저울의 지시 보정값

m_N : 표준분동의 상용 질량값

m_x : 전기식 지시저울의 지시값

δm_d : 저울 분해능에 의한 보정값

δm_E : 편심오차에 의한 보정값

2. 저울의 보정값 계산

측정된 값을 표준분동의 상용질량 값으로 환산하여 보정값을 산출하며, 산출된 보정값은 저울의 최소 지시단위로 수치맺음 처리하면 다음 표와 같다.

표준분동의 명목값(g)	표준분동의 보정값(g)	표준분동의 상용질량값(g)	저울지시 평균값(g)	저울지시 보정값(g)
0	0.000 0	0.000 0	0.000	0.00
500	-0.001 1	499.998 9	499.920	0.08
1 000	-0.001 8	999.998 2	999.803	0.20
1 500	-0.002 6	1 499.997 4	1 499.680	0.32
2 000	-0.003 1	1 999.996 9	1 999.517	0.48

* 보정값 = 표준분동의 상용질량값 - 저울의 지시평균값

5) 불확도 계산

수학적 모델을 불확도에 의한 식으로 표현하면

$$u_{cor}^2 = u_N^2 + u_x^2 + u_d^2 + u_E^2$$

여기서, $u_{cor.}$: 저울의 합성불확도

u_N : 표준분동의 불확도

u_x : 전기식 지시저울 지시값의 불확도

u_d : 저울의 분해능 불확도

u_E : 저울의 편심오차 불확도

1. 요인별 표준불확도의 분석 및 추정

(1) 전기식 지시 저울 지시값의 불확도 u_x

직선성 시험 시 반복 측정한 값을 가장 큰 표준편차를 구하여 A형 불확도를 산출한다.

* 불확도 : $u_x = \dfrac{s}{\sqrt{n}} = \dfrac{15.28}{\sqrt{3}} \cong 8.822$ mg (s는 직선성 시험에서 가장 큰 표준편차임)

* 감도계수 : 저울의 지시 보정값에 대한 수학적 표현은

$m_{cor.} = m_N - m_x + \delta m_d + \delta m_E$이므로 전기식 지시저울의 지시값 m_{ix}로 편미분하면

$$\frac{\partial m_{cor.}}{\partial m_x} = -1$$

* 자유도 : $\nu_A = n - 1 = 3 - 1 = 2$ (3회 반복 측정하였음)

(2) 표준분동의 불확도 u_N

직선성 시험 시 사용된 표준분동의 교정성적서에 나타난 불확도 합으로부터 구한다.

* 불확도 : $u_N = \sqrt{(\dfrac{U}{k})^2 + u_{inst}^2(m_s)} = \sqrt{(1.6)^2 + (0.010)^2} = 1.6$ mg

U : 성적서상 표준분동의 측정불확도(3.2 mg)

k : 성적서상 표준분동의 측정불확도애 대한 포함인자 (2)

u_{inst} : 표준분동의 불안정성에 기인된 불확도(0.010 mg)

- $u_{N1} = \sum u_{(Ni)} = \frac{(0.8+0.8+0.8+0.8)}{2} = 1.6\,\text{mg}$ (사용된 분동들의 측정불확도의 합)

(사용된 분동은 F1급(500 g) 4개 사용하였으며, 각 분동의 불확도는 0.8 mg이다.

- $u_{N2} = \frac{\Delta m}{2\sqrt{3}} = \frac{0.035}{2\sqrt{3}} = 0.010\,\text{mg}$ (사용된 분동의 질량변화량이 0.035 mg일 때)

* 감도계수 : $\frac{\partial m_{cor.}}{\partial m_N} = 1$

* 자 유 도 : $\nu = \frac{1}{2}(\frac{100}{R})^2 = \frac{1}{2}(\frac{100}{0})^2 = \infty$ (상대불확도 R : 0%로 추정)

(3) 저울의 분해능 불확도 u_d

전기식 지시저울의 경우 디지털로 나타내므로 제한된 분해능에 따른 변화의 반 범위를 눈금으로 추정하여 직사각형분포로부터 구한다.

* 불확도 : $u_d = \frac{d/2}{\sqrt{3}} = \frac{10/2}{\sqrt{3}} = 2.887$ mg

* 감도계수 : $\frac{\partial m_{cor}}{\partial m_d} = 1$

* 자 유 도 : $\nu = \frac{1}{2}(\frac{100}{R})^2 = \frac{1}{2}(\frac{100}{0})^2 = \infty$ (상대불확도 R : 0%로 추정)

(4) 저울의 편심오차에 의한 불확도 u_E

저울 편심오차의 최대변화폭을 직사각형분포로 하여 구한다.

* 불확도 : $u_E = \frac{D}{4\sqrt{3}} = \frac{180}{4\sqrt{3}} = 25.981$ mg (2017년 12월 15일 개정됨)

여기서, D = (편심오차의 최댓값 - 최솟값) = 0.10- (-0.08) = 0.18 g =180 mg

* 감도계수 : $\frac{\partial m_{cor.}}{\partial m_E} = 1$

* 자유도 : $\nu = \frac{1}{2}(\frac{100}{R})^2 = \frac{1}{2}(\frac{100}{0})^2 = \infty$ (상대불확도 R : 0%로 추정)

(5) **합성표준불확도** $u_{cor.}$

$$u_{cor} = \sqrt{u_x^2 + u_N^2 + u_d^2 + u_E^2}$$

$$= \sqrt{(8.822)^2 + (1.6)^2 + (2.887)^2 + (25.981)^2} = 27.636 \text{ mg}$$

2. 유효자유도

아래의 Welch-Satterthwaite 공식을 이용하여 유효자유도 ν_{eff}를 추정한다.

$$\nu_{eff} = \frac{u_c^4}{\sum_{i=1}^{n} \frac{[c_i u(x_i)]^4}{v_i}} \qquad \text{(소숫점 이하 버림)}$$

$$= \frac{(27.636)^4}{\frac{(8.822)^4}{2} + \frac{(1.6)^4}{\infty} + \frac{(2.887)^4}{\infty} + \frac{(25.981)^4}{\infty}} = 192$$

3. 확장불확도

측정결과 불확도 추정 및 표현을 위한 지침(KOLAS-G-002)에 따라 유효자유도가 10이상이므로 정규분포로 가정하여 신뢰수준 약 95 %, k = 2를 적용하여 구하면

$U = k \times u_c = 2 \times 27.636 = 55.272\,\text{mg} ≒ 55$ mg (5 % 룰에 따라 유효자리 2자리 이하 버림.)

4. 불확도 총괄표

	양 X_i	추정값 x_i(g)	표준불확도 $u(x_i)$	확률분포	감도계수 c_i	불확도 기여도 $u_1(y)$	자유도
A	m_x	1 999.52	8.822 mg	t	-1	8.822 mg	2
B	m_N	2 000.00	1.6 mg	정 규	1	1.600 mg	∞
C	δm_d	0.00	2.887 mg	직사각형	1	2.887 mg	∞
D	δm_E	0.00	25.981 mg	직사각형	1	25.981 mg	∞
E	m_{cor}	0.48				27.636 mg	192

7.4 힘 측정기의 표준교정

KASTO 17-20202-104(2017.12.15 개정)

1) 일반사항 기록

의뢰기관	ㅇㅇㅇ ㈜
제작회사	ㅇㅇㅇ
표준장비	실하중 힘 교정기
교정대상	전기식 힘 측정기
최대용량	510 kgf
해 독 도	0.05 kgf

측정일자	0000. 00. 00		
측 정 자	홍 길 동		
측정환경	온도(℃)	기압(Pa)	습도(% R.H.)
	최저 : 19.1	100 600	48
	최고 : 21.9	100 600	51

교정기(실하중 힘교정기)의 기본자료		교정대상기기(힘측정기)의 기본자료	
기 기 명	실하중 힘 교정기	기 기 명	힘 측정기
기기번호	000	기기번호	000
최소눈금		최소눈금	0.05 kgf
상대확장불확도		사용범위	(0~500) kgf
온도에 따른 감도변화			
온도 편차			
상대반복오차			

1. 개요

힘 측정기는 전기식 힘 측정기와 기계식 힘 측정기로 구분되었으나, KASTO 절차서가 2017년 개정되면서 힘 측정기로 통합되었다. 힘 측정기를 교정하기 위해서 일반적으로 실하중 힘 교정기를 사용한다.

2. 교정절차

힘 측정기의 교정절차는 다음과 같다.

1) 사전부하 시험
2) 영점기록 및 CAL 값의 조정 또는 SPAN 조정
3) 힘 측정기의 교정시리즈 절차
   (1) 교정시리즈 1 : 증가 순(0°)
   (2) 교정시리즈 2 : 증가 순(0°)
   (3) 교정시리즈 3, 4 : 증가 순 및 감소 순(120°)

(4) 교정시리즈 5, 6 : 증가 순 및 감소 순(240°)

4) 교정 하중점 선정 및 교정범위의 하한

5) 하중 부하 간격 및 데이터 측정시간

6) 크리프 시험

7) 순 지시값의 결정

다음 그림은 실하중 힘 교정기에 힘 측정기(압축용 로드셀)을 설치할 때 설치 위치의 좌표값을 기호로 나타내고 있다.

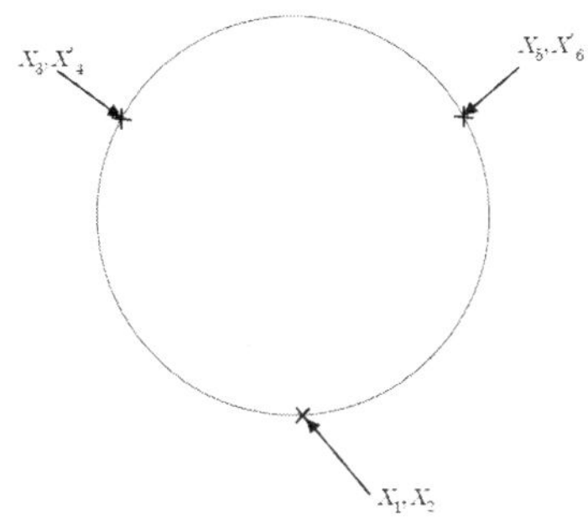

[그림 1] 힘 측정기의 위치

2) 측정데이터

실하중 힘 표준기에 교정대상기기인 로드셀(500 kgf)을 설치하고 사전 부하를 3회 실시한 후 다음과 같이 로우 데이터를 구한다.

1. 사전부하 (사전부하는 최대하중에서 측정하고, 무 하중 시 잔여 값을 확인한다.)

실하중(kgf)	1차	2차	3차
0	0	0	0
500	499.85	499.85	499.85
0	0	0	0

2. 로우 데이터

실하중을 (0, 100, 200, 300, 400, 500, 0) kgf로 변화시키면서 교정시리즈를 1~6회 측정한 데이터는 다음과 같다.

실하중 (kgf)	기기지시값						평균값
	1차(0°)	2차(0°)	3차(120°)		4차(240°)		
			증가	감소	증가	감소	
0	0	0	0	0	0	0	0
100	100.05	100.00	100.00	99.90	100.00	99.90	99.98
200	200.05	200.05	200.05	199.95	200.05	199.95	200.02
300	300.15	300.15	300.10	300.00	300.15	300.05	300.10
400	400.20	400.20	400.20	400.10	400.25	400.15	400.18
500	499.85	500.25	500.30		500.35		500.19
0	0	0					0

실하중 (kN)	기기 지시값						평균값
	1차(0°)	2차(0°)	3차(120°)		4차(240°)		
			증가	감소	증가	감소	
0.00	0	0	0	0	0	0	0
0.98	100.05	100.00	100.00	99.90	100.00	99.90	99.98
1.96	200.05	200.05	200.05	199.95	200.05	199.95	200.02
2.94	300.15	300.15	300.10	300.00	300.15	300.05	300.10
3.92	400.20	400.20	400.20	400.10	400.25	400.15	400.18
4.90	499.85	500.25	500.30		500.35		500.19
0.00	0	0					0

3) 힘 측정기의 오차계산

1. 상대 재현도 오차와 상대 반복도 오차, b, b'

회전(로드셀의 위치를 0°, 120°, 240°)에 의한 반복도를 나타내는 상대 재현도 오차, b는 다음과 같이 계산한다.

(1) 상대 재현도 오차

$$b = \left| \frac{X_{Max} - X_{\min}}{\overline{X_r}} \right| \times 100\ (\%)$$

여기서, 회전 시 순 지시값의 평균 : $\overline{X_r} = \dfrac{X_1 + X_3 + X_5}{3}$ 이다. 비 회전 시 반복도를 나타내는 상대 반복도 오차, b'는 다음과 같이 계산한다.

(2) **상대 반복도 오차**

$$b' = \left| \frac{X_1 - X_2}{\overline{\overline{X_{wr}}}} \right| \times 100 \ (\%)$$

여기서, 비회전시 순 지시값의 평균 : $\overline{X_{wr}} = \dfrac{X_1 + X_2}{2}$ 이다.

2. 상대내삽오차(relative interpolation error), f_c

상대내삽오차는 순지시값 $\overline{X_r}$을 교정 힘의 일차, 이차 또는 3차 다항식의 함수로 표현한 교정곡선식을 이용하여 구한다.

$$\text{상대내삽오차} : f_c = \frac{\overline{X_r} - X_a}{X_a} \times 100 \ (\%)$$

3. 상대영점오차(relative zero error), f_0

각 시리즈 전후에 영점 값을 읽고 기록한다. 영점 값은 하중이 완전히 제거된 후 30초가 지난 다음에 읽는다. 상대영점오차는 다음과 같이 계산하며 각 측정시리즈의 지난 다음에 읽는다.

$$\text{상대영점오차} : f_0 = \frac{i_f - i_0}{X_N} \times 100 \ (\%)$$

4. 상대왕복오차(relative reversibility error), ν

증가 순 교정에서의 지시값과 감소순 교정에서의 지시값의 차이가 왕복오차이며 교정시리즈 3,4와 교정시리즈 5,6에서 각각 왕복오차를 계산할 수 있으므로 상대왕복오차는 다음과 같이 계산한다.

$$\nu_1 = \left| \frac{X'_4 - X_3}{X_3} \right| \times 100 \ (\%)$$

$$\nu_2 = \left| \frac{X'_6 - X_5}{X_5} \right| \times 100 \ (\%)$$

상대왕복오차 ν는 ν_1과 ν_2의 평균값을 취하여 얻는다.

$$\nu = \frac{\nu_1 + \nu_2}{2}$$

5. 상대 크립 오차(relative creep error), c

상대 크립 오차는 다음과 같이 최대 교정 하중이 가해진 또는 제거된 후 30초 그리고 300초에서의 지시값 차이를 최대 순 지시값 X_N의 백분율로 표현한다.

$$c = \left| \frac{i_{300} - i_{30}}{X_N} \right| \times 100 \ (\%)$$

4) 불확도 평가

1. 힘 교정기의 상대 표준불확도, w_1

힘 교정기의 상대불확도,w_1은 힘 교정기의 상대 확장불확도를 포함인자(교정검사기관의 경우 보통 k = 2)로 나누어 계산하며, 계산식은 다음과 같이 표현할 수 있다. 힘 교정기의 상대 확장불확도 W_{fcm}는 측정교정능력평가(CMC ; Calibration and Measurement Capability)로부터 얻어진다.

$$w_1 = \frac{W_{fcm}}{k} \ (\%)$$

2. 재현도 오차에 의한 상대 표준불확도, w_2

재현도 오차의 상대표준불확도는 증가 시리즈 1, 3, 5에서 얻어진 순지시값 평균의 표준편차(A형 불확도)로 다음과 같이 계산된다.

$$w_2 = \frac{1}{|\overline{X_r}|} \sqrt{\frac{1}{6} \sum_{i=1,3,5} (X_i - \overline{X_r})^2} \times 100 \ (\%)$$

여기서, X_i : 증가분 교정시리즈 1, 3, 5에서 얻어진 순 지시 값

3. 반복도 오차에 의한 상대 표준불확도, w_3

반복도에 의한 상대표준불확도, w_3는 직사각형 분포로 간주하여 아래와 같이 계산한다.

$$w_3 = \frac{b'}{\sqrt{3}}$$

여기서, b' 은 반복도 오차이다.

4. 분해능에 의한 상대 표준불확도, w_4

교정결과가 무 하중에서의 지시값과 하중에서의 지시값의 차이인 순 지시값으로 표기된다. 이 경우 확률분포는 삼각형이며 식 (1)과 같이 같이 계산한다. 만약 지시계에서 영점 버튼을 눌러 초기 하중을 영점 셋팅 하였다면 직사각형 확률분포로 가져가며 식(2)와 같이 계산한다.

$$w_4 = \frac{1}{\sqrt{6}} \left| \frac{r}{\overline{X_r}} \right| \times 100\ (\%) \text{ ------ 식 (1)}$$

$$w_4 = \frac{1}{2\sqrt{3}} \left| \frac{r}{\overline{X_r}} \right| \times 100\ (\%) \text{ ---- 식 (2)}$$

5. 크립에 의한 상대 표준불확도, w_5

힘 측정기에 일정한 힘이 가해졌을 때 단기적인 하중 이력에 따라 영향을 받는다. 일정한 힘이 지시값을 읽기 전에 얼마만큼 오랫동안 가해졌었는지에 따라 지시값이 달라진다. 최대교정 힘을 가한 또는 제거한 후 30초와 300초에서의 지시값을 읽어 그 차이를 측정하여 크립을 계산하였다. 크립에 의한 상대표준불확도는 크립오차를 직사각형 분포로 가정하여 다음 식으로 표현할 수 있다.

$$w_5 = \frac{c}{\sqrt{3}}\ (\%)$$

만약 크립시험을 하지 않는 경우(증가/감소 힘을 측정할 경우)크립에 의한 불확도는 왕복오차에 의한 불확도를 3으로 나누어 다음 식으로 계산한다.

$$w_5 = \frac{\nu}{3\sqrt{3}}\ (\%)$$

6. 영점미복귀에 의한 상대 표준불확도, w_6

영점은 시간에 따라 변하며 순지시값에 영향을 줄 수 있다. 하지만 교정은 일정한 시간 간격으로 수행하므로 재현성 불확도 또는 반복도 불확도에 영점 변화에 의한 불확도가 포함되지 않는다. 따라서 이 효과에 의한 불확도를 추가해 주어야 한다. 영점 오차에 의한 불확도는 영점 오차를 그대로 불확도로 가정하여 다음 식으로 계산한다.

$$w_6 = \left| f_o \right|\ (\%)$$

7. 교정 시 온도변화에 의한 상대 표준불확도, w_7

$$w_7 = K \times \frac{\Delta T}{2} \times \frac{1}{\sqrt{3}} \quad (\%)$$

$K=$ 힘 측정기의 온도계수 0.01 %/℃, $\Delta T=$힘 측정기의 교정온도와 사용온도의 편차

8. 왕복오차에 의한 상대 표준불확도, w_8

증가 힘 불확도에 왕복오차에 의한 불확도를 합성하여 감소 힘 불확도를 구한다. 왕복오차에 의한 불확도는 왕복오차를 사각형분포로 가정하여 다음)과 같이 계산된다.

$$w_8 = \frac{\nu}{\sqrt{3}} \quad (\%)$$

9. 교정결과의 상대 합성표준불확도, w_c

상대 합성표준불확도는 불확도 성분을 모두 합성하여 계산한다.

$$w_c = \sqrt{\sum_{i=1}^{9} w_i^2} \quad (\%)$$

10. 교정결과의 상대확장불확도, W

W는 힘 측정기의 상대합성표준불확도 w_c에 포함인자 $k=2$를 곱하여 계산하며, 다음과 같다.

$$W = k \times w_c \quad (\%)$$

5) 불확도 계산

1. 상대재현도 오차 b와 상대반복도 오차 b'

(1) 상대 재현도 오차

$$b = \left| \frac{X_{\max} - X_{\min}}{\overline{X_r}} \right| \times 100 \quad (\%) \qquad \overline{X_r} = \frac{X_1 + X_3 + X_5}{3}$$

(2) 상대 반복도 오차

$$b' = \left| \frac{X_1 - X_2}{\overline{X_{wr}}} \right| \times 100 \ (\%) \qquad \overline{X_{wr}} = \frac{X_1 + X_2}{2}$$

여기서,

$$b_1 = \left| \frac{100.05 - 100.00}{100.02} \right| \times 100(\%) = 0.050 \ \%$$

$$b'_1 = \left| \frac{100.05 - 100.00}{100.03} \right| \times 100(\%) = 0.050 \ \%$$

$$b_2 = \left| \frac{200.05 - 200.05}{200.05} \right| \times 100(\%) = 0 \ \%$$

$$b'_2 = \left| \frac{200.05 - 200.05}{200.05} \right| \times 100(\%) = 0 \ \%$$

$$b_3 = \left| \frac{300.15 - 300.10}{300.13} \right| \times 100(\%) = 0.017 \ \%$$

$$b'_3 = \left| \frac{400.15 - 400.15}{400.15} \right| \times 100(\%) = 0 \ \%$$

$$b_4 = \left| \frac{400.25 - 400.20}{400.22} \right| \times 100(\%) = 0.013 \ \%$$

$$b'_4 = \left| \frac{400.20 - 400.20}{400.20} \right| \times 100(\%) = 0 \ \%$$

$$b_5 = \left| \frac{500.35 - 499.85}{500.17} \right| \times 100(\%) = 0.100 \ \%$$

$$b'_5 = \left| \frac{499.85 - 500.25}{500.05} \right| \times 100(\%) = 0.080 \ \%$$이 된다.

2. 상대 영점 오차 f_0

$$f_0 = \frac{i_f - i_0}{X_N} \times 100 \ (\%) = \frac{0.00 - 0.00}{500.19} \times 100 \ (\%) = 0 \ \%$$

3. 상대 왕복오차 ν

실하중 (kN)	기기 지시값 (kgf)						
	1차(0°)	2차(0°)	3차(120°)		4차(120°)		평균값
			증가	감소	증가	감소	
	X_1	X_2	X_3	X_4	X_5	X_6	
0	0	0	0	0	0	0	0
0.98	100.05	100.00	100.00	99.90	100.00	99.90	99.98
1.96	200.05	200.05	200.05	199.95	200.05	199.95	200.02
2.94	300.15	300.15	300.10	300.00	300.15	300.05	300.1
3.92	400.20	400.20	400.20	400.10	400.25	400.15	400.18
4.90	499.85	500.25	500.30	-	500.35	-	500.19
0	0	0	-	-	-	-	0

(1) 실 하중 0.98 kN에서

$$\nu_1 = \left| \frac{X'_4 - X_3}{X_3} \right| \times 100\ (\%) = \left|\frac{99.90 - 100.00}{100.00}\right| \times 100\ (\%) = 0.100\ \%$$

$$\nu_2 = \left| \frac{X'_6 - X_5}{X_5} \right| \times 100\ (\%) = \left|\frac{99.90 - 100.00}{100.00}\right| \times 100 (\%) = 0.100\ \%$$

$$\nu_{0.98} = \frac{\nu_1 + \nu_2}{2} = \frac{0.100\ \% + 0.100\ \%}{2} = 0.100\ \%$$

(2) 실 하중 1.96 kN에서

$$\nu_1 = \left|\frac{199.95 - 200.05}{200.05}\right| \times 100\ (\%) = 0.050\ \%$$

$$\nu_2 = \left|\frac{199.95 - 200.05}{200.05}\right| \times 100\ (\%) = 0.050\ \%$$

$$\nu_{1.96} = \frac{0.050\ \% + 0.050\ \%}{2} = 0.050\ \%$$

(3) 실 하중 2.94 kN에서

$$\nu_1 = \left|\frac{300.00 - 300.10}{300.00}\right| \times 100\ (\%) = 0.033\ \%$$

$$\nu_2 = \left|\frac{300.05 - 300.15}{300.15}\right| \times 100\ (\%) = 0.033\ \%$$

$$\nu_{2.94} = \frac{0.033\ \% + 0.033\ \%}{2} = 0.033\ \%$$

(4) 실하중 3.92 kN에서

$$\nu_1 = \left|\frac{400.10 - 400.20}{400.20}\right| \times 100\ (\%) = 0.025\ \%$$

$$\nu_2 = \left|\frac{400.15 - 400.25}{400.25}\right| \times 100\ (\%) = 0.025\ \%$$

$$\nu_{3.92} = \frac{0.025\ \% + 0.025\ \%}{2} = 0.025\ \%$$

4. 힘 교정기의 상대 표준불확도 w_1

$$w_1 = \frac{w_{fcm}}{k}\ (\%) \quad w_{fcm} = 0.02\ \%\ \text{로 가정하면}$$

$$= \frac{0.02\ \%}{2} = 0.01\ \%$$

5. 재현도 오차에 의한 상대표준불확도 w_2

$$w_2 = \frac{1}{|\overline{X_r}|}\sqrt{\frac{1}{6}\sum_{i=1,3,5}(X_i - \overline{X_r})^2} \times 100\,(\%) = \sqrt{\frac{1}{6}\sum_{i=1,3,5}(x_i - \overline{x_r})^2} = \text{표준편차}$$

$$\frac{1}{100.02} \times 0.0167 \times 100 = 0.017\ \%$$

$$\frac{1}{200.05} \times 0.000 \times 100 = 0.000\ \%$$

$$\frac{1}{300.13} \times 0.006 \times 100 = 0.017\ \%$$

$$\frac{1}{400.22} \times 0.004 \times 100 = 0.017\ \%$$

$$\frac{1}{500.17} \times 0.032 \times 100 = 0.160\ \%$$

6. 반복도 오차에 의한 상대표준불확도 w_3

$$w_3 = \frac{b'}{\sqrt{3}}$$

$$w_{3,1} = \frac{0.050\ \%}{\sqrt{3}} = 0.029\ \%, \quad w_{3,2} = \frac{0\ \%}{\sqrt{3}} = 0\ \%, \quad w_{3,3} = \frac{0\ \%}{\sqrt{3}} = 0\ \%$$

$$w_{3,4} = \frac{0\ \%}{\sqrt{3}} = 0\ \%, \qquad w_{3,5} = \frac{0.080\ \%}{\sqrt{3}} = 0.046\ \%$$

7. 분해능에 의한 상대표준불확도 w_4 (무 하중에서의 지시 값과 하중에서의 지시 값의 차이인 순 지시 값으로 계산한 경우로 가정 시)

$$w_4 = \frac{1}{\sqrt{6}}\left|\frac{r}{X_r}\right| \times 100\ (\%) \quad (r\text{=분해능=}0.05)$$

$$w_{4,1} = \frac{1}{\sqrt{6}}\left|\frac{0.05}{100.02}\right| \times 100\ (\%) = 0.020\ \%$$

$$w_{4,2} = \frac{1}{\sqrt{6}}\left|\frac{0.05}{200.05}\right| \times 100\ (\%) = 0.010\ \%$$

$$w_{4,3} = \frac{1}{\sqrt{6}}\left|\frac{0.05}{300.13}\right| \times 100\ (\%) = 0.007\ \%$$

$$w_{4,4} = \frac{1}{\sqrt{6}}\left|\frac{0.05}{400.22}\right| \times 100\ (\%) = 0.005\ \%$$

$$w_{4,5} = \frac{1}{\sqrt{6}}\left|\frac{0.05}{500.17}\right| \times 100\ (\%) = 0.004\ \%$$

8. 크립에 의한 상대표준불확도 w_5

크립시험을 하지 않은 경우 왕복오차에 의한 불확도를 3으로 나눈다.

$$w_5 = \frac{\nu}{3\sqrt{3}}\ (\%)$$

$$w_{5,1} = \frac{0.100\ \%}{3\sqrt{3}} = 0.019\ \% \qquad w_{5,2} = \frac{0.050\ \%}{3\sqrt{3}} = 0.010\ \%$$

$$w_{5,3} = \frac{0.033\ \%}{3\sqrt{3}} = 0.006\ \% \qquad w_{5,4} = \frac{0.033\ \%}{3\sqrt{3}} = 0.005\ \%$$

9. 영점 미 복귀에 의한 상대표준불확도 w_6

$$w_6 = |f_0|\ (\%) \qquad f_0 = 0 \qquad |f_0| = 0\ \%$$

10. 교정 시 온도변화에 의한 상대표준불확도 w_7

$$w_7 = K \times \frac{\Delta T}{2} \times \frac{1}{\sqrt{3}} \ (\%)$$

$\Delta T =$ (최고21.9° + 최저19.1°)/2 − 표준온도20° = 20.5° − 20° = 0.5° 이므로

$$w_7 = 0.01 \times \frac{0.5}{2} \times \frac{1}{\sqrt{3}} = 0.0014 \ \%$$

11. 왕복오차에 의한 상대표준불확도 w_8

$$w_8 = \frac{\nu}{\sqrt{3}} \ (\%)$$

$$w_{8,1} = \frac{0.100 \ \%}{\sqrt{3}} = 0.058 \ \% \qquad w_{8,2} = \frac{0.050 \ \%}{\sqrt{3}} = 0.029 \ \%$$

$$w_{8,3} = \frac{0.033 \ \%}{\sqrt{3}} = 0.019 \ \% \qquad w_{8,4} = \frac{0.025 \ \%}{\sqrt{3}} = 0.014 \ \%$$

12. 교정결과의 상대합성 표준불확도 w_c

$$w_c = \sqrt{\sum_{i=1}^{8} w_i^2}$$

$$w_{c,i} = \sqrt{w_1^2 + w_2^2 + w_3^2 + w_4^2 + w_5^2 + w_6^2 + w_7^2 + w_8^2} \ (\%)$$

$$w_{c,1} = \sqrt{0.010^2 + 0.017^2 + 0.029^2 + 0.020^2 + 0.019^2 + 0.000^2 + 0.0014^2 + 0.058^2} \ (\%) = 0.073 \ \%$$

$$w_{c,2} = \sqrt{0.010^2 + 0.000^2 + 0.000^2 + 0.010^2 + 0.010^2 + 0.000^2 + 0.0014^2 + 0.029^2} \ (\%) = 0.034 \ \%$$

$$w_{c,3} = \sqrt{0.010^2 + 0.006^2 + 0.000^2 + 0.007^2 + 0.006^2 + 0.000^2 + 0.0014^2 + 0.019^2} \ (\%) = 0.024 \ \%$$

$$w_{c,4} = \sqrt{0.010^2 + 0.004^2 + 0.000^2 + 0.005^2 + 0.005^2 + 0.000^2 + 0.0014^2 + 0.014^2} \ (\%) = 0.019 \ \%$$

$$w_{c,5} = \sqrt{0.010^2 + 0.032^2 + 0.046^2 + 0.004^2 + 0.000^2 + 0.000^2 + 0.0014^2 + 0.000^2} \ (\%) = 0.057 \ \%$$

13. 유효자유도

아래의 Welch-Satterthwaite 공식을 이용하여 유효자유도 ν_{eff}를 추정한다.

$$\nu_{eff} = \frac{u_c^4}{\sum_{i=1}^{n} \frac{[c_i u(x_i)]^4}{v_i}}$$ (소수점 이하 버림)

$$= \frac{(0.073)^4}{\frac{(0.017)^4}{2} + \cdots} = 340$$

14. 교정결과의 상대측정불확도 W

측정결과 불확도 추정 및 표현을 위한 지침(KOLAS-G-002)에 따라 유효자유도가 10 이상이므로 정규분포로 가정하여 신뢰수준 약 95 %, k = 2를 적용하여 구하면

$W = k \times w_c$ k=2 (신뢰수준 약 95 %에 해당)

$W_1 = 2 \times 0.073\ \% = 0.146\ \% \fallingdotseq 0.15\ \%$

$W_2 = 2 \times 0.034\ \% = 0.068\ \%$

$W_3 = 2 \times 0.024\ \% = 0.048\ \%$

$W_4 = 2 \times 0.019\ \% = 0.038\ \%$

$W_5 = 2 \times 0.057\ \% = 0.114\ \% \fallingdotseq 0.11\ \%$

6) 불확도 총괄표(실하중 100 kg_f에서)

	양 X_i	추정값 x_i	표준불확도 $u(x_i)$	확률분포	감도계수 c_i	불확도 기여도 $u_1(y)$	자유도
A	w_1	-	0.010 %	정규	1	0.01 %	∞
B	w_2	100.00	0.017 %	t	1	0.017 %	2
C	w_3	-	0.029 %	직사각형	1	0.029 %	∞
D	w_4	-	0.020 %	삼각형	1	0.020 %	∞
E	w_5	-	0.019 %	직사각형	1	0.019 %	∞
F	w_6	-	0.000 %	직사각형	1	0.000 %	∞
G	w_7	-	0.00 14 %	직사각형	1	0.00 14 %	∞
H	w_8	-	0.058 %	직사각형	1	0.058 %	∞
I	w_c		0.073 %				340

7.5 토크 렌치의 표준교정

KASTO 17-20303-244(2017.12.15 개정)

1) 일반사항 기록

의뢰기관	○ ○ ○ ㈜
제작회사	○ ○ ○
표준장비	토크 측정기
교정대상	다이얼형 토크렌치
최대용량	30 N · m
해 독 도	1 N · m

측정일자	0000. 00. 00		
측 정 자	홍 길 동		
측정환경	온도(℃)	기압(Pa)	습도(% R.H.)
	최저 : 23.2	100 400	49
	최고 : 23.4	100 500	50

교정기(토크 측정기)의 기본자료		교정대상기기(토크 렌치)의 기본자료	
기 기 명	토크 측정기(전기식 타입)	기 기 명	토크 렌치(다이얼형)
기기번호	000	기기번호	000
최소눈금	0.05 N · m	최소눈금	1 N · m
상대측정불확도	0.60 %	사용범위	(0~30) N · m
온도에 따른 감도변화	0.00 12 %/℃		
온도 편차	3.1 ℃		
상대반복오차	0.01 %		
감도드리프트	0.05 %		

1. 개요

교정대상기기인 다이얼형 토크 렌치를 교정하기 위한 교정기는 토크 측정기이다. 토크 측정기는 상대확장불확도가 1.0 %보다 우수해야 한다.

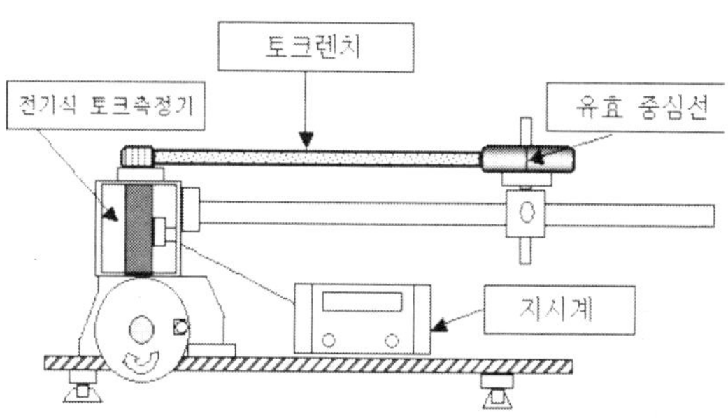

[그림 1] 토크 측정기에 토크 렌치의 설치방법

2. 준비사항

1) 과거 성적서 검토
2) 토크 측정기의 교정측정능력(CMC) 검토
3) 온도 평형 : 미리 3시간 전에 교정실로 옮겨놓는다.
4) 교정기기의 작동상태 점검
5) 전기적 안정화를 위해 최소 30분 이상 안정화가 요구된다.
6) 교정실의 온도는 18 ℃~28 ℃ 사이가 적절하다.
7) 교정대상기기를 [그림 1]과 같이 장착된 토크 측정기의 중심과 일치하도록 수평, 수직으로 설치한다.

2) 측정데이터

1. 토크 렌치 교정 시 토크 측정기의 지시값

토크 측정기에 토크 렌치를 설치하여 토크 교정점에서 시계방향과 반시계 방향으로 측정한 로우 데이터는 다음 표와 같다.

교정 토크점에서의 순 지시값					
측정방향	교정토크 (N·m)	토크 측정기의 지시값(N·m)			
		1차	2차	3차	평균
시계 방향	0.0	0.00	0.00	0.00	0.00
	5.0	5.50	5.50	5.60	5.53
	10.0	10.6	10.50	10.70	10.60
	15.0	15.5	15.70	15.70	15.57
	20.0	20.6	20.60	20.70	20.63
	25.0	25.6	25.70	25.70	25.67
반시계 방향	0.0	0.00	0.00	0.00	0.00
	5.0	4.90	4.90	4.95	4.92
	10.0	9.60	9.90	9.90	9.80
	15.0	14.90	14.95	14.95	14.93
	20.0	19.90	19.95	19.95	19.93
	25.0	24.60	24.70	24.70	24.67

교정 토크점 i 단계의 j 번째 반복측정에서 교정기에 장착된 토크 측정기의 순지시값은 다음 식에 의해 계산된다.

$$d_{ij} = d'_{ij} - d_{0j} \quad (i = 1, 2, ...)$$

여기서,

d_{ij} : 교정점 i 단계의 j 번째 반복측정에서 토크 측정기의 순 지시 값

d'_{ij} : 교정점 i 단계의 j 번째 반복측정에서 지시계에 표시된 토크 측정기의 순 지시 값

d_{0j} : 토크를 가하기 전 무 하중 상태에서 지시계에 표시된 토크 측정기의 지시 값이다.

2. 토크 측정기의 교정성적서에 나타난 평균 지시값, $\overline{d_i}$

토크 측정기의 교정성적서에 나타난 평균 지시값을 적용한다.

실토크(N·m)	평균지시값(N·m)
0.0	0.00
5.0	5.05
10.0	10.10
15.0	15.10
20.0	20.20
25.0	25.20

3. 실 토크 값으로 환산된 값, T_{ij} (토크 측정기의 지시값을 실토크 값으로 환산)

측정방향	교정토크(N·m)	실토크 값(N·m)			
		1차	2차	3차	평균
시계 방향	0.0	0.00	0.00	0.00	0.00
	5.0	5.45	5.45	5.55	5.48
	10.0	10.50	10.40	10.59	10.50
	15.0	15.40	15.50	15.50	15.47
	20.0	20.40	20.40	20.50	20.43
	25.0	25.40	25.50	25.50	25.47
반시계 방향	0.0	0.00	0.00	0.00	0.00
	5.0	4.85	4.85	4.95	4.88
	10.0	9.50	9.80	9.80	9.70
	15.0	14.80	14.85	14.85	14.83
	20.0	19.70	19.75	19.75	19.73
	25.0	24.40	24.50	24.50	24.47

일반적으로 토크 측정기의 교정결과는 무차원으로 교정성적서를 발행하므로 읽어온 지시값을 실 토크로 환산해야 한다.

$$T_{ij} = T_s \times d_{ij}/\overline{d_i} \quad (i = 1,2,\cdots, j = 1,2,\cdots)$$

여기서,

T_{ij} : 교정 토크점 i 단계의 j 번째 반복측정에서 실토크

$\overline{d_i}$: 토크 측정기 교정 시 교정 토크점 i 단계의 반복측정에서 평균 지시값(교정 성적서 평균값)

d_{ij} : 교정 토크점 i 단계의 j 번째 반복측정에서 토크 측정기의 순 지시값

T_s : 토크 측정기의 교정 시 가해진 실토크

예: $T_{11} = 5 \times \dfrac{5.5}{5.05} = 5.446$

$$T_{21} = 10 \times \frac{10.6}{10.10} = 10.495$$

$$T_{31} = 15 \times \frac{15.5}{15.10} = 15.397$$

(1) **평균 실토크 $\overline{T_i}$ 계산**

교정 토크점 i 단계에서의 평균 실토크는 다음 식으로 계산되며, 교정성적서에 나타내는 평균 실토크는 분해능을 가능한 고려해야하고, 불확도 계산을 위한 평균 토크는 분해능을 고려하지 않는다.

$$\overline{T_i} = \frac{1}{n}\sum_{j=1}^{n} T_{ij} \quad (i = 1,2,\cdots, j = 1,2,\cdots)$$

여기서, $\overline{T_i}$: 교정 토크점 i 단계의 반복측정에서 평균 실토크

n : 교정 토크점 i 단계의 반복 측정수

T_{ij} : 교정 토크점 i 단계의 j 번째 반복 측정에서 실토크이다.

(2) **교정성적서에 나타내는 평균 토크값 (단위** : N • m)

$$\overline{T_1} = \frac{1}{3}(5.45 + 5.45 + 5.55) = 5.48,\ \overline{T_2} = 10.50,\ \overline{T_3} = 15.47,\ \overline{T_4} = 20.43,\ \overline{T_5} = 25.47$$

(3) **상대정확도 오차(시계방향)**

$$q_i = \frac{(T_i - \overline{T_i})}{\overline{T_i}} \times 100\ (\%)\ (i = 1,\ 2,\ \cdots)$$

$$q_1 = \frac{(5 - 5.48)}{5.48} \times 100 = -8.8\ \%,\ q_2 = -4.8\ \%,\ q_3 = -3.0\ \%,\ q_4 = -2.1\ \%,\ q_5 = -1.9\ \%$$

(4) 상대정확도 오차(반시계방향)

$$q_i = \frac{(T_i - \overline{T}_i)}{\overline{T}_i} \times 100\ (\%) \quad (i = 1,\ 2,\ \cdots)$$

$$q_1 = \frac{(5 - 4.48)}{4.48} \times 100 = 2.5\ \%,\ q_2 = 3.1\ \%,\ q_3 = 1.2\ \%,\ q_4 = 1.4\ \%,\ q_5 = 2.2\ \%$$

3) 측정불확도 계산

1. 불확도 계산(시계방향)

(1) 수학적 모델

토크 렌치의 교정은 기준이 되는 토크 측정기의 토크값과 토크 렌치의 지시값을 비교하는 것으로 수학적 모델은 다음과 같다.

상대정확도 오차 : $q_{\mathrm{i}} = \left(\frac{T_{\mathrm{i}}}{\overline{T}_{\mathrm{i}}} - 1\right) \times 100\ (\%) = \frac{1}{(\overline{T}_{\mathrm{i}}/T_{\mathrm{i}})} \times 100\ (\%)(\mathrm{i} = 1,2,\cdots)$

상대 편차의 불확도 $u(q_{\mathrm{i}}) = u(\overline{T}_{\mathrm{i}}/T_{\mathrm{i}})\ (\mathrm{i} = 1,2,\cdots)$

상대합성 불확도 $w_{\mathrm{c,i}} = \sqrt{w_{\mathrm{rep,i}}^2 + w_{\mathrm{res,i}}^2 + w_{\mathrm{std}}^2} \quad (i = 1,2,\cdots)$

여기서, $w_{\mathrm{rep,i}}$: 반복성에 의한 상대표준불확도

$w_{\mathrm{res,i}}$: 토크 렌치 분해능에 의한 상대표준불확도

w_{std} : 토크 측정기의 상대표준불확도

(2) 반복성에 의한 상대표준불확도, $w_{\mathrm{rep,i}}$

$$w_{\mathrm{rep,i}} = \frac{1}{\sqrt{n}}\left(\frac{1}{\overline{T}_i}\sqrt{\frac{1}{(n-1)}}\sum_{j=1}^{n}(T_{ij} - \overline{T}_i)^2\right) \times 100\ (\%)\ (i = 1,2,\cdots, j = 1,2,\cdots)$$

$$w_{\mathrm{rep,1}} = \frac{1}{\sqrt{3}}\left(\frac{1}{5.48}\sqrt{\frac{1}{2}[(5.45-5.48)^2 + (5.45-5.48)^2 + (5.55-5.48)^2]}\right) \times 100 = 0.610\ (\%)$$

$w_{\mathrm{rep,2}} = 0.523\ \%,\ w_{\mathrm{rep,3}} = 0.215\ \%,\ w_{\mathrm{rep,4}} = 0.163\ \%,\ w_{\mathrm{rep,5}} = 0.131\ \%$

여기서, 자유도는 반복 측정횟수에서 1을 뺀 값으로 3-1=2이며, 확률분포는 t-분포이다.

(3) 분해능에 의한 상대표준불확도, $w_{\mathrm{res,i}}$

$$w_{\mathrm{res,i}} = \sqrt{\frac{r^2}{(12\times \overline{T_i^2})}}\times 100\ (\%)\ (i=1,2,\cdots)$$

$$w_{\mathrm{res,1}} = \sqrt{\frac{0.5^2}{(12\times 5.48^2)}}\times 100 = 2.634\ \%,\quad w_{\mathrm{res,2}} = 1.375\ \%,$$

$$w_{\mathrm{res,3}} = 0.933\ \%, w_{\mathrm{res,4}} = 0.706\ \%, w_{\mathrm{res,5}} = 0.567\ \%$$

여기서, 자유도는 ∞ 이며, 확률분포는 정규분포이다.

(4) 토크 측정기의 상대표준불확도, w_{std}

$$w_{\mathrm{std}} = \sqrt{w_{\mathrm{stdc}}^2 + w_{\mathrm{temp}}^2 + w_{\mathrm{drift}}^2}\ \ (\%)$$

$$w_{\mathrm{std}} = \sqrt{0.3^2 + 0.002\,1^2 + 0.028\,9^2} = 0.301\ \%$$

여기서, 유효자유도는 ∞이며, 확률분포는 정규분포이다.

- 교정 시 토크 측정기의 상대표준불확도, w_{stdc}

$$w_{\mathrm{stdc}} = W_{\mathrm{stdc}}\ (\%)/k$$

$$w_{\mathrm{stdc}} = 0.60/2 = 0.3\ \%$$

여기서, 자유도는 ∞이며, 확률분포는 정규분포이다.

- 토크 측정기 사용 시 온도 차에 의한 상대표준불확도, w_{temp}

$$w_{\mathrm{temp}} = \frac{\alpha\times\Delta_{\mathrm{temp}}}{\sqrt{3}}$$

$$w_{\mathrm{temp}} = \frac{0.001\,2\times 3.1}{\sqrt{3}} = 0.002\,1\ \%$$

여기서, 자유도는 ∞이며 확률분포는 직사각형분포이다.

- 토크 측정기의 감도 드리프트에 의한 상대표준불확도, w_{drift}

$$w_{\mathrm{drift}} = \frac{a_{\mathrm{drift}}}{\sqrt{3}}\,(\%)$$

$$w_{\mathrm{drift}} = \frac{0.05}{\sqrt{3}} = 0.028\,9\ \%$$

여기서, 자유도는 ∞이며 확률분포는 직사각형분포이다.

(5) 상대합성표준불확도, $w_{\mathrm{c,i}}$

$$w_{\mathrm{c,i}} = \sqrt{w_{\mathrm{rep,i}}^2 + w_{\mathrm{res,i}}^2 + w_{\mathrm{std}}^2}\quad (i = 1, 2, \cdots)$$

$$w_{\mathrm{c,1}} = \sqrt{0.608^2 + 2.634^2 + 0.301^2} = 2.720\ \%,$$

$$w_{\mathrm{c,2}} = 1.502\ \%,\ w_{\mathrm{c,3}} = 1.004\ \%,\ w_{\mathrm{c,4}} = 0.785\ \%,\ w_{\mathrm{c,5}} = 0.655\ \%$$

(6) 유효자유도

$$\nu_{\mathrm{eff,i}} = \frac{w_{c,i}^4}{\left(\frac{w_{\mathrm{rep,i}}^4}{v_{\mathrm{rep,i}}}\right)}\quad (i = 1, 2, \cdots)$$

$$\nu_{\mathrm{eff,1}} = \frac{w_{\mathrm{c,i}}^4}{\left(\frac{w_{\mathrm{rep,i}}^4}{v_{\mathrm{rep,i}}}\right)} = \frac{2.720^4}{\left(\frac{0.608^4}{2}\right)} = 801$$

$$\nu_{\mathrm{eff,2}} = 136$$

$$\nu_{\mathrm{eff,3}} = 951$$

$$\nu_{\mathrm{eff,4}} = 1075$$

$$\nu_{\mathrm{eff,5}} = 1250$$

(7) 포함인자 구하기

불확도 총괄표를 보면 유효자유도가 801임을 알 수 있다. 즉, 10보다 크므로 정규분포로 근사하여 신뢰수준 약 95 %에 해당하는 포함인자 $k = 2$로 결정하였다.

유효자유도의 계산결과 801로 나타났다. 따라서 유효자유도 값이 충분히 크므로 측정결과 불확도 추정 및 표현을 위한 지침(KOLAS-G-002)에 따라 정규분포로 가정하고 신뢰수준 약 95 %에서 포함인자 k = 2를 사용하여 상대 측정불확도를 구한다.

(8) 상대 측정불확도의 계산, $W_{\rm i}$

$$W_i = k \times w_{\rm c,i} \ (\%) \ (i = 1, 2, \cdots)$$

$$W_1 = 2 \times 2.720 \fallingdotseq 5.4 \ \%, \ W_2 = 3.0 \ \%,$$

$$W_3 = 2.0 \ \%, \ W_4 = 1.6 \ \%, \ W_5 = 1.3 \ \% \text{(신뢰수준 : 약 95 \%}, k = 2)$$

(9) 불확도 총괄표

표준불확도 성분 $w_{\rm x,1}$	불확도 요인	확률 분포	상대표준 불확도(%)	감도 계수	불확도 기여량	자유도
$w_{\rm rep,i}$	측정결과의 반복성	t	0.608	1	0.608	2
$w_{\rm res,i}$	토크 렌치의 분해능	직사각형	2.634	1	2.634	∞
w_{std}	기준 토크 측정기의 요인	정규	0.301	1	0.301	∞
$w_{\rm stdc}$ $w_{\rm temp}$ $w_{\rm drift}$	토크 측정기의 불확도 사용시 온도편차 감도 드리프트	정규 직사각형 직사각형	0.30 0.002 1 0.029	1	0.30 0.002 1 0.029	∞
$w_{\rm c,i}$	상대 합성 표준불확도	정규	2.720	-	2.720	801

2. 불확도 계산(반시계방향)

(1) 수학적 모델

$$u(q_{\rm i}) = u(\overline{T_{\rm i}} \ / \ T_{\rm i}) \quad ({\rm i} = 1, 2, \cdots)$$

$$w_{\rm c,i} = \sqrt{w^2_{\rm rep,i} + w^2_{\rm res,i} + w^2_{\rm std}} \quad ({\rm i} = 1, 2, \cdots)$$

(2) 반복성에 의한 상대표준불확도, $w_{\rm rep,i}$

$$w_{\rm rep,i} = \frac{1}{\sqrt{n}} \left(\frac{1}{\overline{T_i}} \sqrt{\frac{1}{(n-1)} \sum_{j=1}^{n} (\overline{T_{ij}} - \overline{T_i})^2} \right) \times 100 \ (\%) \ (i = 1, 2, \cdots, j = 1, 2, \cdots)$$

$$w_{\rm rep,1} = \frac{1}{\sqrt{3}} \left(\frac{1}{4.88} \sqrt{\frac{1}{2}[(4.85 - 4.88)^2 + (4.85 - 4.88)^2 + (4.95 - 4.88)^2]} \right) \times 100$$

$$= 0.683 \ (\%)$$

$w_{\mathrm{rep},2} = 1.031\ \%,\ w_{\mathrm{rep},3} = 0.112\ \%,\ w_{\mathrm{rep},4} = 0.085\ \%,\ w_{\mathrm{rep},5} = 0.136\ \%$

여기서, 자유도는 반복 측정횟수에서 1을 뺀 값으로 3-1=2이며, 확률분포는 t 분포 이다.

(3) 분해능에 의한 상대표준불확도, $w_{\mathrm{res,i}}$

$$w_{\mathrm{res,i}} = \sqrt{\frac{r^2}{(12 \times \overline{T_i^2})}} \times 100\ (\%)\ \ (i = 1, 2, \cdots)$$

$$w_{\mathrm{res,1}} = \sqrt{\frac{0.5^2}{(12 \times 4.88^2)}} \times 100 = 2.958\ \%,$$

$$w_{\mathrm{res,2}} = 1.488\ \%,\ w_{\mathrm{res,3}} = 0.973\ \%,\ w_{\mathrm{res,4}} = 0.732\ \%,\ w_{\mathrm{res,5}} = 0.590\ \%$$

여기서, 자유도는 ∞이며, 확률분포는 정규분포이다.

(4) 토크 측정기와 상대표준불확도, w_{std}

$$w_{\mathrm{std}} = \sqrt{w_{\mathrm{stdc}}^2 + w_{\mathrm{temp}}^2 + w_{\mathrm{drift}}^2}\ \ (\%)$$

$$w_{\mathrm{std}} = \sqrt{0.3^2 + 0.002\,1^2 + 0.028\,9^2} = 0.301\ \%$$

여기서, 유효자유도는 ∞이며, 확률분포는 정규분포이다.

- 교정 시 토크 측정기의 상대표준불확도, w_{stdc}

$$w_{\mathrm{stdc}} = W_{\mathrm{stdc}}\ (\%)/k$$

$$w_{\mathrm{stdc}} = 0.60/2 = 0.3\ \%$$

여기서, 자유도는 ∞이며, 확률분포는 정규분포이다.

- 토크 측정기 사용 시 온도 차에 의한 상대표준불확도, w_{temp}

$$w_{temp} = \frac{\alpha \times \Delta_{temp}}{\sqrt{3}}$$

$$w_{temp} = \frac{0.001\,2 \times 3.1}{\sqrt{3}} = 0.002\,1\ \%$$

Δ_{temp} : 토크측정기의 교정시 온도(20.2 ℃)와 토크렌치의 교정시 온도(23.3 ℃)와의 편차 (3.1 ℃) ℃

α : 토크측정기의 온도변화에 따른 감도변화율 %/℃

여기서, 자유도는 ∞이며 확률분포는 직사각형분포이다.

- 토크 측정기의 감도 드리프트에 의한 상대표준불확도, w_{drift}

$$w_{\mathrm{drift}} = \frac{a_{\mathrm{drift}}}{\sqrt{3}}\ (\%)$$

$$w_{\mathrm{drift}} = \frac{0.05}{\sqrt{3}} = 0.028\,9\ \%$$

여기서, 자유도는 ∞이며 확률분포는 직사각형분포이다.

(5) 상대합성표준불확도, $w_{\mathrm{c,i}}$

$$w_{\mathrm{c,i}} = \sqrt{w_{\mathrm{rep,i}}^2 + w_{\mathrm{res,i}}^2 + w_{\mathrm{std}}^2}\ \ (i = 1,2,\cdots)$$

$$w_{\mathrm{c,1}} = \sqrt{0.683^2 + 2.958^2 + 0.301^2} = 3.051\ \%,\ w_{\mathrm{c,2}} = 1.835\ \%$$

$$w_{\mathrm{c,3}} = 1.025\ \%,\ w_{\mathrm{c,4}} = 0.796\ \%,\ w_{\mathrm{c,5}} = 0.676\ \%$$

(6) 유효자유도

$$v_{\mathrm{eff,i}} = \frac{w_{\mathrm{c,i}}^4}{\left(\frac{w_{\mathrm{rep,i}}^4}{v_{\mathrm{rep,i}}}\right)}\ \ (i = 1,2,\cdots)$$

$$v_{\mathrm{eff,1}} = \frac{w_{\mathrm{c,i}}^4}{\left(\frac{w_{\mathrm{rep,i}}^4}{v_{\mathrm{rep,i}}}\right)} = \frac{3.051^4}{\left(\frac{0.683^4}{2}\right)} = 796$$

$$v_{\mathrm{eff,2}} = 20$$

$$v_{\mathrm{eff,3}} = 14\,030$$

$$v_{\mathrm{eff,4}} = 15\,382$$

$$v_{\mathrm{eff,5}} = 1\,221$$

(7) 포함인자 구하기

불확도 총괄표를 보면 유효자유도가 796임을 알 수 있다. 즉, 10보다 크므로 정규분포로 근사하여 신뢰수준 약 95 %에 해당하는 포함인자 $k=2$로 결정하였다.

유효자유도가 796임을 알 수 있다. 따라서 유효자유도 값이 충분히 크므로 측정결과 불확도 추정 및 표현을 위한 지침(KOLAS-G-002)에 따라 정규분포로 가정하고 신뢰수준 약 95 %에서 포함인자 k = 2를 사용하여 상대 측정불확도를 구한다.

(8) 상대측정불확도의 계산, W_i

$$W_{\rm i} = k \times w_{\rm c,i}\,(\%) \quad (i = 1, 2, \cdots)$$

$$W_1 = 2 \times 3.051 \fallingdotseq 6.1\ \%$$
$$W_2 = 3.7\ \%$$
$$W_3 = 2.1\ \%$$
$$W_4 = 1.6\ \%$$
$$W_5 = 1.4\ \%\ (\text{신뢰수준 : 약 } 95\ \%,\ k = 2)$$

(9) 불확도 총괄표

표준불확도 성분 $w_{\rm x,1}$	불확도 요인	확률 분포	상대 표준 불확도(%)	감도 계수	불확도 기여량	자유도
$w_{\rm rep,i}$	측정 결과의 반복성	t	0.683	1	0.683	2
$w_{\rm res,i}$	토크 렌치의 분해능	직사각형	2.958	1	2.958	∞
$w_{\rm std}$	기준 토크 측정기의 요인	정규	0.301	1	0.301	∞
$w_{\rm stdc}$ $w_{\rm temp}$ $w_{\rm drift}$	토크 측정기의 불확도 사용시 온도편차 감도 드리프트	정규 직사각형 직사각형	0.30 0.002 1 0.029	1	0.30 0.002 1 0.029	∞
$w_{\rm c,i}$	상대합성표준불확도	정규	3.051	-	3.051	796

7.6 게이지압용 압력계의 표준교정

KASTO 18-20411-011(2018.12.14 개정)

1) 일반사항 기록

의뢰기관	○ ○ ○ ㈜
제작회사	○ ○ ○
표준장비	분동식 압력교정기
교정대상	디지털 압력계
압력범위	3.5 MPa
해 독 도	0.000 1 MPa

측정일자	0000. 00. 00		
측 정 자	홍 길 동		
측정환경	온도(℃)	기압(Pa)	습도(% R.H.)
	최저 : 20.0 최고 : 21.5	100 540 100 600	51 54

2) 교정절차

지시형 압력계의 교정결과에 대한 불확도 평가에서 고려해야할 중요한 요소로는

- 표준기의 사용조건에 따른 불확도 (예: 교정성적서, 장기안전성, 환경조건 등)
- 반복성에 의한 불확도
- 교정대상기기의 분해능에 따른 불확도
- 교정대상기기의 히스테리시스에 의한 불확도
- 교정대상기기와 표준기 사이의 수두보정에 의한 불확도 등이 있다. 불확도 표를 분석할 때 입력량들 사이에 상관관계가 없다는 가정 하에서 다음과 같은 항목과 계산 규칙이 사용된다.

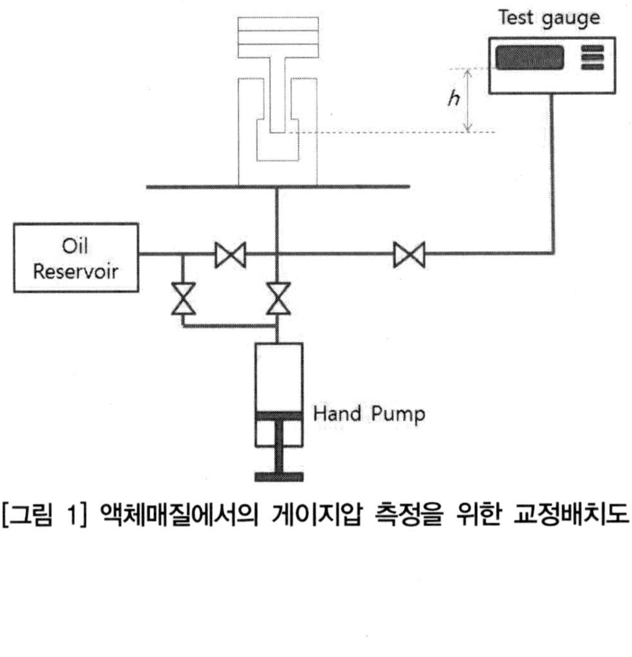

[그림 1] 액체매질에서의 게이지압 측정을 위한 교정배치도

1. 불확도 산출절차값

모델함수			$y = f(x_1, x_2, \cdot\cdot\cdot, x)$
측정의 표준 불확도	$u(x_i)$	입력량(x_i)과 관련된 표준불확도	
	c_i	감도 계수	$c_i = \partial f / \partial x_i$
	$u_i(y)$	입력량 x_i의 표준불확도에 의한 결과값과 관련된 표준불확도에 대한 기여량	$u_i(y) = c_i u_i(x_i)$ $u^2(y) = \sum_{i=1}^{N} u_i^2(y)$
	$u(y)$	결과와 관련된 표준불확도	$u(y) = \sqrt{\sum_{i=1}^{N} u_i^2(y)}$
확장불확도	$U(y)$	확장 불확도	$U(y) = ku(y)$
	k	포함인자 (coverage factor)	$k = 2$

디지털압력계에 적합한 수학적 모델식은 합/차 모델(sum/difference model)로 다음과 같다.

$$c = p_{standard} - p_{indication}$$

여기서,

c : 보정값
$p_{standard}$: 교정대상기기 기준면에서의 표준압력
$p_{indication}$: 교정대상기기 지시값이다.

2. 게이지압용 압력계의 불확도 계산

입력량 사이에 상관관계가 없으므로 보정값 c의 합성표준불확도는 표준기불확도와 교정대상기기의 불확도로부터 구할 수 있다.

$$u_c = \sqrt{u_{standard}^2 + u_{indication}^2}$$
$$u_{indication}^2 = u_{resolution}^2 + u_{zero-error}^2 + u_{repeatability}^2 + u_{hysterisis}^2$$

위 식에서 보는 바와 같이 교정대상기기의 불확도인자로는 분해능, 영점오차, 반복도, 히스테리시스가 포함된다. 이때 각 항목의 감도계수는 1이다.

3. 표준기의 표준불확도, $p_{standard}$

표준기의 불확도는 $k = 2$에서 $U(p_e) = 8.0 \times 10^{-5} p_e$로 주어져 있으므로 2.5 MPa에서의

표준불확도는 0.000 10 MPa이다.

$$u_{indication} = 0.000\ 10\ \text{MPa}$$

4. 교정대상기기의 표준불확도, $u_{indication}$

교정대상기기의 불확도에 영향을 주는 인자로는 분해능, 영점오차, 반복도, 히스테리시스가 있다.

(1) 분해능(resolution, r)에 의한 불확도, $u_{resolution}$

디지털 눈금의 경우 압력을 변화시켰을 때 지시계가 한 눈금 이상 변하지 않는다면 분해능은 그 눈금간격 r과 일치한다. 만약 눈금이 그 이상 변화하면 직사각형 분포로 반폭변화구간 $a = r'/2$을 추정하여야 한다. 디지털압력계 분해능에 의한 표준불확도는 0.000 03 MPa이다.

$$u_{resolution} = \frac{0.000\,1\ \text{MPa}}{2\sqrt{3}} = 0.000\ 03\ \text{MPa}$$

(2) 영점오차(zero error, f_0)에 의한 불확도, $u_{zero-error}$

f_0는 영점오차로 측정 전에 보통 조정된다. 그러나 측정 사이클 전과 후에 반드시 기록되어야 한다. 영점은 부하를 완전히 제거한 후 측정하여야 한다. 영점오차는 다음 식으로 계산한다. 여기서 첨자는 1-6회 측정에서의 영점 읽음 값을 의미한다. 따라서 첫 번째 첨자 1, 3, 5는 가압과정이고 2, 4, 6은 감압과정이 된다. 아울러 두 번째 첨자 0은 영점을 뜻한다.

$$f_0 = MAX(|x_{2,0} - x_{1,0}|, |x_{4,0} - x_{3,0}|, |x_{6,0} - x_{5,0}|)$$

영점오차에 의한 불확도는 위 식으로부터 계산되며 표준불확도는 직사각형 분포로부터 0.000 09 MPa로 계산된다.

$$u_{zero-error} = \frac{0.000\,1\ \text{MPa}}{2\sqrt{3}} = 0.000\ 03\ \text{MPa}$$

(3) 반복성(repeatability, b')에 의한 불확도, $u_{repeatability}$

반복성을 구하기 위해서는 영점을 보정한 자료가 필요하다. 영점보정은 압력이 가해지지 않은 초기상태를 0으로 하여 지시값의 변화량을 재구성한 것이다. 반복성은 각 기준에 압력점에서 지시값의 최대 차이 값을 변화구간으로 하여 직사각형분포로 가정하여 구할 수 있다.

반복성b'은 설치가 변하지 않았을 때 측정시리즈에서 반복 측정된 값들 사이의 차이로부터 결정되며 영점에 의해 보정된 값으로부터 구한다. 반복성이 평균값에 대해 결정될 때는 가압과정과 감압과정 중 큰 것을 선택한다.

$$b'_{up,j} = MAX(|(x_{3,j} - x_{3,0}) - (x_{1,j} - x_{1,0})|, |(x_{5,j} - x_{5,0}) - (x_{1,j} - x_{1,0})|, |(x_{5,j} - x_{5,0}) - (x_{3,j} - x_{3,0})|)$$

$$b'_{dn,j} = MAX(|(x_{4,j} - x_{4,0}) - (x_{2,j} - x_{2,0})|, |(x_{6,j} - x_{6,0}) - (x_{2,j} - x_{2,0})|, |(x_{6,j} - x_{6,0}) - (x_{4,j} - x_{4,0})|)$$

$$b'_{mean,j} = MAX(b'_{up,j}, b'_{dn,j})$$

따라서 2.5 MPa에서 가압과 감압을 고려한 최대변화구간은 0.0002 MPa 이다. 직사각형분포로 볼 수 있으므로 반복성에 의한 표준불확도는 0.000 06 MPa이다.

$$u_{repeatability} = \frac{0.000\,2\ \text{MPa}}{2\sqrt{3}} = 0.000\ 06\ \text{MPa}$$

(4) 히스테리시스(hysteresis, reversibility, h)에 의한 불확도, $u_{hysteresis}$

히스테리시스에 의한 오차는 보정하지 않고, 불확도로 처리하였다. 히스테리시스는 가압과 감압 시에 측정되는 지시값의 출력 차이로부터 결정된다.

p183의 디지털 압력계의 로우 데이터 표에서 디지털 압력계 지시압력 P_i 값은 다음 표와 같이 적용된다.

측정점 번호		1회	2회	3회
가압	5	$x_{1,5}$	$x_{3,5}$	$x_{5,5}$
		2.499 3	2.499 5	2.499 3
감압	5	$x_{2,5}$	$x_{4,5}$	$x_{6,5}$
		2.499 3	2.499 5	2.499 5

$$h_j = \frac{1}{3}\left|(x_{2,j} - x_{1,j}) + (x_{4,j} - x_{3,j}) + (x_{6,j} - x_{5,j})\right|$$

$$h_j = \frac{1}{3}\{|(2.4993 - 2.4993) + (2.4995 - 2.4995) + (2.4995 - 2.4993)|\}$$

$$= 0.000\ 07\ \text{MPa}$$

히스테리시스에 의한 표준불확도는 측정 자료로부터 위 식에 의해 계산되며 2.5 MPa에서는 직사각형 분포로부터 0.000 02 MPa로 계산된다.

$$u_{hysteresis} = \frac{0.000\ 07\ \mathrm{MPa}}{2\sqrt{3}} = 0.000\ 02\ \mathrm{MPa}$$

따라서 교정대상기기의 표준불확도는 다음과 같이 구할 수 있다.

$$\begin{aligned} u_{indication} &= \sqrt{u^2_{resolution} + u^2_{zero-error} + u^2_{repeatability} + u^2_{hysterisis}} \\ &= \sqrt{0.000\ 03^2 + 0.000\ 03^2 + 0.000\ 06^2 + 0.000\ 02^2} = 0.000\ 07\ \mathrm{MPa} \end{aligned}$$

교정대상기기의 합성표준불확도는 다음과 같이 구할 수 있다.

$$\begin{aligned} u_c &= \sqrt{u^2_{standard} + u^2_{indication}} \\ &= \sqrt{0.000\ 10^2 + 0.000\ 07^2} = 0.000\ 12\ \mathrm{MPa} \end{aligned}$$

5. 불확도 평가

측정결과의 확률분포가 정규분포 또는 유효자유도가 10보다 큰 t 분포인 경우에는 신뢰수준 약 95 %에 대하여 관례에 따라 포함인자 2를 합성표준불확도에 곱하여 확장불확도를 구할 수 있으므로 2.5 MPa에서의 확장불확도는 0.000 24 MPa이 된다.

디지털 압력계는 2.5 MPa에서 보정값 0.000 6 MPa을 갖고 불확도는 신뢰수준 약 95 %로 0.000 24 MPa ($k=2$)이다.

3) 교정데이터

1. 디지털 압력계의 로우 데이터

측정점 번호		표준기	교정대상기기				
		기준압력 P_s	디지털 압력계 지시압력 P_i				
		MPa	1회	2회	3회	평균값	편차
			MPa	MPa	MPa	MPa	MPa
가압	1	0.000 00	0.000 0	0.000 0	0.000 0	0.000 0	0.000 0
	2	1.000 00	0.999 3	0.999 4	0.999 5	0.999 4	-0.000 6
	3	1.500 00	1.499 3	1.499 4	1.499 5	1.499 4	-0.000 6
	4	2.000 00	1.999 3	1.999 5	1.999 5	1.999 4	-0.000 6
	5	2.500 00	2.499 3	2.499 5	2.499 3	2.499 4	-0.000 6
	6	3.000 00	2.999 2	2.999 5	2.999 4	2.999 4	-0.000 6
감압	6	3.000 00	2.999 2	2.999 5	2.999 4	2.999 4	-0.000 6
	5	2.500 00	2.499 3	2.499 5	2.499 5	2.499 4	-0.000 6
	4	2.000 00	1.999 4	1.999 4	1.999 6	1.999 5	-0.000 5
	3	1.500 00	1.499 4	1.499 5	1.499 7	1.499 5	-0.000 5
	2	1.000 00	0.999 5	0.999 6	0.999 7	0.999 6	-0.000 4
	1	0.000 00	0.000 0	0.000 1	0.000 1	0.000 1	0.000 1

2. 영점보정 후의 측정자료

측정점 번호		기준압력 P_s	디지털 압력계 지시압력 P_i			
		MPa	1회	2회	3회	변화구간 (반복성)
			MPa	MPa	MPa	MPa
가압	1	0.000 00	0.000 0	0.000 0	0.000 0	0.000 0
	2	1.000 00	0.999 3	0.999 4	0.999 5	0.000 2
	3	1.500 00	1.499 3	1.499 4	1.499 5	0.000 2
	4	2.000 00	1.999 3	1.999 5	1.999 5	0.000 2
	5	2.500 00	2.499 3	2.499 5	2.499 3	0.000 2
	6	3.000 00	2.999 2	2.999 5	2.999 4	0.000 3
감압	6	3.000 00	2.999 2	2.999 4	2.999 3	0.000 3
	5	2.500 00	2.499 3	2.499 3	2.499 4	0.000 2
	4	2.000 00	1.999 4	1.999 3	1.999 5	0.000 1
	3	1.500 00	1.499 4	1.499 4	1.499 6	0.000 3
	2	1.000 00	0.999 5	0.999 5	0.999 6	0.000 2
	1	0.000 00	0.000 0	0.000 0	0.000 0	0.000 1

3. 계산 데이터

측정점 번호	표준기		디지털 압력계			
	표준압력	표준불확도 (k=2)	평균값	편차	히스테리시스	변화구간 (반복도)
	MPa	MPa	MPa	MPa	MPa	MPa
1	0.000 00	0.000 00	0.000 0	0.000 0	0.000 07	0.000 0
2	1.000 00	0.000 08	0.999 4	0.000 6	0.000 17	0.000 2
3	1.500 00	0.000 12	1.499 4	0.000 6	0.000 07	0.000 2
4	2.000 00	0.000 16	1.999 4	0.000 6	0.000 00	0.000 2
5	2.500 00	0.000 20	2.499 4	0.000 6	0.000 07	0.000 2
6	3.000 00	0.000 24	2.999 4	0.000 6	0.000 07	0.000 3

4. 디지털 압력계 불확도 인자별 표준불확도

측정점 번호	표준기		디지털 압력계			
			불확도 인자 (표준불확도)			
	표준압력	표준불확도 (k=2)	분해능	영점	반복성	히스테리시스
	MPa	MPa	MPa	MPa	MPa	MPa
1	0.000 00	0.000 00	0.000 03	0.000 06	0.000 00	0.000 03
2	1.000 00	0.000 04	0.000 03	0.000 06	0.000 06	0.000 06
3	1.500 00	0.000 06	0.000 03	0.000 06	0.000 06	0.000 03
4	2.000 00	0.000 08	0.000 03	0.000 06	0.000 06	0.000 03
5	2.500 00	0.000 10	0.000 03	0.000 06	0.000 06	0.000 00
6	3.000 00	0.000 12	0.000 03	0.000 06	0.000 09	0.000 00

5. 디지털 압력계의 합성표준불확도

측정점 번호	표준압력	합성표준불확도
	MPa	MPa
1	0.000 00	0.000 05
2	1.000 00	0.000 10
3	1.500 00	0.000 10
4	2.000 00	0.000 11
5	2.500 00	0.000 12
6	3.000 00	0.000 16

6. 디지털 압력계의 보정값 및 확장불확도

측정점 번호	표준기	분동식 표준 압력계			
	표준압력	지시값 평균	보정값	보정값 적용 시 측정불확도 (k=2)	보정값 미 적용 시 불확도
	MPa	MPa	MPa	MPa	MPa
1	0.000 00	0.000 0	0.000 0	0.000 10	0.000 10
2	1.000 00	0.999 4	0.000 6	0.000 20	0.000 80
3	1.500 00	1.499 4	0.000 6	0.000 20	0.000 80
4	2.000 00	1.999 4	0.000 6	0.000 22	0.000 82
5	2.500 00	2.499 4	0.000 6	0.000 24	0.000 84
6	3.000 00	2.999 4	0.000 6	0.000 32	0.000 92

* 보정값 미 적용시 불확도 = 보정값 + 보정값을 적용한 측정불확도
* 측정점 번호 5에서 보정값 미적용시 불확도 0.000 84 MPa은 다음 식으로 계산된 값이다.
(보정값 + 보정값을 적용한 측정불확도 = 0.000 6 + 0.000 24 = 0.000 84)

4) 불확도 계산

불확도 총괄표 작성을 위한 불확도 요인

구분	측정량 (X_i)	1	2	3	4	5
		추정 값(x_i) 단위(MPa)	표준 불확도 $u(x_i)$	감도계수 (c_i)	불확도 기여량 $u_i(y)$	확률분포 $p(x_i)$
A	$u_{standard}$	A1	A2	A3	A4	A5
B	$u_{indication}$	B1	B2	B3	B4	B5
C	$u_{resolution}$	C1	C2	C3	C4	C5
D	$u_{zero-error}$	D1	D2	D3	D4	D5
E	$u_{repeatability}$	E1	E2	E3	E4	D5
F	$u_{hysterisis}$	F1	F2	F3	F4	F5
G	u_c	G1	G2	-		G5

1. 표준기(분동식 압력계 교정기)의 표준불확도(2.5 MPa일 때)

$$u_c = \sqrt{u_{standard}^2 + u_{indication}^2}$$

$$u_{indication}^2 = u_{resolution}^2 + u_{zero-error}^2 + u_{repeatability}^2 + u_{hysterisis}^2$$

A1 : 표준압력계의 압력 추정값 = 2.5 MPa

A2 : 표준기의 표준불확도 = 0.000 10 MPa

표준기의 불확도는 $k=2$에서 $U(p_e)=8.0\times10^{-5}p_e$로 주어져 있으므로 2.5 MPa에서의 표준불확도는 0.000 10 MPa이다.

$$u_{indication} = 0.000\ 10\ \text{MPa}$$

$$u_{standard}\ \frac{U(p)}{k} = \frac{8.0\times10^{-5}p_e}{k}$$

$$= \frac{8.0\times10^{-5}\times2.5\ \text{MPa}}{2} = 0.000\ 10\ \text{MPa}$$

A3 : 감도계수 = 1

A4 : 불확도 기여량 = 0.000 10 MPa

불확도 기여량은 감도계수 × 표준불확도 = 1×0.000 10 MPa = 0.000 10 MPa

A5 : 확률분포 = 정규분포

표준기의 불확도는 교정기관에서 발급한 교정성적서에 의함으로 신뢰도가 100 %이므로 자유도가 10~∞범위가 되어 정규분포로 간주한다.

2. 디지털 압력계의 분해능에 의한 표준불확도

C2 : 압력계의 분해능 = 0.000 03 MPa

디지털 눈금의 경우 압력을 변화시켰을 때 지시계가 한 눈금 이상 변하지 않는다면 분해능은 그 눈금간격 r과 일치한다. 만약 눈금이 그 이상 변화하면 직사각형 분포로 반폭변화구간 $a=r'/2$을 추정하여야 한다.

$$u_{resolution} = \frac{r}{2\sqrt{3}} = \frac{0.000\,1\ \text{MPa}}{2\sqrt{3}} = 0.000\ 03\ \text{MPa}$$

C3 : 감도계수 : 1

C4 : 불확도 기여량 : 0.000 03 MPa

불확도 기여량은 감도계수 × 표준불확도 = 1×0.000 03 MPa = 0.000 03 MPa

C5 : 확률분포 = 직사각형 분포

3. 영점오차에 의한 표준불확도

D2 : 영점의 변동 = 0.000 03 MPa

영점은 부하를 완전히 제거한 후 측정하여야 하며, 영점오차는 다음 식으로 계산한다. 여기서 첨자는 1-6회 측정에서의 영점 읽음 값을 의미한다. 따라서 첫 번째 첨자 1, 3, 5는 가압과정이고 2, 4, 6은 감압과정이 된다. 아울러 두 번째 첨자 0은 영점을 뜻한다.

$$f_0 = MAX(|x_{2,0} - x_{1,0}|, |x_{4,0} - x_{3,0}|, |x_{6,0} - x_{5,0}|) = 0.000\ 1\ \text{MPa}$$

영점오차에 의한 불확도는 위 식으로부터 계산되며 표준불확도는 직사각형 분포로부터 다음과 같이 계산된다.

$$u_{zero-error} = \frac{0.000\,1\ \text{MPa}}{2\sqrt{3}} = 0.000\ 03\ \text{MPa}$$

D3 : 감도계수 : 1

D4 : 불확도 기여량 = 0.000 03 MPa

불확도 기여량은 감도계수 × 표준불확도 = 1×0.000 03 MPa = 0.000 03 MPa

D5 : 확률분포 = 직사각형 분포

4. 반복성에 의한 표준불확도

E2 : 반복측정결과 = 0.000 06 MPa

반복성은 각 기준의 압력 점에서 지시값의 최대 차이 값을 변화구간으로 하여 직사각형분포로 가정하여 구할 수 있다. 반복성이 평균값에 대해 결정될 때는 가압과정과 감압과정 중 큰 것을 선택한다.

따라서 2.5 MPa에서 가압과 감압을 고려한 최대변화구간은 0.000 2 MPa이다. 직사각형분포로 볼 수 있으므로 반복성에 의한 표준불확도는 0.000 06 MPa이다.

$$u_{repeatability} = \frac{b'_j}{2\sqrt{3}} = \frac{0.000\ 2\ \text{MPa}}{2\sqrt{3}} = 0.000\ 06\ \text{MPa}$$

E3 : 감도계수 = 1

E4 : 불확도 기여량 = 0.000 06 MPa

불확도 기여량은 감도계수 × 표준불확도 = 1×0.000 06 MPa = 0.000 06 MPa

E5 : 확률분포 = 직사각형 분포

5. 히스테리시스효과에 의한 표준불확도

F2 : 히스테리시스 효과 = 0 MPa

히스테리시스에 의한 오차는 보정하지 않고, 불확도로 처리하였다. 히스테리시스는 가압과 감압 시에 측정되는 지시값의 출력 차이로부터 결정된다.

$$h_j = \frac{1}{3}\left|(x_{2,j} - x_{1,j}) + (x_{4,j} - x_{3,j}) + (x_{6,j} - x_{5,j})\right|$$

$$h_j = \frac{|(2.4993 - 2.4993) + (2.4993 - 2.4993) + (2.4995 - 2.4993)|}{3}$$

$$= 0.000\ 07\ \text{MPa}$$

히스테리시스에 의한 표준불확도는 측정 자료로부터 위 식에 의해 계산되며 2.5 MPa 에서는 직사각형 분포로부터 0 MPa로 계산된다.

$$u_{hysteresis} = \frac{0.000\ 07\ \text{MPa}}{2\sqrt{3}} = 0.000\ 02\ \text{MPa}$$

F3 : 감도계수 = 1

F4 : 불확도 기여량 : 0.000 02 MPa

불확도 기여량은 감도계수 × 표준불확도 = 1×0.000 02 MPa = 0.000 02 MPa

F5 : 확률분포 = 직사각형 분포

압력계의 히스테리시스오차와 같이 가압과 감압 시에 측정되는 지시값의 출력 차이로부터 결정되는 경우에는 직사각형 분포이다.

6. 교정대상기기(디지털 압력계)에 의한 표준불확도

B1 : 디지털 압력계의 압력 추정값 = 2.5 MPa

B2 : 교정대상기기의 불확도 = 0.000 07 MPa

$$u_{indication} = \sqrt{u^2_{resolution} + u^2_{zero-error} + u^2_{repeatability} + u^2_{hysterisis}}$$
$$= \sqrt{0.000\,03^2 + 0.000\,03^2 + 0.000\,06^2 + 0.000\,02^2} = 0.000\ 07\ \text{MPa}$$

B3 : 감도계수 = -1

B4 : 불확도 기여량 = -0.000 07 MPa

불확도 기여량은 감도계수 × 표준불확도 = -1×0.000 07 = -0.000 07 MPa

B5 : 확률분포 = 직사각형 분포

7. 교정대상기기(디지털 압력계)에 의한 표준불확도

G2 : 합성표준불확도 = 0.000 12 MPa

$$u_c = \sqrt{u^2_{standard} + u^2_{\in dication}} = \sqrt{0.000\,10^2 + 0.000\,07^2} = 0.000\ 12\ \text{MPa}$$

8. 불확도 총괄표(2.5 MPa일 때)

구분	측정량 (X_i)	1 추정 값(x_i) 단위(MPa)	2 표준 불확도 $u(x_i)$	3 감도계수 (c_i)	4 불확도 기여량 $u_i(y)$	5 확률분포 $p(x_i)$
A	$u_{standard}$	2.500 00	0.000 10	1	0.000 10	정규
B	$u_{indication}$	2.499 4	0.000 07	-1	-0.000 07	직사각형
C	$u_{resolution}$	-	0.000 03	1	0.000 03	직사각형
D	$u_{zero-error}$	-	0.000 03	1	0.000 03	직사각형
E	$u_{repeatability}$	-	0.000 06	1	0.000 06	직사각형
F	$u_{hysterisis}$	-	0.000 02	1	0.000 02	직사각형
G	u_c	0.000 6	0.000 12	-		

7.7 디지털 온도계(K-type열전대)의 표준교정

KASTO 17-50102-116(2017.12.15 개정)

1) 일반사항 기록

의뢰기관	○ ○ ○ ㈜
제작회사	○ ○ ○
표준장비	백금저항온도계
교정대상	디지털 온도계
온도범위	(-40∼140)℃
분해능	0.1 ℃

측정일자	0000. 00. 00		
측 정 자	홍 길 동		
측정환경	온도(℃)	기압(Pa)	습도(% R.H.)
	최저 : 22.5 최고 : 23.5	100 300 100 500	49 51

2) 측정데이터

1. 교정대상기기의 교정항목, 측정범위 및 교정방법

교정항목	측정범위	교정방법
지시온도	0 ℃∼100 ℃	기준온도계(백금저항온도계)와 교정대상온도계(K-Type 열전대)를 항온조에서 비교교정

2. 교정값 계산

(1) 비교 교정결과 계산 예

기준기온도계의 측정값은 표준백금저항온도계의 교정성적서를 이용하여 온도로 환산한다.

기준온도계(백금저항온도계)의 측정 값		교정대상기기(디지털온도계)의 측정값
① 59.97 ℃ ② 59.98 ℃ ③ 59.99 ℃		④ 60.0 ℃ ⑤ 60.1 ℃ ⑥ 60.2 ℃
평균	59.98 ℃	60.1 ℃

* 60 ℃ 온도에서의 보정값은 기준기 온도에서 교정대상기기 온도를 빼주어 얻는다.
보정값 = 59.98 ℃ - 60.1 ℃ = -0.12 ℃이다.

(2) 평균 및 표준편차의 계산

측정값을 x_i, 평균을 $\overline{x}$, 표준편차를 s라고 하면 다음과 같이 계산된다. (이때, n은 측정횟수이다.)

$$\overline{x} = (\sum_{i=1}^{n} x_i)/n$$

$$s = \sqrt{\sum_{i=1}^{n} \frac{(\overline{x} - x_i)^2}{n-1}}$$

〈표1〉 기준온도계와 교정대상 온도계의 비교교정 결과

단위 : (℃)

항온조 설정온도	기준온도계(백금저항온도계)			교정대상기기온도계(K Type 열전대)		
	측정온도	평균	표준편차	측정온도	평균	표준편차
0 (빙점)	0.00	0.000	0.000	0.2	0.17	0.06
	0.00			0.1		
	0.00			0.2		
20	19.94	19.953	0.011	20.3	20.23	0.06
	19.96			20.2		
	19.96			20.2		
40	39.85	39.860	0.010	40.2	40.13	0.06
	39.87			40.1		
	39.86			40.1		
60	59.97	59.983	0.015	60.0	60.10	0.10
	59.98			60.1		
	60.00			60.2		
80	79.94	79.903	0.032	80.3	80.27	0.15
	79.88			80.4		
	79.89			80.1		
100	99.59	99.740	0.130	100.1	100.30	0.26
	99.81			100.6		
	99.82			100.2		

〈표2〉 기준온도계와 교정대상기기 온도계의 교정결과

단위 : (℃)

설정온도	기준기기 온도계	교정대상기기 온도계	보정값
0(빙점)	0.000	0.17	-0.17
20	19.953	20.23	-0.28
40	39.860	40.13	-1.27
60	59.983	60.10	-0.12
80	79.903	80.27	-0.37
100	99.740	100.30	-0.56

* 보정값 = (기준기온도 - 교정대상기기 온도)

3) 측정불확도 계산

1. 불확도 표현식

교정대상기기 온도계의 교정결과의 보정 온도값 Δt는 교정대상기기 측정 온도값 t_t와 기준기 측정 온도값 t_r 사이의 차이로 다음 식과 같이 나타낼 수 있다.

$$\Delta t/℃ = t_r/℃ - t_t/℃$$

따라서 보정온도의 합성표준불확도는 다음과 같이 표현 된다.

$$u_c(\Delta t) = \sqrt{u^2(t_r) + u^2(t_t)}$$

2. 교정대상기기(K Type 열전대)의 온도 측정값에 영향을 주는 인자

교정대상기기 온도계의 불확도 $u(t_t)$를 형성하는 표준불확도 관계식은 다음과 같이 주어진다.

$$u(t_t) = \sqrt{u(t_{t,i})^2 + u(t_{t,r})^2 + u(t_{t,h})^2}$$

$u(t_{t,i})$: 교정대상기기의 온도 반복측정에 의한 표준불확도

$u(t_{t,r})$: 교정대상기기 분해능에 따른 표준불확도

$u(t_{t,h})$: 산업용 저항 온도계의 히스테리시스 혹은 열전대의 불균질도에 따른 표준불확도

〈표3〉 교정대상기기(K Type 열전대) 온도 측정값에 영향을 주는 인자들

인자	산출근거	분포	타입
측정 온도, $u(t_{t,i})$	측정(표준편차)	정규	A
교정대상기기 분해능, $u(\delta t_{t,r})$	실험 결과 또는 장비 매뉴얼	사각	B
산업용 저항온도계의 히스테리시스 또는 열전대의 불균질성, $u(\delta t_{t,h})$	실험 결과 또는 장비 매뉴얼	사각	B

(1) **교정대상기기 온도계의 지시온도 불확도** $u(t_{t,i})$

표준편차 s는 $s=\sqrt{\sum_{i=1}^{n}\frac{(\bar{x}-x_i)^2}{n-1}}$

평균의 표준편차 $\bar{s}$는 $\bar{s}=\frac{s}{\sqrt{n}}=u_A(=u(t_{t,i}))$이며, 곧 A형 불확도 u_A이다.

〈표3〉의 설정온도 0 ℃에서 교정대상기기 온도계의 측정값 산란에 의한 불확도 $u(t_{t,i})$는

$$u(t_{t,i})=\frac{0.06\ ℃}{\sqrt{3}}=0.035\ ℃$$

이 때의 자유도는 $\nu(t_{t,i})=3-1=2$이다.

〈표4〉 기준기 온도계로 최소 눈금이 0.1 ℃인 교정대상기기 온도계를 비교교정 결과에서 구한 평균의 표준편차

단위 : (℃)

설정온도	기준기 온도계	교정대상기기 온도계
	표준편차	표준편차
0(빙점)	0.000	0.057
20	0.011	0.057
40	0.010	0.057
60	0.015	0.100
80	0.032	0.152
100	0.130	0.264

(2) **교정대상기기 온도계의 분해능에 의한 표준불확도,** $u(t_{t,r})$

최소눈금이 0.1 ℃인 교정대상기기 온도계의 측정기 분해능 불확도는

$$u(\delta t_{t,r})=\frac{0.1\ ℃}{2\sqrt{3}}=0.029\ ℃$$

(3) 산업용 저항온도계의 히스테리시스 혹은 열전대의 불균질도에 따른 표준불확도, $u(t_{t,h})$

교정대상기기 온도계의 온도센서가 산업용 저항온도계인 경우 KASTO 15-50106-77 "산업용 저항온도계의 표준교정절차서"의 소개된 방법으로 히스테리시스를 평가하고, 교정대상기기 온도계의 온도센서가 열전대인 경우 KASTO 07-50109-006 "귀금속열전대의 표준교정절차서"의 소개된 불균질성 측정방법으로 평가한다. 교정대상기기 온도계의 센서가 K형 열전대 이므로 불균질성을 측정한 결과 값이 0.2 ℃이므로 다음과 같이 계산한다.

$$u(t_{t,h}) = \frac{0.2}{\sqrt{3}} = 0.12\ ℃$$

(4) 교정대상기기 온도계 온도 측정에 따른 합성 표준 불확도, $u(t_t)$

교정대상기기 온도계의 온도측정에 따른 표준불확도 $u(t_t)$는 위의 ①~③항까지의 각 인자를 합성하여 구한다. 0 ℃에서 구한 합성 표준 불확도

$$\begin{aligned} u(t_t) &= \sqrt{u(t_{t,i})^2 + u(t_{t,r})^2 + u(t_{t,h})^2} \\ &= \sqrt{(0.034)^2 + (0.028)^2 + (0.12)^2} \\ &= 0.128\ ℃ \end{aligned}$$

(5) 유효자유도 ν_{eff}

$$\nu_{eff} = \frac{0.128^4}{\frac{0.034^4}{2} + \frac{0.028^4}{\infty} + \frac{0.12^4}{\infty}} = 401$$

3. 기준기 온도계 온도 측정값에 영향을 주는 인자

$$t_r = \sqrt{u(t_{r,i})^2 + u(t_{r,r})^2 + u(t_{r,bs})^2 + u(t_{r,bu})^2}$$

〈표 5〉 기준기 온도계 온도 측정값에 영향을 주는 인자들

인자	산출 근거	분포	타입
1. 기준기 온도계의 반복측정, $u(t_{r,i})$	측정(표준편차)	정규	A
2. 기준기 온도계의 교정, $u(\delta t_{r,r})$	교정성적서	정규	B
3. 항온조의 안정도, $u(\delta t_{r,bs})$	측정 또는 교정성적서	사각	B
4. 항온조의 분포도, $u(\delta t_{r,bu})$	측정 또는 교정성적서	사각	B

(1) 기준기 온도계의 온도 반복 측정에 따른 표준불확도, $u(t_{r,i})$

〈표 6〉 기준기 온도계의 0 ℃에서 온도 측정결과

구분	K Type 온도계 측정 온도
표준편차	0.000 ℃
평균의 표준편차	0.000 ℃

따라서, A형 불확도 $u_A(=u(t_{r,i}))$는 다음과 같은 식으로 산출된다.

$$u(t_{r,i}) = \frac{0.000\,℃}{\sqrt{3}} = 0.000\ ℃$$

이때의 자유도는 $\nu(t_{r,i}) = 3 - 1 = 2$ 이다.

(2) 기준기 온도계의 교정에 따른 표준불확도, $u(t_{r,r})$

교정성적서에 명시된 측정불확도는 0.03 ℃, k = 2 이므로

$$u(t_{r,c}) = \frac{0.03\,℃}{2} = 0.015\ ℃$$

k = 2, 신뢰수준 약 95 %이므로 자유도 $\nu(t_{r,r}) = \infty$이다.

(3) 항온조 안정도에 따른 표준불확도, $u(t_{r,bs})$

최대 온도 변화 폭이 ± 0.1 ℃ 이내일 경우 사각형 분포로 평가하므로

$$u(t_{t,s}) = \frac{0.1\,℃}{\sqrt{3}} = 0.058\ ℃$$

이때 자유도는 상대표준불확도를 0 %로 적용하면, R = 0이므로 다음과 같다.

$$\nu_i = \frac{1}{2}(\frac{100}{R})^2 = \frac{1}{2}(\frac{100}{0})^2 = \infty$$

(4) 항온조 온도구배에 따른 표준불확도, $u(t_{t,bu})$

항온조 온도구배 불확도는 항온조 내 기준기 온도계 및 교정대상기기 온도계의 위치의 차이에 의한 불확도로 항온조의 공간에 대한 온도 차이를 평가하여 불확도로 반영해야 한다. 항온조 내부의 온도 편차가 ± 0.002 ℃인 경우 직사각형 분포로 평가하면 다음과 같다.

$$u(t_{t,bu}) = \frac{0.002\ ℃}{\sqrt{3}} = 0.001\ 2\ ℃$$

이때, 측정 시 항온조의 내부의 온도편차인 분포도에 의한 불확도는 충분히 큰 값을 택하였으므로 측정범위의 한계 값에 대하여 100 %의 확신, 또는 확률 1 또는 0 %까지 신뢰할 수 있다고 추정되므로 $v_i = \frac{1}{2}(\frac{100}{R})^2$에 R = 0을 대입하면 항온조 온도구배에 대한 자유도 $\nu(t_{t,bu}) = \infty$이다.

(5) 기준기 온도계의 합성표준불확도, $u(t_r)$

$$t_r = \sqrt{u(t_{r,i})^2 + u(t_{r,r})^2 + u(t_{r,bs})^2 + u(t_{r,bu})^2}$$
$$= \sqrt{0.000^2 + 0.015^2 + 0.058^2 + 0.001\ 2^2} = 0.060\ ℃$$

(6) 유효자유도 ν_{eff}

$$\nu_{eff} = \frac{0.060^4}{\frac{0^4}{2} + \frac{0.015^4}{\infty} + \frac{0.058^4}{\infty} + \frac{0.0012^4}{\infty}} = \infty$$

4. 합성표준불확도, u_c

$$u_c(\Delta t) = \sqrt{u^2(t_r) + u(t_t)} = \sqrt{0.128^2 + 0.060^2} = 0.14\ ℃$$

5. 유효자유도, ν_{eff}

$$\nu_{eff} = \frac{0.14^4}{\frac{0.128^4}{401} + \frac{0.060^4}{\infty}}$$
$$= 573$$

6. 확장불확도, U

$\nu_{eff} = 537$이었으므로 측정결과 불확도 추정 및 표현을 위한 지침(KOLAS-G-002)에 따라 유효자유도가 10이상이므로 정규분포로 가정하여 신뢰수준 약 95 %, k = 2

$$U = k \times u_c(\Delta t) = 2 \times 0.14 = 0.28\ ℃$$

따라서, 확장불확도는 0.3 ℃ (신뢰수준 약 95 %, k = 2)이다.

7. 불확도 총괄표

기준기 온도계(백금저항온도계)와 교정대상기기 온도계(K형 열전대)를 0 ℃에서 비교 교정한 불확도 총괄표는 다음과 같다.

〈표 7〉 불확도 총괄표(빙점 기준)

입력변수 X_i	추정값 x_i (℃)	확률분포	표준불확도 $u(x_i)$ (℃)	감도 계수 c_i	불확도 기여량 $c_iu(x_i)$ (℃)	자유도 ν_i
t_t	0.17	정규	0.128	1	0.128	401
$t_{t,i}$	-	t	0.034	1	0.034	2
$t_{t,r}$	-	직사각형	0.028	1	0.028	∞
$t_{t,h}$	-	직사각형	0.12	1	0.12	∞
t_r	0.000	정규	0.060	1	0.060	∞
$t_{r,i}$	-	t	0.000	1	0.000	2
$t_{r,r}$	-	정규	0.015	1	0.015	∞
$t_{r,bs}$	-	직사각형	0.058	1	0.058	∞
$t_{r,bu}$	-	직사각형	0.001 2	1	0.001 2	∞
Δt	-0.17	정규	-	-	0.14	573

Chapter 8. KS Q ISO/IEC 17025 해설서

1. 적용범위

이 표준은 시험 및 교정 기관의 적격성, 공평성 및 일관된 운영을 위한 일반 요구사항을 규정한다. 이 표준은 인원수와 관계없이, 시험 및 교정 기관 활동을 수행하는 모든 조직에 적용 가능하다. 시험 및 교정 기관 고객, 규제 기관, 동등성평가를 활용하는 조직 및 스킴, 인정기구 및 기타 기관에서 시험 및 교정 기관의 적격성을 확인 또는 인정하는 데 이 표준을 사용한다.

2. 인용표준

(생략)

3. 용어 및 정의

(생략)

4. 일반 요구사항

4.1 공평성

4.1.1

KOLAS 해설

○ 시험 및 교정 기관은 외부 및 내부 상황을 고려하여 경영시스템 및 운영 프로세스별로 공평성 저해 요소를 파악하여야 한다.

○ 시험 및 교정 활동에 부정적 영향을 미치거나, 이해 상충, 압력 또는 기타 요인과 관련된 리스크 식별, 분석 및 판정, 그리고 리스크 처리 등을 위한 관련 프로세스가 운영되어야 한다.

○ 이 조항은 "ISO/IEC 17065"(5.2항) 등에서 요구하는 “공평성 보장 메커니즘”을 반드시 갖추라는 것을 의미하는 것이 아니다.

4.1.2

KOLAS 해설

○ 시험 및 교정 기관의 활동을 공평하게 수행하고, 이해상충을 관리하고 활동의 객관성을 보장할 수 있는 의지표명을 하여야 한다.
○ 공평성에 대한 의지표명에 대한 방법은 문서화된 형식(서명이 포함된 방침, 전자매체 등)으로 공개적인 활용이 가능하게 하는 것이 좋다. 공개되지 않은 단순한 서약서 등은 해당사항 없다.

4.1.3

KOLAS 해설

○ 시험 및 교정 기관의 인원은 공평성을 저해할 수 있는 업무와 관련된 부당한 내부 압력(예: 경영진의 압력, 비정상적인 시험일정 단축 등) 또는 외부 압력(예: 고객 불만, 성적서 변조 요구) 등으로부터 독립되어야 한다.

○ 이해상충 및 부당한 압력의 배제에 관한 서식에의 서명이 일반적이지만, 이 조항을 준수하는 유일한 방법은 아니다. 이것은 시험 및 교정 기관의 방침, 고용조건, 직무기술서, 직원계약 등이 포함될 수 있다.

4.1.4

KOLAS 해설

○ 리스크 식별의 목적은 시험 및 교정기관의 목표를 달성하기 위해 리스크를 발견, 인식 및 설명하는 것으로서 공평성에 대한 리스크의 지속적인 식별은 기관 자체 내에서 합리적인 방법을 통해 실시할 수 있다.(지속적인 의미는 적어도 매년 1회 이상을 의미한다.)

○ 공평성에 대한 리스크는 다양한 수단을 통해 식별될 수 있다. 예로서 내부 고발 정책, 리스크 평가관리 등이 포함된다.

○ 공평성에 영향을 미칠 수 있는 리스크는 다음 사항 등이 있으며 이에 국한하지 않는다.

- 모 기관과의 관계
- 동일한 기관 내 부서와의 관계
- 계열사 또는 관련 조직과의 관계
- 규제자(regulators)와의 관계
- 의뢰자와의 관계
- 인원들의 관계
- 시험 및 교정 대상품목을 설계, 제조, 공급, 설치, 구매, 소유, 사용 또는 관리하는 기관과의 관계

○ 기관의 조직도 또는 기타 수단을 사용하여, 관련된 범위에서 공평성에 영향을 미칠 수 있는 모든 관계를 기재하는 것이 좋다.

4.1.5

KOLAS 해설

○ 시험 및 교정 기관은 특정 시험 및 교정 활동에 대한 공평성 리스크 정도를 고려하여 해당 리스크의 제거 또는 최소화를 위한 조치를 취해야 하며, 취해진 조치에 대한 기록은 유지되어야 한다.

4.2 기밀유지

4.2.1

KOLAS 해설

○ 정보는 고객과 동의한 경우를 제외하고 기밀로 유지되어야 하며, 기관은 기밀정보를 어떻게 보호하는지 명확하게 보여줄 수 있어야 한다. 이것에는 기밀유지 협약(서약) 및 고용계약이 포함될 수 있으나 이에 국한되지는 않는다.

4.2.2

4.2.3

KOLAS 해설

○ 기관이 제 3자로부터 고객의 정보를 얻는 경우, 그 정보는 기관과 고객 간에 기밀로 유지되어야 하며, 기관은 정보제공자가 동의하지 않는 한 고객에게 이 정보 제공자를 공개할 수 없다.

4.2.4

KOLAS 해설

○ 기밀유지 방법은 서약서 작성 등이 있으며, 이에 국한하지 않는다.

5. 조직구조 요구사항

5.1

KOLAS 해설

○ 해당기관은 시험 및 교정 결과로 인해 고객이 피해를 입었을 경우에 민 · 형사적 법률책임을 질 수 있는 법인체 또는 법인체의 일부이어야 한다.

5.2

KOLAS 해설

○ 이 조항에서 언급한 '경영진(management)'은 "시험 및 교정 기관 경영진(laboratory management)"으로서 "KS Q ISO/TS 9002"(품질경영시스템-KS Q ISO 9001:2015의 적용을 위한 가이드라인)에 따르면 '시험 및 교정 기관 경영진'은 조직을 지휘하고 관리하는 인원 또는 그룹으로 조직 내에서 권한을 갖거나, 자원을 제공하는 힘을 가진다.

○ 경영시스템의 적용범위가 단지 조직의 일부만을 포함하는 경우, 조직의 그 일부 부분을 지휘하고 관리하는 사람 또는 그룹을 "시험 및 교정 기관 경영진"이라 부를 수 있다.

5.3

KOLAS 해설

○ 해당기관은 자신의 활동범위(KOLAS에서 인정받은 인정범위)에 적합한 경영시스템을 수립 · 실행 · 유지하여야 한다. 해당기관은 시험 및/또는 교정 결과의 품질 보증에 필요한 범위까지 방침, 시스템, 프로그램, 절차, 지침을 문서화하여야 한다.

○ 시험기관의 인정범위는 시험방법 및 시험항목, 시험품목 또는 시험범위 및 검출한계 등이 해당된다. 교정기관의 인정범위는 분류번호 및 측정량/장비, 현장교정가능여부, 교정방법, 교정범위, 교정 · 측정능력(CMC : Calibration and Measurement Capability) 등이 해당된다.

○ 본문에서 "지속적으로 외부에서 제공되는 시험 및 교정 기관의 활동은 배제한다."라 함은

지속적으로 외부에서 제공되는 위탁업무는 시험 및 교정기관의 활동범위로 볼 수 없다. (7.1.1 비고1 참조)

5.4

KOLAS 해설

○ 고정시설 이외의 장소인 현장에서 수행하는 시험 및 교정, 그리고 장비의 이동교정을 하는 기관도 인정이 가능하다. 이러한 활동이 공인되는 경우 현장 및 이동시설에 적용할 수 있는 인정범위와 최소 불확도(시험능력/교정측정능력)가 인정범위에 포함된다. 또한 현장에서 추정한 측정불확도와 인정범위의 한계는 고정시설에서 수행하는 작업과 다른 경우가 있다. 이러한 경우는 별도의 교정 · 측정능력(CMC)이나 측정불확도 및 인정범위를 정의하여 문서화하여야 한다.

○ 현장 시험 및 교정활동

- 모든 현장 시험 및 교정활동은 신청서에 명시되어야 하며, 해당 기관의 평가 시 함께 평가되며, 인정 범위에서 확인되어야 한다.
- 현장교정을 수행하는 교정기관은 「현장교정 수행을 위한 추가기술요건」(KOLAS-SR-008)에 따른다.

○ 비파괴시험 등 일부 시험기관과 고정 시설의 수리 개축 등으로 인해 시험 및 교정 장비를 이동하여 시험하는 경우가 있다. 이러한 경우에도 해당 기관의 운영이 동 요구사항을 충족시키는 방식으로 운영되어야 한다.

5.5

KOLAS 해설

○ 시험 및 교정활동의 결과에 직접적으로 영향을 미치는 작업을 관리, 수행 및 검증하는 인원에 대해서 책임, 권한 및 상호관계를 명시하여야 한다.

a. 모 조직에 대한 보고 관계를 포함하는 조직도 또는 이와 동등한 문서는 일반적으로 해당기관의 조직 및 경영 구조에 대한 충분한 설명이 되어야 한다.

b. 여기에서 필요한 범위까지 절차를 문서화하라는 의미는 시험 및 교정 활동의 정도, 수준 및 범위 등을 고려하여 시험 및 교정활동의 일관된 적용과 결과의 유효성을 보증할 수 있는 수준까지 문서화하라는 것을 의미한다.

○ 예를 들어, 수행되는 일부 절차가 명확하지 않아 시험 및 교정 결과에 영향을 미칠 수

있다면 해당사항은 문서화가 필요하다.

5.6

KOLAS 해설

○ 새로운 표준에서는 품질책임자(quality manager)라는 용어를 사용하지 않지만, 5.6에서 규정한 의무를 수행하는데 필요한 권한과 자원을 갖는 인원의 역할은 이전 표준의 품질책임자와 동일하나 해당용어에 국한되지 않는다.

5.7

KOLAS 해설

○ "시험 및 교정 기관 경영진(Laboratory management)"은 시험 및 교정 기관내의 경영시스템 관련 인원들이 원활한 의사소통을 할 수 있도록 보장하여야 한다.

a. 의사소통의 도구로는 팀 브리핑, 회의, 게시판, 사내신문, 사보, 시청각자료 및 전자매체 등을 고려할 수 있다.

b. 경영시스템 변경이란 조직이나 인원 등의 운영 시스템의 변경을 의미한다. 경영시스템의 변경은 변경절차에 의하여 수행되어야 한다. 온전성 유지의 확인은 다음과 같은 방법으로 확인할 수 있으며, 이에 국한하지 않는다.

- 경영시스템의 변경의 적절성 여부, 타 경영시스템과의 상충적인 관계존재 여부
- 경영검토나 내부 심사에 의한 시기적절한 평가 등
- 활동의 변경(수단, 일정, 담당자 등)은 권한자의 승인 하에 이루어지는 여부

6. 자원 요구사항

6.1 일반 사항

6.2 인원

6.2.1

KOLAS 해설

○ 적격성을 갖춘 시험 및 교정기관의 내・외부인원들은 식별된 공평성에 대한 리스크(4.1.4항)를 인지하여 공평하게 행동(작업 활동)하고, 경영시스템에 따라 업무를 수행하여야 한다.

○ 시험 및 교정 기관은 인정받고자 하는 범위에 대한 시험 및 교정 활동을 수행하는 모든

인원이 부여받은 업무에 적격함을 직·간접으로 입증하여야 한다.

6.2.2

KOLAS 해설

○ 해당기관은 시험 및 교정업무 결과에 영향을 미치는 기능(업무)에 대해 교육, 자격, 훈련, 기술 지식, 스킬 및 경력 등의 적격성 기준을 포함하여 문서화 하여야 한다. 이러한 문서화는 절차서, 기능별(직무별) 직무기술서 또는 개인별 직무기술서 등으로 할 수 있으며, 이에 국한하지 않는다.

6.2.3

KOLAS 해설

○ 시험 및/또는 교정기관의 경영 및 기술직원은 각자의 책임과 권한이 부여된 활동을 수행하고 이탈 발생의 중대성을 확인하며, 예방 또는 최소화하는 조치를 실행할 수 있는 적격성을 갖추어야 하며, 시험 및/또는 교정기관은 이를 입증할 수 있어야 한다.

6.2.4

KOLAS 해설

○ 시험 및 교정기관 경영진(이하 "경영진"이라 한다.)은 시험 및 교정결과의 신뢰성 확립과 경영시스템 운영의 효과성 달성을 위한 의사소통을 실행하여야 하며, 관련된 정보를 인원들에게 제공함으로써 시험 및 교정결과의 신뢰성과 경영시스템 운영의 효과성을 확립하는데 인원들의 참여 및 개선을 위한 자원이 되게 하여야 한다.

○ 의사소통의 도구로는 팀 브리핑, 회의, 게시판, 사내신문, 사보, 시청각자료 및 전자매체 등을 고려할 수 있다.

6.2.5

KOLAS 해설

○ 시험 및 교정 업무를 원활히 수행할 수 있도록 교육, 전문기술자격, 경력요건 등을 규정하고 규정된 요구사항에 맞는 직원을 임명하여 업무를 수행하여야 한다.

직원의 효과적인 관리와 개인의 역량을 정확히 파악하기 위하여 직원에 대한 기록을 지속적으로 유지할 필요가 있다. 특히, 권한사항, 역량, 전문적 자격, 훈련, 기술 및 경력에 대한 사항은 직원의 임명, 자격부여, 책임 소재 확인 등에 필수적인 기록으로 유지하여야 한다. 이 기록은 필요시 이용이 가능해야 하며 자격부여 발효의 유효성을 확인할 수 있도록 승인일자를 포함하여야 한다.

○ 시험 및 교정기관이 시험 및 교정 활동에 영향을 미칠 수 있는 업무를 수행하는 인원을 확보하여 자격을 부여하고, 수행업무를 모니터링 하는 방법 등에 대한 업무 절차가 규정되어야 하며, 관련 기록을 보유하여야 한다. 이러한 절차에는 다음 사항이 포함되어야 하며, 이에 국한하지 않는다.

- 인원에 대한 적격성 요구사항의 결정
- 적격성 기준에 부합함을 보장할 수 있는 평가 방법
- 지속적인 역량을 유지할 수 있도록 실시하여야 하는 훈련 등의 필요성을 파악하는 절차와 훈련 실시 및 보고 등에 관한 사항
- 자격 인증된 인원이 수행하는 업무에 대한 검토/승인 절차를 포함하여 연수 중인 인원을 활용하는 경우 연수중인 인원이 수행하는 업무 범위 결정과 이에 대한 관리 사항
- 자격 인증된 인원에 대한 권한 설정 : 권한 설정에는 업무의 특수성과 전문성이 고려되어야 한다.
- 시험 및 교정기관 활동에 영향을 미칠 수 있는 업무를 수행하는 인원의 업무 역량에 대한 모니터링 방법 및 주기 설정

6.2.6

KOLAS 해설

○ 해당기관은 일상적인 시험 및/또는 교정 업무와는 별도로 특정 유형의 샘플링, 방법의 유효성 확인, 시험 및/또는 교정 수행, 성적서 또는 증명서의 검토/승인, 표준(기준)과의 적합성 진술(7.8.6.1항 참조), 의견 및 해석의 제시 등의 특정 활동을 파악하고 수행할 수 있는 역량 있는 인원을 확보하고 권한을 부여하여야 한다.

○ 새로운 표준에서는 기술책임자(technical management)라는 용어를 사용하지 않지만, 6.2.6에서 규정한 활동을 수행하는데 필요한 권한과 자원을 갖는 인원의 역할은 이전 표준의 기술책임자와 동일하나 해당용어에 국한되지 않는다.

6.3 시설 및 환경 조건

6.3.1

KOLAS 해설

○ 교정에서의 측정분야별 표준실 환경기준은 「환경평가 수행을 위한 지침」(KOLAS-G-012)의 [별표 1]을 참조한다.

6.3.2

KOLAS 해설

○ 해당기관은 환경 조건이 결과를 무효화하거나 요구되는 측정 품질에 부정적인 영향을 미치지 않도록 보장하여야 한다. 해당기관의 고정시설 이외의 장소에서 샘플링, 시험 및/또는 교정을 실시하는 경우에는 특별한 주의가 필요하다. 시험 및 교정결과에 영향을 미칠 수 있는 시설 및 환경조건에 대한 기술적 요구사항은 문서화하여야 한다.

6.3.3

KOLAS 해설

○ 모든 시험 및 교정 결과는 특정한 환경조건하에서 유효하다. 시험 및 교정기관이 정확한 시험 및 교정을 실시하기 위해서는 시험 및 교정 항목의 특성에 따라 적합한 환경조건을 설정하고 이러한 조건들이 항시 유지됨을 보장하여야 한다.

6.3.4

KOLAS 해설

○ 시험 및 교정의 실시 조건을 유지하기 위해 필요시 출입의 통제가 요구될 수 있다. 가운착용, 방청화 착용, Air shower 채택, 허가받지 않은 인원의 접근 제한, 동시 작업 인원수 통제 등 다양한 방법에 의한 환경조건 관리 시스템이 채택될 수 있다.

○ 양립할 수 없는 활동이란 어떤 활동이 다른 활동에 부정적인 영향을 미치는 경우를 뜻한다. 예를 들면, 진동에 중요한 영향을 받는 측정과 함께 시험 또는 교정의 과정에서 진동을 발생시켜야하는 측정을 모두 수행하는 기관이라면 부정적 영향을 차단하기 위해 미리 격리 조치를 취하여야 한다.

6.3.5

KOLAS 해설

○ 관리하고 있는 시설 및 장소 이외에서 이루어지는 서비스에 대하여는 세심한 주의가 필요하

다. 실제로 현장 시험 및 교정의 경우는 적용하는 방법과 절차를 달리해야 하는 경우가 있으며, 필요시 현장시험 및 교정 수행 시 해당 현장시험 및 교정지침을 준수하여야 한다.(교정의 경우 예로서, 「현장교정수행을 위한 추가기술요건」(KOLAS-SR-008) 등 참조)
○ 고정 시험 및 교정 시설 이외에서 시험 및 교정 측정 장비를 이동하여 시험 및 교정을 실시하는 경우 해당기관의 운영이 동 요구사항을 충족시키는 방식으로 운영되어야 한다.

6.4 장비

6.4.1

KOLAS 해설

○ 승인받지 않은 인원에 의한 장비의 사용이 허락되어서는 안 되며, 접근이 허가된 인원은 해당 장비 등의 운용이 가능하여야 한다.

○ KOLAS는 장비에 대해 직접 보유를 원칙으로 하며, 상시 및 지속적으로 사용할 수 있는 조건을 갖추어야 한다.

○ 해당 장비를 보유하고 있는 소재지에 대해 명확히 해야 한다. 장비를 보유에 한정하지 않고 "필요한 장비를 보유해 항상 사용할 수 있는 상태로 자신의 관리 하에 두어야 한다."는 의미로 임대(리스 · 렌탈 등)도 가능하지만 이러한 경우 전용 장비로 활용할 수 있어야 한다.
다만, 임대의 경우 해당 장비를 단독으로 사용할 수 있다는 임대사실을 포함하여 입증할 수 있는 증명자료를 보유하여야 한다.

6.4.2

KOLAS 해설

○ 사용하지 않고 있는 장비 또는 외부로부터 임대 등에 의해 아웃소싱된 장비 등 상시 관리를 하지 않는 장비를 사용하는 경우, 장비의 소급성 등 해당 표준에서의 요구사항이 충족되어야 한다.

6.4.3

6.4.4

KOLAS 해설

○ "규정된 요구사항"이란 장비를 설치 또는 사용 전 적용하는 시험 또는 교정 표준이나 제조자

매뉴얼의 요구사항에 부합하다는 것을 해당기관이 사용하는 정도에 따라서 아래 사항을 참고하여 적합함을 검증하면 된다.

- 사용 범위 및 소급성 충족성
- 사양 충족성
- 제조자 매뉴얼에 규정된 설치 조건 충족 등

여기서 「장비를 설치하거나 또는 사용하기 전」이란 주로 "설치하고 처음으로 사용할 때" 또는 "일정기간 사용하지 아니하다가 다시 사용할 때"를 의미한다.

6.4.5

KOLAS 해설

○ "요구되는 측정정확도 및/또는 측정불확도"란 해당 시험 및 교정 방법(표준)에서 요구하고 있는 장비의 정확도 및/또는 불확도를 말한다.

6.4.6

6.4.7

6.4.8

KOLAS 해설

○ 장비 교정상태 또는 교정 유효기간을 나타내는 교정필증 등은 사용자가 해당 장비 사용시 식별할 수 있도록 부착하여야 한다. 다만, 직접적으로 부착이 불가능한 경우는 별도 식별하여 관리를 해야 한다.

6.4.9

6.4.10

KOLAS 해설

○ 시험 및 교정기관은 시험결과에 미치는 영향량과 장비 특성의 안정도를 고려하여 필요한 경우 중간점검 대상 장비를 선정하여야 한다.(예로서 교정의 경우 보정값 등을 결정하는데 직접 사용되는 기준장비는 중간점검에 포함되어야 한다.)

○ 점검절차에는 장비의 신뢰성 유지를 위하여 중간점검 항목, 중간점검 주기, 중간점검 판정기준, 중간점검 방법 등을 포함할 수 있다.

○ 중간점검 결과는 정량적인 데이터를 도출하여 데이터의 경향 분석을 할 수 있는 노력이 필요하고, 직전 교정성적서의 정보(불확도, 보정값 등) 또는 제조사 사양 등을 활용하여 판정기준을 과학적이고 합리적으로 설정할 수 있다.

6.4.11

KOLAS 해설

○ 측정 장비의 교정성적서 및 표준물질 인증서에 기준값과 보정계수가 주어졌는지 확인하고 기준값이나 보정계수가 주어지는 경우 이를 시험 및 교정 결과에 반영하여야 한다.

6.4.12

KOLAS 해설

○ 시험 또는 교정 결과의 무효화 방지를 위해 잠금장치 또는 개봉 유무를 확인할 수 있는 봉인지 등 장비의 임의조정 방지 조치를 실시할 수 있다.

6.4.13

KOLAS 해설

○ 교정대상 및 교정주기는 「교정대상 및 주기설정을 위한 지침」(KOLAS-G-013)을 참고할 수 있다.

6.5 측정소급성

6.5.1

KOLAS 해설

○ 교정기관이 실시한 교정 및 측정이, 국제단위계(SI)에 소급 가능함을 보장하도록 설계하여 운영하여야 한다. 국제단위계(SI)는 "KS A ISO 80000-1"(양 및 단위 - 제 1부 : 일반사항)을 참조

○ 시험 및 교정 기관은 "ISO/IEC 17025"의 요구 사항을 충족하는 교정기관, "ISO 17034"를 충족하는 표준물질 생산기관의 표준물질 및 국가 표준 또는 국제 표준과의 끊어지지 않는 비교사슬의 고리를 통해 SI를 직접 구현함으로써 측정 결과의 소급성을 입증할 수 있다. 상세사항은 ILAC P10(ILAC Policy on the Traceability of Measurement Results) 또는 「측정결과의 소급성 유지를 위한 지침」(KOLAS-G-020)을 참조한다.

○ “국내/국제 표준과의 직접 또는 간접 비교”는 끊어지지 않는 비교사슬의 고리 연결방법(직접 또는 간접 측정 등)을 의미하며 그 적용 예는 다음과 같다.

[예, 일반적으로 순도는 관심있는 성분의 질량분율로 기술된다. 이것은 주성분의 질량분율 또는 몰분율을 직접 측정하는 접근법과 개별 불순물 및/또는 별개의 부류의 질량분율을 확인하고 뺄셈에 의해 물질의 주성분을 추정하는 “간접적인” 접근법(질량균형법이라고도 함)에 의해 결정될 수 있다.]

○ 시험 및 교정 기관은 측정소급성 요구사항에 대한 준수를 보장하기 위해 표준물질을 준비하는데 사용되는 표준물질 또는 시약(예: 인증표준물질 및 교정 표준)에 대한 인증서를 보관하여야 한다.

○ 결과의 유효성에 영향을 미치는 화학 물질 및 시약은 그것이 목적에 부합한다는 것을 입증할 수 없는 한 유효기간 이후의 것을 사용할 수 없다.

6.5.1

6.5.2

6.5.3

KOLAS 해설

○ 측정소급성에 대한 세부 지침은 「측정결과의 소급성 유지를 위한 지침」 (KOLAS-G-020)을 참조한다.

6.6 외부에서 제공되는 제품 및 서비스

6.6.1

KOLAS 해설

○ 6.6절은 이전 판의 위탁계약 개념을 포함하고 있어, 구매와 위탁이 하나의 절로 정리되었다.

○ 해당기관 활동에 영향을 미치는 외부에서 제공되는 제품 및 서비스란 장비뿐만 아니라 시약류, 표준물질, 측정기기, 시편 제작기, 디스켓 및 각종 초자류 등을 들 수 있다. 이러한 물품들의 품질수준은 최종 시험 및 교정결과에 영향을 미칠 수 있다. 또한, 시험 및 교정결과에 영향을 미치는 서비스구매의 예로는 교정기관의 선정을 들 수 있다.

a. “시험 및 교정 기관 자체 활동에 포함하려는 경우”는 외부공급자를 통하여 시험 및 교정을

수행하는 것을 의미한다. 이는 해당 기관이 시험 및 교정 활동을 수행할 자원과 역량을 가지고 있으나, 예상하지 못한 이유 또는 비연속적 활동 등으로 해당 기관의 활동의 일부 또는 전부를 수행할 수 없는 경우를 의미한다.

b. "외부공급자로부터 받은 대로 시험 및 교정 기관에서 고객에게 전체 또는 일부를 직접 제공하는 경우"라 함은 외부공급자가 고객이 의뢰한 시험 또는 교정항목의 전체 또는 일부를 수행하는 경우이며

- 전체를 수행한 경우 시험 및 교정 기관은 외부공급자가 발행한 성적서를 직접 제공할 수 있으며
- 일부를 수행한 경우 시험 및 교정 기관은 외부공급자가 발행한 성적서의 정보를 활용하여 자체 수행한 시험 및 교정 항목과 함께 자체성적서로 제공할 수 있다

c. "시험 및 교정 기관 운영을 지원하기 위해 사용되는 경우"라 함은 해당 기관이 이 표준의 요구사항을 충족시키기 위해 구매하는 물품/서비스의 사용을 의미한다.

예: 장비 및 소모품, 표준물질, 시약, 측정 장비의 소급성 유지를 위한 교정, 후속 시험을 위한 샘플링 의뢰, 숙련도 시험 참가, 측정심사 의뢰, 외부 인원에 의한 평가 및 내부 심사 등

6.6.2

KOLAS 해설

○ 시험 및 교정기관은 외부에서 공급받는 제품 및 서비스로 인해 경영시스템 운영 및 시험 및 교정 업무 수행 결과 품질이 영향을 받을 수 있는 범위를 확인하고, 해당 업무 범위에서 요구되는 외부로부터 공급받는 제품 및 서비스의 품질요구사항을 문서화하여야 한다. 문서화된 절차에는 본문 a)~d)의 사항이 포함되어야하며, 관련 기록을 유지하는 시스템이 규정되어야 한다.

○ 자격 있는 외부공급자의 예로는

- KOLAS 공인기관이나 ILAC MRA에 서명한 인정기구로부터 인정받은 기관으로, 이에 국한되지는 않는다. (인정받지 않은 외부공급자를 활용하는 경우 시험 및 교정기관은 "KS Q ISO/IEC 17025"에서 해당되는 요건을 충족하는지 여부를 판단하여 결정할 수 있다.)
- 위탁기관의 인정 범위와 인정 상태가 최신임을 확인하기 위해 정기적으로 검토하여야 한다.
- 교정기관 선정 시에는 교정기관의 교정 범위 및 교정· 측정능력(CMC)등을 고려하여 선정할 수 있다.

6.6.3

7. 프로세스 요구사항

7.1 의뢰, 입찰 및 계약의 검토

7.1.1

KOLAS 해설

○ 고객이 의뢰 입찰하였을 때 고객의 요구사항을 명확하게 이해하고 이를 고객에게 제공하기 위한 절차를 갖추어야 한다.

○ 동일한 대규모 조직에 소속된 시험 및 교정 기관은 자체 시험이나 교정을 계약하려는 경우에도 이러한 요구사항을 충족해야한다.

a. 고객은 때때로 해당기관의 인원이 결과를 해석해주고 그들의 문제 및 질문에 대해 해결책을 제시해줄 것을 요구하고 있다. 고객이 해당기관에 시험 및 교정을 의뢰하였을 때 해당품목의 시험 및 교정 항목을 고객의 요구수준대로 충분히 시험 및 교정을 할 수 있는 기술적 능력이 있는가를 검토하는 항목이다.

- 간혹 어떤 해당기관에서는 자기기관의 기술능력과 업무능력을 무시하고 고객의 시험 및 교정 의뢰를 무분별하게 접수하여 고객과 해당기관의 신뢰관계를 저하시키는 경우도 있다.

- 따라서 해당기관은 고객의 시험 및 교정 업무에 대한 해당기관의 능력을 검토하는 절차를 갖추어야 한다.

b. "능력과 자원"에 대한 검토는 시험 및 교정 기관이 필요한 물리적 자원, 인적 자원, 정보 자원을 보유하고 있으며, 해당기관의 직원은 해당 시험 및 교정 실시에 필요한 기술 및 지식을 갖추고 있음을 확인하는 것을 말한다.

c. 외부공급자를 활용하는 경우 고객에게 외부공급자에 의해 특정 시험 및 교정 기관 활동이 수행됨을 고객에게 서면, 전자매체 등의 고지에 대한 행위를 확인할 수 있는 방법을 통하여 알리고 고객의 승인을 받아야 한다.

- 의뢰, 입찰 및 계약 검토는 실질적이고 효율적인 방식으로 실시하여야 하며, 재정적, 법률적 영향 및 일정 등을 고려하여 실시할 수 있다. 내부고객 또는 외부고객이더라도 일상적인 고객의 경우 의뢰, 입찰 및 계약 검토를 간단한 방법으로 수행할 수 있다.(예: 연간교정/시험 의뢰계약 등)

- 비고 1. KOLAS에서는 시험 및 교정 기관이 활동을 수행할 수 있는 자원과 역량을 보유하지 못한 경우를 인정하지 않는다.

7.1.2

KOLAS 해설

○ 고객이 요청한 시험 및 교정 방법이 최신의 것이 아닐 수도 있다. 이러한 경우에는 해당기관의 시험 및 교정 인정범위 내에서 구본에 의한 시험 및 교정을 수행할 수 있다. 다만, 이때 구본은 반드시 시험/교정 일자 기준으로 KOLAS 인정서에 등록되어 있는 시험 및 교정 방법이어야 한다.

7.1.3

KOLAS 해설

○ 의사결정규칙이란 규정된 요구사항과의 적합성을 진술할 때 측정불확도가 어떻게 고려되었는지를 기술한 규칙(3.7항)을 말한다.

- 고객이 적합성 진술을 요구하는 경우에는 시험 및 교정기관은 의뢰 요청, 계약검토 단계에서 이를 고려하고 결과에 대한 결정 규칙을 포함시켜야 한다. (7.8.6항 참조)
- 시험 및 교정 결과는 해당 시료와 항목에만 적용되는 결과이다. 적합성진술을 할 경우 적합성진술 범위와 적용기준을 명확하게 하여야 한다.
- 의사결정은 시방이나 표준에서 정의한 허용한계 등을 적용할 수 있으며, 특히 시험 및 교정 결과 값이 매우 근소한 차이로 허용한계 이내에 있을 경우, 측정불확도를 고려한 결정 규칙(decision rule)을 정의하고 적용하여야 한다.

○ 「시험/교정 결과와 규격과의 적합성 보고 방법」(KOLAS-G-003) 및 "ISO/IEC Guide 98-4"(측정불확도-적합성 평가에서 측정불확도의 역할)을 참조한다.

○ 교정에서는 일반적으로 합격/불합격에 대한 적합성 진술은 신중해야 한다. 이는 사용자의 용도가 확인되지 않아 진술이 부적절할 수 있기 때문이다. 측정기 제조에 대한 규격이 정확도 또는 정밀도 등을 표시하고 있는 경우가 많으나, 이는 교정이나, 사용에 대한 기준은 아니다. 따라서 측정기 사용에 대한 적합성 판단은 통상적으로 사용자의 몫이다. 특정 교정의 경우(분동, 게이지블록 등의 국제규격에서의 등급별 허용오차 또는 불확도) 적합성진술을 필요로 하는 품목이 예외적으로 적용될 수 있다.

7.1.4

7.1.5

7.1.6

KOLAS 해설

○ 고객의 요구사항이 변경될 경우 계약 검토 절차를 재진행하여야 한다.

○ 이러한 검토는 변경사항이 시행되기 전에 모든 변경사항을 고객 또는 그 대리인, 해당직원 등 관련된 모든 인원에게 전달되어야 한다.

7.1.7

KOLAS 해설

a. 각종 재판 시민 · 형사적 판단기준 제공, 각종 인 · 허가 및 사후관리 판정기준 제공, 제품 인증 목적 등 해당기관에서 의뢰자의 시험 및 교정 결과와 그 과정에 대해 기밀을 유지하여야 할 사항과 단순히 품질향상, 구매결정 등을 위하여 적극적으로 정보제공을 하여야 할 사항 등이 있을 수 있다.

특별한 경우를 제외하고는 해당기관은 고객이 원할 경우에는 시험 또는 교정 과정을 수시로 공개할 수 있어야 하고 이용하는 고객이 불편을 느끼지 않도록 하여야 한다.

단, 이러한 경우 시험 및 교정과정 공개 중에 다른 고객의 정보, 기밀사항 등의 보안을 유지할 수 있도록 시험 및 교정기관은 주의를 기울여야한다.

7.1.8

KOLAS 해설

○ 중대한 변경사항이 포함된 경우 고객의 요구사항 또는 계약 수행기간동안 작업 결과와 관련하여 고객과 논의한 사항을 기록하고 보유하여야 한다.

○ 해당기관에서 실시하는 시험 및 교정 의뢰 검토는 일상적이고 단순한 업무가 아닌 고도의 기술적 업무이므로 변경사항 검토와 관련된 기술적 평가에 대한 기록을 유지하는 것이 매우 중요하다.

- 의뢰, 입찰 및 계약검토의 변경사항
- 변경내용에 대한 기술적 검토 사항
- 변경사항에 대하여 관련 있는 모든 인원에게 통보하였는지 여부

7.2 방법의 선정, 검증 및 유효성 확인

7.2.1 방법의 선정 및 검증

7.2.1.1

KOLAS 해설

○ 측정절차(measurement procedure)란 측정 모형(model)을 기초로 하여, 측정결과를 얻기 위한 계산을 포함하며, 하나 이상의 측정원리와 주어진 측정방법에 따른 측정에 대한 상세한 설명을 말한다.("KS A ISO/IEC Guide 99" 2.6 참조)

- 측정절차는 통상적으로 사용자가 재현성 있게 측정을 수행할 수 있도록 자세하게 문서화한다.
- 측정절차는 목표 측정불확도에 대한 설명을 포함할 수 있다.

○ 시험방법표준에서 측정절차가 명확하게 기술되어 재현성 있게 측정할 수 있다면, 별도의 측정절차(SOP 등)를 보유할 필요는 없다.

7.2.1.2

KOLAS 해설

○ 시험 및 교정기관은 지침의 부재가 시험 및/또는 교정 결과에 부정적인 영향을 미칠 수 있으므로, 관련 장비의 이용 및 운영과, 시험 및/또는 교정 품목의 취급 및 준비에 관한 지침을 보유하여야 하고 해당기관의 작업에 관련된 모든 지침, 규격, 매뉴얼 및 참고자료는 최신본이어야 하며, 관련 직원들이 쉽게 이용 가능하여야 한다.(8.3 참조)

7.2.1.3

KOLAS 해설

○ 시험 및 교정방법에 대한 표준의 경우, 인정범위 상에 구본이 포함된 경우에는 최신본이 아닌 구본도 관리되어야 한다.

○ 교정기관의 경우 매년 KASTO 발행 표준교정절차서가 제정 또는 개정되고 있으며, 유효하고 편리한 방법으로 가장 널리 사용되고 있으며, 교정기관이 KASTO 발행 교정절차를 표준교정방법으로 채택하고 있다면 제/개정 내용은 즉각적으로 검토하고 반영하여야 한다. 제/개정 여부 파악/ 내용 검토/ 절차서 변경/ 기술기록서 변경/ 최소적용기일 보장 등의 절차 수립이 필요할 것이다.

○ 국제, 지역 또는 국가 표준 또는 기타 공인된 시방서는 모두 즉각적 사용이 가능하다. 그러나 채택하는 교정절차가 국제표준이 존재함에도 불구하고 절차의 이행이 어렵거나, 복잡하다는 사유 등으로 일부 절차가 누락되거나, 기술수준이 저하되었다면, 국제상호인정제도의

취지에 저촉될 수 있다. 가능한 한 국제적 표준이 정하는 방법이 우선되는 것이 좋다.

7.2.1.4

KOLAS 해설

○ 고객이 사용할 방법을 지정하지 않은 경우라 하더라도 시험 및 교정기관이 인정받은 인정범위에서의 방법을 선택하고 이를 고객에게 통보하여야 한다.

7.2.1.5

KOLAS 해설

○ 시험 및 교정 기관은 수용 가능한 수준의 성능으로 표준 방법을 수행할 수 있는지를 기술인력, 보유 장비 및 시설 등 확보된 자원을 근거로 운영 가능성을 검증하고 기록을 유지하여야 한다.

○ 방법 수행능력의 검증은 제·개정 방법대로 수행 능력의 확인이 우선되어야 하다. 검증기록 보유방법의 예로서 시험 및 교정 방법의 선정 시 기술검토 절차를 수립하고 기술검토보고서 등을 작성하여 기술책임자의 승인을 득한 기록을 유지할 수 있으나 이에 국한하지 않는다.

○ 방법이 발행기관에 의해 개정된 경우에도 검증이 필요하다. 다만, 개정된 사항이 시험 및 교정 결과 값에 영향을 주지 않는 경우(예: 용어 변경 등의 개정) 검증이 불필요하다.

7.2.1.6

7.2.1.7

7.2.2 방법의 유효성 확인

7.2.2.1

KOLAS 해설

○ "유효성 확인"이란 해당기관이 채택한 시험 및 교정 방법이 의도한 목적에 적합하다는 것을 시험, 평가 등 과학적 기법을 사용하여 이를 객관적으로 입증하는 행위로 해당기관이 다음의 방법을 채택하여 사용하고자 할 때 반드시 이행하여야 할 절차이다.

① 표준이 아닌 방법

② 시험 및 교정기관이 설계/개발한 방법

③ 의도한 범위 외에 사용되는 표준방법
④ 표준방법의 확장 및 변경

○ 시험기관의 경우 분석절차에 대한 유효성 확인 수단으로 국제적으로 널리 알려져 있는 방법 또는 절차를 적용하는 것이 좋다. 이때, 표준방법의 확장 또는 일부만을 변경하는 경우에는 필요시 유효성 확인방법 및 절차의 일부만을 적용할 수 있다.

○ 해당기관은 유효성 확인을 위한 모든 과정을 수행한 후 그 최종결과에 대해 적합성 여부를 공식적으로 진술하여야 한다.

- 유효성 확인이 필요한 방법 채택 여부 및 유효성 확인 실시 여부
- 유효성 확인절차가 구체적으로 구비되어 있는지의 여부
- 유효성 확인에 적용된 각종 방법의 적합성 여부
- 유효성 확인으로 얻은 범위와 정확도는 고객의 요구에 적절한 지의 여부

유효성의 확인방법은 국제적으로 널리 알려져 있는 방법 또는 절차를 적용하는 것이 좋다. 유효성 확인 시 참조할 수 있는 자료의 예로는

1) 「화학적 시험방법의 유효성 확인을 위한 지침」 (KOLAS-G-015)

2) "NATA Technical Note 17"(Guideline for the validation and verification of chemical methods, The Fitness for Purpose of Analytical Methods - A Laboratory Guide to Method Validation and Related Topics ; First English Edition 1.0, 1988. EURACHEM Guide)

3) Validation of Analytical Procedure : Methodology, Step 4 of the ICH Process on 6 November 1966 by the ICH Steering Committee.

등을 들 수 있다.

7.2.2.2

KOLAS 해설

○ 유효성 확인 시 수행특성에 대한 자세한 내용은 「화학적 시험방법의 유효성 확인을 위한 지침」 (KOLAS-G-015)을 참고할 수 있다.

7.2.2.3

7.2.2.4

7.3 샘플링

7.3.1

KOLAS 해설

○ 샘플링이 시험기관의 직접적인 관리 하에 있을 때, 이 조항의 요구사항이 적용된다.

○ 시험 및 교정기관은 샘플링을 수반하는 시험 또는 교정을 실시하는 경우, 샘플링 방법에 관한 요구사항 등을 기술한 안내서를 준비해 두는 것이 좋은 방법 중 하나가 될 것이다.

○ 샘플링 방법에 대해 참고할 수 있는 표준으로는 "KS Q 1003"(랜덤샘플링 방법), "KS Q ISO 24153"(랜덤샘플링 및 랜덤화 절차), "KS Q 0001"(계수 및 계량 규준형 1회 샘플링 검사), "KS Q ISO 2859" 시리즈(계수형 샘플링검사 절차)를 예로 들 수 있다.

○ KOLAS에서는 샘플링(시료채취)을 독립적인 활동으로 인정하지는 않지만, 시험 및 교정기관이 시험 및 교정업무 수행을 위해 샘플링을 실시하는 경우는 인정할 수 있다.

7.3.2 샘플링 방법

KOLAS 해설

○ 이 조항의 요구사항은 시험기관이 서브샘플링을 수행하는 경우 적용된다. 서브샘플링의 경우, 전형적으로 균질한 시료(예를 들어, 대부분의 액체 샘플)는 분석 전에 철저하게 교반하는 지침서와 같이 간단하게 수행할 수 있다; 그러나 전형적인 불균질한 시료(토양, 침전물 및 폐기물)의 경우 샘플링 방법 및 계획이 더 상세해야 한다. 사용된 샘플링 방법은 다음의 사항을 적용하여야 한다.

- 전체 시료를 대표하는 표본시료를 생성한다.
- 정량 분석 대상 물질에 적절해야 한다. (예: 휘발성 화합물의 증발 방지)
- 오염 가능성을 최소화하여야 한다.

또한, 분석 프로세스의 반복성을 평가하는데 사용되는 반복시험시료는 처리된 표본시료가 아니라 원 시료에서 가져와야 한다.

○ 샘플링을 수행하는 경우 다음 조건을 충족해야 한다.

- 문서화된 샘플링 절차가 유지되어야 한다. 이들은 국가 표준 또는 국제 표준일 수 있다. 사내 방법을 사용하는 경우 의도된 용도에 대한 유효성을 입증해야 한다.

- 샘플 시험 및 교정 결과를 전체 배치로 확장하고자 할 때마다 샘플링 절차를 시험 및 교정 보고서에 인용해야 한다.

7.3.3

KOLAS 해설

a. 샘플링 방법은 시험 및 교정 품목에 따라 다양한 방법이 활용될 수 있으며, 적용되는 경우, 샘플링 절차가 근거하고 있는 통계량을 포함할 수 있다. 샘플링 방법에는 단순 랜덤 샘플링, 층별 샘플링, 계통샘플링 등이 있다. (예: "KS Q 1003", "KS Q ISO 24153", "KS Q 0001", "KS Q ISO 2859" 시리즈, 등을 참고할 수 있다.)
f. 시험 및 교정 결과의 해석에 영향을 미칠 수 있는 경우의 샘플링 환경 및 수송조건을 의미한다.

7.4 시험 또는 교정 품목의 취급

7.4.1

KOLAS 해설

○ 여기서 온전성(integrity)이란 품목 취급에 있어, 해당 기관의 실수라고 여겨지는 결함이 없는 무결성을 말한다. 이와 관련하여 고객과 다툼이 발생할 가능성이 크므로 각별히 주의하여야 한다.

○ 해당 기관과 고객의 이해(interest)를 보호하는 것은 품목의 취급 과정에서 발생할 수 있는 다툼, 책임소재 및 이해관계 등에서 발생하는 문제를 방지하는 것을 의미한다.

○ 의뢰된 품목이 일시적으로 보관하는 것을 포함하여 시험 및 교정 실시 전까지 보관되는 장소는 품목에 부정적인 영향을 주지 않도록 환경을 관리하여야 한다.

7.4.2

7.4.3

KOLAS 해설

○ 시험 또는 교정 품목이 시험 및 교정 방법에서 요구하는 품목의 조건에서 이탈하는 경우 고객과 해당사항에 대한 협의가 되고 고객이 이를 인정하였다면, 시험 및 교정기관은 이로 인한 이탈의 책임이 없음을 명시하는 단서 조항(품목의 이탈사항으로 결과에 영향을 미칠 수 있음 등)을 성적서에 포함해야한다는 요구 사항이 새로 추가되었다.

7.4.4

7.5 기술 기록

7.5.1

KOLAS 해설

○ 시험 및 교정 기관은 수취된 상태의 시험 및 교정 품목과 원시데이터를 포함하여 그 시험 및 교정 품목의 결과로서 발행되는 보고서간에 추적성을 갖춘 기록시스템을 유지하여야 한다.

○ 기술기록관리에 대해서는 「공인기관의 기술기록관리에 관한 기본지침」(KOLAS-G-018)을 참고한다.

○ 원시데이터(Raw data) 및 계산으로 유도된 가공데이터 둘 다 보존하는 것이 원칙이다. 데이터처리시스템이 사용되는 경우는 그 데이터가 전자적으로 직접처리시스템에 입력되는 경우를 제외하고 원시데이터 기록을 보관하여야 한다.

7.5.2

KOLAS 해설

○ 기술기록에 대한 수정은 잘못된 부분을 지우거나 읽지 못하게 삭제하지 말고, 횡선을 긋고 그 옆에 기록하거나, 틀린 글자를 지우지 않고 그 글자 옆에 바른 글자를 붙여 써서 틀린 곳을 나타내게 할 수 있다.

○ 전자기록에 대한 수정은 원래의 관찰 사항을 추적할 수 있도록 원래의 데이터와 수정된 데이터를 모두 보유하고 있어야 한다.

기술기록 수정 시에는 변경일, 변경된 부분, 변경에 대한 책임이 있는 인원에 대하여 표시를 포함하여 유지하여야 하고 정정자를 추적할 수 있도록 정정자의 서명 또는 전자서명을 남겨야 한다.

7.6 측정불확도 평가

7.6.1

KOLAS 해설

○ "기여량"이란 측정결과의 불확도 성분에 기여하는 양을 말한다.

○ 시험 및 교정 기관은 다양한 기술 분야의 불확도를 산출할 때 「측정불확도 추정 및 표현에 관한 지침」(KOLAS-G-002), 「교정 · 측정능력 산출 및 유지관리 지침」(KOLAS-G-004), 「시험분야 측정불확도 추정에 관한 지침」(KOLAS-G-005) 및 "EA-4/02"(교정에서의 측정불확도 표현)을 참조한다.

○ 샘플링이 중요한 불확도 요인으로 판단되는 경우 샘플링에 의한 불확도 기여량을 반영한다.

○ 참고로 「시험분야 측정불확도 추정에 관한 지침」(KOLAS-G-005)에서는 시험기관은 각 시험에 대한 불확도의 모든 주요성분을 파악하도록 요구하며 전체 불확도 크기의 1/3~1/5 이하의 (단위)불확도 성분은 일반적으로 전체 불확도에 큰 영향을 주지는 않으나 이러한 것이 여러 개 모이면 무시할 수 없는 수준이 될 수 있다.

7.6.2

KOLAS 해설

○ 교정기관은 교정 활동에서 달성할 수 있는 최소의 측정불확도를 나타내는 교정 · 측정능력(CMC)을 평가한 기록을 보유하고 있어야 한다.

- CMC에 대한 추가 정보는 「교정 · 측정능력 산출 및 유지 관리 지침」(KOLAS-G-004)를 참조한다.

○ "내부교정(in-house calibration)"을 실시하는 시험기관에 대해서는 평가반 구성 시 1인 이상의 교정 분야 평가사가 기술전문가로 평가기간 중 일부 또는 전체적으로 참여하어야 한다.

- 내부교정의 용어정의는 「국가교정기관지정제도운영요령」(KOLAS-R-002)을 참조한다.
- 내부교정을 실시하는 시험 및 교정기관의 인정신청서에는 "내부교정"이라는 문구를 포함해야 한다.
- "내부교정(in-house calibration)"은 자체교정(self-calibration)과는 구별되어야 한다.

○ 내부교정을 수행하는 시험 및 교정기관은 국제적으로 활용되는 측정불확도 평가 지침(GUM, EA-04/02 등) 의 추정 원리와 방법을 적용하여 불확도를 평가한다.

7.6.3

KOLAS 해설

○ 시험 및 교정 기관은 다양한 기술 분야의 불확도를 산출할 때 「측정불확도 추정 및 표현에

관한 지침」(KOLAS-G-002), 「교정 · 측정능력 산출 및 유지관리 지침」(KOLAS-G-004), 「시험분야 측정불확도 추정에 관한 지침」(KOLAS-G-005) 및 "EA-4/02"(교정에서의 측정불확도 표현)을 따른다.

○ 측정불확도 평가 시 엄밀함의 정도는 위험 수준과 관련이 있으며 안전, 실제적 자산 또는 재정적 위험과 관련한 측정은 상대적으로 엄밀한 불확도 추정이 요구된다. 측정불확도 추정에서 요구하는 엄밀함의 정도는 다음의 요소에 따라 결정될 수 있다.

1) 시험방법의 요구사항
2) 고객의 요구사항
3) 시방 적합성에 대한 판단의 근거가 되는 좁은 한계의 존재

- 비고 1 시험방법 및 표준에서 불확도요인 및 산출방법이 규정되어 있는 경우 해당 규정을 이행함으로서 7.6.3을 충족하는 것으로 본다.
- 비고 3 "ISO/IEC Guide 98-3"은 GUM(Guide to the expression of uncertainty in measurement)이며, "KS Q ISO 21748"(측정불확도 추정에서 반복성, 재현성, 진도 추정값 사용에 관한 가이던스)은 재현성 데이터를 활용하여 하향식(Top-Down)으로 불확도를 평가하는 방법인데 재현성 데이터 자체를 구하는 방법은 "KS A ISO 5725-2"에서 주로 다룬다.

측정불확도 평가방법은 크게 1) 수학적 모델식을 세우고 각 입력량의 불확도 요인을 고려하는 GUM 방식(상향식, Bottom-Up)과 2)공동연구를 통한 재현성 데이터 활용 방식(하향식, Top-Down)이 있다. 수학적 모델의 수립이 어렵거나 불확도 요인을 정확히 파악하기 어려운 경우는 "KS Q ISO 21748" (측정불확도 추정에서 반복성, 재현성, 진도 추정값 사용에 관한 가이던스)에 따라 재현성 데이터 활용방식으로 불확도 평가가 가능하다.

7.7 결과의 유효성 보장

7.7.1

KOLAS 해설

○ 시험 및 교정 기관의 결과가 기술적으로 적절하고 유효한지 보증하기 위해 지속적인 모니터링을 수행한다. 그 결과는 가급적 객관적이고 정량화된 값을 활용하고 결과의 적절성 여부는 t-검정, 분산분석 등의 통계적 기법을 활용할 수 있다.

○ 결과의 유효성을 확인하기 위한 물질은 반드시 균질성과 안정성을 확보하여야 한다.
○ 정성적 시험 및 교정 결과의 유효성을 모니터링하기 위한 방법은 "KS Q ISO/IEC 13528"(시

험소 간 비교 숙련도시험용 통계적 방법) 11. 정성적 숙련도시험 스킴의 설계 및 분석을 참조할 수 있다.

a. 결과의 유효성을 확인하기 위해서는 기본적으로 균질성 및 안정성을 보유한 물질이 필요하며 인증표준물질(CRM:Certified Reference Material), 표준물질(RM:Reference Material) 혹은 품질관리물질(QCM:Quality Control Materials)이 이에 해당된다.

인증표준물질은 인증값의 측정소급성과 특성값의 불확도가 반드시 포함되어야 한다는 점에서 표준물질과 차이가 있으며 이에 대한 구체적 내용은 "KS A ISO 17034"(표준물질생산기관의 적격성에 대한 일반 요구사항)의 부속서 A에서 확인 가능하다.

품질관리물질(QCM)은 품질관리를 위해 사용되는 물질로서 내부사용을 목적으로 시험실에서 자체적으로 생산된 물질이다.

품질관리물질의 제조 및 활용은 "ISO Guide 80"(Guidance for the in-house preparation of quality control materials(QCMs)에 따른다.

QCM은 해당 시험에 사용되는 물질의 특성들을 반영하여 대표성을 가지고 품질관리에 적합하도록 제조되어야 한다. 그리고 측정결과의 반복성, 중간정밀도, 재현성 평가에 이용할 수 있으나 측정소급성이나 측정결과의 진도를 입증하는 목적으로 이용할 수는 없다.

d. 유효성 모니터링은 결과의 변동성을 확인하고 안정된 방식으로 그 결과가 유지되는지 검증하기 위해 관리도를 활용할 수 있다.

관리도는 변동성과 안정성을 시각적으로 평가할 수 있도록 그래프화 한 것이며 관리도의 작성과 활용은 "KS Q ISO 7870" 시리즈(관리도)를 참조할 수 있다.

g. 보관된 품목은 균질성 및 안정성이 확보 또는 확보가 가능한 경우에만 재시험 또는 재교정 시 활용가능하다.

j. 시험 및 교정 기관 간 비교가 바람직하나 해당 시험 및 교정을 수행하는 타기관이 없거나 타기관의 협조를 구하기 어려운 경우 시험자간 비교시험 등의 방법으로 기관 내 비교시험을 실시할 수 있다.

k. 블라인드 샘플 시험은 시험 또는 교정 실무자가 샘플에 대해 사전에 알고 있는 지식의 영향으로 결과에 편향을 주는 현상을 방지하기 위하여 샘플의 정보를 제공하지 않은 채 실시하는 시험방법을 의미한다.

7.7.2

KOLAS 해설

○ 비교시험에 의한 시험 및 교정 기관의 수행도 모니터링의 방법은 「숙련도시험운영기준」(KOLAS-R-003)을 참조할 수 있다.

a. 참가 가능한 숙련도시험 프로그램은 「숙련도시험운영기준」(KOLAS-R-003)을 참조한다.

b. 인정분야에 대하여 국내 · 외에 적합한 숙련도프로그램이 없는 경우에 KOLAS의 장이 인정하는 시험 및 교정기관(자)간 비교시험 또는 측정심사의 신청이 가능하다.

7.7.3

KOLAS 해설

○ 7.7.1, 7.7.2에 따라 모니터링 활동 결과로 얻은 데이터는 분석되어야 하고, 데이터가 규정된 기준을 벗어난 경우, "KS Q ISO/IEC 17025"의 7.10(부적합 작업)에 해당되므로, 부적합관리 절차에 따라 시정조치를 취한다.

7.8 결과 보고

7.8.1 일반사항

7.8.1.1

7.8.1.2

KOLAS 해설

○ 시험 및 교정 결과가 포함된 보고서의 제목은 "성적서"라는 용어에 국한하지 않는다.

7.8.1.3

KOLAS 해설

○ 고객과 합의한 경우, 결과를 간소화된 방식으로 보고할 수 있다.

다만, 해당 기관은 이 표준의 성적서 요구사항을 빠짐없이 기술기록으로 보관하여 고객의 요구가 있을 시 모든 정보를 제공할 수 있어야 한다.

○ 여기에서 '고객'이라 함은 내부고객(의뢰자와 시험 및 교정자가 동일한 기관에 속함)과 외부고객 모두를 말한다.

7.8.2 성적서의 공통 요구사항

7.8.2.1

KOLAS 해설

d. 성적서의 모든 부분이 전체 성적서의 일부임을 인식할 수 있도록 고유 식별표시(ID번호, 성적서번호 등) 와 성적서의 각 페이지가 총 페이지와 함께 표현되어야 한다. 예를 들면 "Page

1 of 3 Pages" 혹은 "1/3" 등으로 식별표시를 할 수 있다.

e. 고객의 연락처는 실질적으로 고객과 연락이 가능한 정보를 의미하며 여기에는 주소, 전화번호, 이메일 주소 등이 포함될 수 있다.

f. 시험 및 교정 성적서에는 분석을 위해 어떤 방법이 사용되었는지 모호하지 않도록 명확히 명시(예: 표준번호, 제·개정년도 등)하여야 한다.

n. 수행된 시험 및 교정 방법이 "f) 사용한 방법의 식별"에서 언급한 표준 혹은 시방과의 방법과 차이가 있는 경우 이를 명확히 언급해 주어야 한다.

o. 승인권자는 자필서명, 전자서명, 기타 규정된 방법으로 승인 표시(identification)를 할 수 있다. 다만, 이러한 승인 표시는 부적절한 사용 방지조치가 있어야 한다.

p. 해당 시험 및 교정 기관의 인정범위 내에서 외부공급자(위탁기관 등)로부터 제공되는 시험 및 교정 결과는 성적서에 포함될 수 있으나 그 결과는 외부공급자에 의해 수행된 결과임을 성적서에 명확히 표시한다.

○ 외부공급자에 의해 제공된 성적서는 해당 시험 및 교정 기관에서 발급한 원본의 형태로 보유되어야 한다.

○ 시험 및 교정기관의 승인 없이 전체를 제외하고는 (일부만이) 복제되어서는 안 된다는 것을 명시한 성적서의 경우는, 최초발행한 성적서의 일부만 발췌(복제 등)하여 사용한 결과에 대해서 해당기관이 보증할 수 없음을 의미한다.

7.8.2.2

KOLAS 해설

○ 시험 및 교정 기관은 성적서의 결과에 책임을 져야 한다. 다만 그 결과가 시험 및 교정 기관의 활동에 의한 것이 아니라 고객이 제공하거나 타 기관에 의해 사전에 수행된 것이라면 (예: 샘플링) 이는 성적서에 명확하게 명시해서 책임 소재를 분명히 해야 한다.

7.8.3 시험 성적서에 대한 특정 요구사항

7.8.3.1

KOLAS 해설

○ 이 항은 시험기관에만 적용된다.

b. “적합성 진술(statement of conformity)”란 시험결과가 고객의 요구사항, 규격 또는 표준에 적합한지를 밝히는 진술을 의미하며 시험 성적서에는 시험활동을 통한 측정결과 외에 이러한

적합성 진술이 포함될 수 있다.

c. "측정불확도가 규격한계(specification limit)에 대한 적합성에 영향을 미치는 경우"란 해당 표준, 규격, 기준, 시방서 등에서 "불확도를 적용하여 적합성을 판정"할 것을 요구하는 경우를 의미한다.

7.8.4 교정성적서에 대한 특정 요구사항

7.8.4.1

KOLAS 해설

○ 이 항은 교정기관에만 적용된다.

7.8.4.2

KOLAS 해설

○ 이전 판은 교정성적서 포함 사항에 샘플링에 관한 사항이 없었으나 개정판은 샘플링 활동에 책임이 있는 경우 샘플링에 대한 사항(7.8.5)도 충족하도록 요구한다.

7.8.4.3

KOLAS 해설

○ 교정성적서와 교정 라벨에 대한 추가 정보는 「인정마크 사용 및 인정지위 주장을 위한 지침」(KOLAS-G-001)을 참조한다.

7.8.4.3

KOLAS 해설

○ 시험 및 교정 기관이 샘플링활동에 대한 책임이 있는 경우는 고객이 의뢰한 후 해당기관이 자체적인 샘플링을 실시하거나 또는 샘플링에 대한 부분을 위탁한 경우를 의미한다.

○ 시험 및 교정 기관이 샘플링활동에 대한 책임이 없는 경우는 고객이 의뢰 전 다른 기관에 샘플링을 의뢰하거나 또는 고객이 직접 샘플링을 실시하여 시험 또는 교정 의뢰를 한 경우를 의미한다.

7.8.5 샘플링 보고 - 특정 요구사항

7.8.6 적합성 진술 보고

7.8.6.1

KOLAS 해설

○ “적합성 진술”이란 시험 및 교정 결과가 고객의 요구사항, 규격 또는 표준에 적합한지를 밝히는 진술을 의미하며 성적서에는 시험 및 교정 활동을 통한 측정 결과 외에 이러한 적합성 진술이 포함될 수 있다.

○ 적합성 여부를 판단하기 위해서는 리스크를 고려한 의사결정 규칙의 수립이 필요하고 이때 측정불확도가 고려될 수 있다.

○ 의사결정 규칙 수립 및 문서화를 위한 구체적인 방법은 「시험 및 교정 결과와 규격과의 적합성 보고 방법」(KOLAS-G-003) 및 관련 국제기준 "ILAC-G8" (Guideline on the Reporting of Compliance with Specification) 등을 참고한다.

7.8.6.2

7.8.7 의견 및 해석 보고

7.8.7.1

KOLAS 해설

○ 시험 또는 교정이 수행되는 규격 또는 문서 표준에서 규정된 한도 및 절차에 따라 결정되는 적합성 진술은 의견 또는 해석으로 간주되지 않는다.

그러나 불특정 및 일반 요구사항(예: 제품이 특정 표준을 충족하기 때문에 시장에서 허용될 수 있는지 여부, 특정 안전 표준에 부합하는 제품인지 여부 또는 특정 표준과의 적합성이 다른 표준과 일치하는지 여부)을 다루기 위해 특정 적합성 선언을 확장하거나 해석하는 진술은 의견 또는 해석으로 간주할 수 있다.

7.8.7.2

7.8.7.3

7.8.8 성적서의 수정

7.8.8.1

KOLAS 해설

○ 단순한 오기, 데이터 이전에 대한 실수 등 명백한 사유가 있는 경우 수정 발급이 가능하나

이러한 사항들은 모두 기록되고 입증할 수 있어야 한다.

다만, 발행된 성적서의 변경, 수정 또는 재발급에 대한 사항은 시험 및 교정 기관의 책임 하에 이루어져야 한다.

7.8.8.2

KOLAS 해설

○ 재발급하는 성적서의 경우 예를 들면 기존 발급된 성적서와 동일한 성적서 번호를 사용하되 "R" 또는 "재"를 추가하여 식별이 가능하게 할 수 있다.

7.8.8.3

7.9 불만

7.9.1

KOLAS 해설

○ 시험 및 교정 기관은 고객(이해관계자 포함)의 불만 접수 시 원인을 파악(평가)하고 제거하기 위한 문서화된 절차를 갖추어야 한다.

7.9.2

7.9.3

7.9.4

7.9.5

7.9.6

KOLAS 해설

○ 검토 및 승인은 제기된 불만과 관련된 인원이 아닌 다른 인원 또는 다른 부서/조직의 인원이 실시할 수 있다.

7.9.7

7.10 부적합 작업

7.10.1

KOLAS 해설

○ 부적합 작업은 일반적으로 자체활동 중 내부인원의 제기, 고객 불만, 내부 심사, 외부평가 등을 통하여 발견될 수 있다.

a. 해당 기관은 부적합을 식별하고 작업을 중단하며, 필요한 조치를 취할 권한을 가진 사람을 지정하여야 한다. 이것은 한 사람이 아닌 조직 구조일 수도 있다.

b. 기관에서 수립한 리스크 수준이라 함은 8.5 항의 시험 및 교정기관의 활동과 관련한 리스크 및 기회를 다루는 조치와 연계될 수 있다.

c. 부적합의 중요도 평가는 부적합 사항에 대해 발생할 때마다 개별적으로 실시하거나, 예상되는 특정 상황을 고려하여 사전에 중요도를 규정할 수 있다.

7.10.2

7.10.3

KOLAS 해설

○ 시정조치는 8.7항에 명시한 요구사항에 따른다.

7.11 데이터 및 정보 관리의 통제

7.11.1

KOLAS 해설

○ 시험 및/또는 교정 결과가 최종적으로 산출되기까지는 많은 데이터가 다양한 과정을 거쳐서 생성되고 변환되고 가공된다. 기관의 인정 범위에 활동을 수행하는 인원이 데이터 및 정보에 접근이 가능하도록 시스템을 갖추어야 한다.

7.11.2

KOLAS 해설

○ 시험 및 교정 결과가 최종적으로 보고되기까지 데이터는 수집, 처리, 저장 등의 다양한 과정을 거치며 이를 위해 많은 기관에서 시험 및 교정 기관 정보관리시스템(LIMS : Laboratory Information Management System)을 사용한다. 시험 및 교정 기관 정보관리시스템에서는 인터페이스를 통한 데이터의 입력, 이전 및 변환, 성적서 출력 등 다양한 기능이 사용되는데 이러한 기능이 정확히 구현되는지 시스템에 대한 유효성이 확인되어야 한다.

○ 비고 2에서 일반적으로 사용되는 상용 소프트웨어로는 워드프로세싱, 엑셀, 데이터베이스, 상용 통계 프로그램, 장비 제조사가 제공하는 소프트웨어 등이 포함될 수 있다. 다만, 상용 소프트웨어라 하더라도 해당 소프트웨어의 문제 발생 시 책임은 해당 시험 및 교정 기관에 있다.

7.11.3

KOLAS 해설

b. 데이터의 변경 또는 손실을 보호하기 위해 다음과 같은 사항 등을 고려할 수 있다.

- 데이터의 백업 방법 및 주기
- 패스워드의 설정
- 바이러스 보호 방법

c. 시험 및 교정기관 정보관리시스템은 시스템의 공급자 또는 시험 및 교정 기관의 시방에서 요구하는 환경에서 사용되어야 한다. 그리고 시험 및 교정 기관 정보관리시스템이 전산화되어 있지 않아 수기를 사용하는 경우는 데이터의 생성 및 이전 시 충분한 검토가 이루어질 수 있는 방안을 마련하여 데이터의 정확성을 보장한다.

d. "무결성"이란 데이터의 정확성, 일관성, 유효성이 유지되는 것을 말한다. 따라서 데이터 및 정보의 무결성은 데이터의 입력 과정에서부터 충분한 주의가 필요하며 데이터의 변환 혹은 가공 등의 과정에서 원래의 데이터가 변화되지 않아야 하며 오류 발견 시에 원래의 데이터로 복구가 가능하여야 한다.

또한 무결성은 데이터 및 정보가 허가된 사람들에게만 개방되고 수정 가능할 때 유지될 수 있으므로 시스템에 패스워드를 설정하는 등의 방법을 써서 권한 없는 자가 함부로 데이터를 수정하거나 삭제할 수 없도록 한다.

7.11.4

7.11.5

KOLAS 해설

○ 인원은 시험 및 교정기관 정보관리시스템과 관련한 품질문서 및 데이터에 쉽게 접근 가능해야 하며, 데이터의 무결성을 위하여 무단접근으로부터 보호되어야 한다.

7.11.6

8. 경영시스템 요구사항

8.1 선택사항

8.1.1 일반 사항

KOLAS 해설

○ 시험 및 교정 기관은 선택사항 A 또는 B에 따라 수립한 경영시스템의 충족여부를 평가받아야 한다.

○ 선택사항 B에 따라 "ISO 9001"을 인증 받은 기관의 경우, 인정기구는 IAF MLA 또는 지역 MLA에 가입한 인정기구로부터 인정된 인증기관에 의해 "ISO 9001" 인증을 받았는지를 확인하여야 한다.

- 선택사항 B의 기관은 "ISO 9001"의 경영시스템과 "ISO/IEC 17025" 4절부터 7절까지의 요구사항을 어떻게 연계(조직, 책임과 권한, 공평성, 기밀유지 등 시험업무에 적용 가능한 품질경영시스템 구축여부)시킬 것인지가 중요하다. 해당기관의 시험 및 교정 활동범위를 고려하여, 시험 및 교정 기관 결과의 품질을 보장할 수 있는 경영시스템을 수립, 문서화, 실행 및 유지하여야 한다.

8.1.2 선택사항 A

KOLAS 해설

○ 이 표준의 이전 판에서는 경영요구사항과 기술요구사항으로 구분되어 있었으나, 상위 레벨 구조(HLS) 적용으로 경영요구사항의 일부 조항들이 4절~7절로 이동하였다.

○ 효과적인 품질경영시스템을 달성하기 위해 리스크기반 사고(Risk-based thinking)를 요구하는 차원에서 '리스크와 기회를 다루는 조치' 조항이 신설되었다.

8.1.3 선택사항 B

KOLAS 해설

○ 시험 및 교정 기관이 "ISO 9001"에 대한 인증을 받았다고 하더라도, 4 ~ 7절의 요구사항에 대한 일관된 충족을 입증하고 지원할 수 있는 경영시스템을 갖춰야만 8.2 ~ 8.9항의 요구사항이 충족되었다고 볼 수 있다.

1) "ISO 9001" 경영시스템 인증기관(선택사항 B)

- 이러한 경우, 시스템은 인정기구에 의해 전체적으로 평가되지 않을 수 있다.
- 해당기관은 IAF MLA 서명기구가 인정한 인증기관에 의해 인증을 받아야 한다.
- 인정기구는 해당기관의 인증범위에 대한 증거제공을 요청할 수 있다.
- 인증심사 시 인증기관에게 제기된 부적합사항을 확인하기 위해 최근 인증심사보고서 사본을 요구할 수 있다.
- 경영시스템은 인정기구의 인정범위에서 다루는 활동에 대해 "ISO/IEC 17025" 4항부터

7항까지 요구사항을 충족하고 있어야 한다.

- 위 사항과 관련하여 평가범위는 해당기관에서 제공한 증거에 따라 달라질 수 있다.
- 부적합사항이 확인되면, 이 표준의 8.1.3항에 따라 보고될 것이다.

2) "ISO 9001" 경영시스템을 인증 받지 않은 기관(선택사항 A)

- 선택사항 A의 요건에 따라 전체 경영시스템을 평가한다.

8.2 경영시스템 문서화(선택사항 A)

8.2.1

KOLAS 해설

○ 방침은 다음 사항이 고려될 수 있다.

- 조직에 적절하여야 하고 조직의 전략적 방향을 지원한다.
- 목표 설정을 위한 틀을 제공한다.
- 해당되는 요구사항을 만족시키는 조직에 대한 시험 및 교정 기관 경영진(Laboratory management)의 의지표명을 제시한다.
- 경영시스템의 지속적 개선에 대한 의지표명을 제시한다.
- 방침이 조직의 목적에 지속적으로 적절한지를 검토하는 것이 좋다.

○ 목표는 다음 사항이 고려될 수 있다.

- 방침과 일관성이 있어야 할 것이다.
- 목표는 정량적 방식 또는 정성적 방식(예를 들어, 서비스의 성과 수준)을 사용하여 측정 가능하게 할 수 있다.
- 적용 가능한 요구사항을 다루어야 할 것이다.
- 목표가 달성되는 진행과정을 모니터 및/또는 검토하여야 할 것이다.
- 목표는 조직 전체에 걸쳐 의사소통되어야 하고, 필요에 따라 갱신되어야 한다.

○ 시험 또는 교정 기관이 조직의 일부일 경우에는, 설정된 품질방침이 모기업의 경영방침과 연계되는 것이 좋다.

○ 모든 직원이 문서화된 정보로서 이용 가능하여야 하며, 조직 내에 원활하게 전달(온, 오프라인 가능)되어야 한다. 다만, 방침은 품질매뉴얼에 포함될 수도 있고, 개별 문서로 관리할 수도 있다.

8.2.2

8.2.3

KOLAS 해설

○ "시험 및 교정 기관 경영진(Laboratory management)"은 조직을 지휘하고 관리하는 그룹으로 경영시스템의 적용범위가 단지 조직의 일부만을 포함하는 경우, 조직의 그 일부분을 지휘하고 관리하는 그룹을 경영진으로 볼 수 있다. "시험 및 교정 기관 경영진(Laboratory management)"은 조직 내에 자원을 제공하는 책임과 권한을 가진다.

○ 이전 판에서는 최고경영자(top management)라는 개념이 있었으나, 개정판에서는 "시험 및 교정 기관 경영진(Laboratory management)"이라는 복수의 인원으로 구성된 그룹을 명시하고 있으므로, 경영진은 반드시 개인일 필요는 없다.

○ 시험 및 교정 기관 경영진의 경영시스템에 대한 개선의 의지표명과 증거제공에 대한 예시로는 다음 사항이 있을 수 있으며, 이에 국한하지 않는다.

- 경영진의 대내·외 선언 및 인원들과의 의사소통
- 품질방침 및 목표에 대한 경영진의 실천의지 및 리더십 (경영진 면담 및 목표 달성에 대한 모니터링 등으로 확인)
- 정기적인 경영검토 실시
- 조직의 역할, 책임 및 권한에 대한 효과적 임무 부여 및 관리 감독(이 부분은 경영시스템의 운영 및 효과적 이행에 대한 평가로 확인)

8.2.4

KOLAS 해설

○ 품질경영시스템의 문서화는 통상 다음사항을 포함한다.

- 품질방침 및 그 목표
- 품질 매뉴얼
- 문서화된 절차서
- 업무지침서
- 서식
- 기록

○ 품질경영시스템 문서화는 출력물(hard copy) 또는 전자 매체와 같은 형태로 구축할 수 있다.

○ 이러한 문서화는 "KS Q ISO/TR 10013"(품질매뉴얼 작성 지침)을 참조할 수 있다.

8.2.5

KOLAS 해설

○ "모든 인원"이 "그들의 책임에 해당하는 부분에 접근할 수 있어야 한다." 는 필요에 따라서 항상 이용할 수 있다는 의미이다.

○ 해당 직원의 역할, 권한, 책임에 따라 경영시스템 문서 및 관련정보에 대해 상시 접근할 수 있는 수준이어야 한다.

- 시험 또는 교정기관이 지리적으로 다른 여러 개의 사업장(site)이 있는 경우에는 해당 사업장에서 책임에 해당되는 경영시스템 문서 및 관련정보의 접근이 가능해야 한다.
- 경영시스템 문서는 현장시험 및 교정, 이동시설 등 시험 또는 교정기관의 활동이 이루어지는 모든 영역을 포함해야 한다.

8.3 경영시스템 문서 관리(선택사항 A)

8.3.1

KOLAS 해설

○ 시험 및 교정기관이 유지 관리하는 외부출처 문서는 다음을 포함할 수 있으며 이에 국한하지 않는다.

- 시험 및 교정의 SOP에 참조되는 모든 문서(예: 표준 방법, KS 방법, 기술 기준 등)
- "KS Q ISO/IEC 17025:2017" 표준
- "KS Q ISO/IEC 17025:2017" 해설서
- KOLAS 문서 중 해당기관의 인정범위와 관련 있는 문서
  [R(운영요령), G(지침), SR(추가기술요건)]
- 그 외 시험 및 교정 활동과 관련된 외부출처 문서(계약서, 견적서 등)

8.3.2

KOLAS 해설

a. 전자 서명 또는 승인이 사용되는 경우, 전자미디어로의 접근 또는 서명은 보안이 유지되고 통제되어야 한다.

"권한 있는 인원"이란, 품질문서 상에 책임과 권한이 부여된 직원을 의미한다.

b. "필요한 경우"라 함은 조직변경, 내부 심사, 외부평가, 경영검토, 관련 법령 및 규정의

제・개정 등의 사유가 발생하여 해당문서를 검토하여 갱신이 필요한 경우를 말한다.

c. 해당기관에서 문서의 변경사항 및 최신개정사항이 적절한 방법(예: 신구대비표, 식별표시 등)으로 명확히 확인될 수 있어야 한다.

d. 해당기관이 문서를 관리하는 방식에 따라 적절하게 이용 가능함을 보장해야 한다.

시험 또는 교정 기관이 지리적으로 다른 여러 개의 사업장이 있는 경우에는 해당 사업장에서 경영시스템 문서 및 관련정보의 접근이 가능해야 한다.

- 인트라넷이나 클라우드 시스템 등을 활용하여 관련 직원들이 상시적으로 접근 가능하도록 관리하는 경우, 문서 배포가 실행된 것으로 간주할 수 있다.

e. 해당기관이 작성한 품질시스템 문서는 특별한 방식으로 확인할 수 있어야 한다. 그런 확인방법에는 발행 및/또는 개정 일자, 페이지 번호 매김, 총 페이지 수, 또는 문서의 끝을 나타내는 표시 및 발행 기관 등을 포함할 수 있다.

f. 유효하지 않거나 폐지된 문서는 모든 발행처 또는 사용처에서 신속히 회수하거나, 그렇게 하지 않는 경우에는 본래의 사용목적에 벗어난 곳에서 사용하지 않음을 보장하여야 한다.

법적인 이유 또는 지식보존의 차원에서 보관하는 폐지된 문서에는 적절한 표시를 한다.

- 전자매체를 통해 문서를 관리하는 경우에도, 구본에 대한 식별(예: 워터마크 등)이 있어야 한다.

8.4 기록 관리(선택사항 A)

8.4.1

KOLAS 해설

○ 이 문서의 요구사항에 부합함을 입증할 필요가 있는 모든 기록에 대해 누구나 이해할 수 있도록 간결하고 명확하게 기록하고 보유하여야 한다.

8.4.2

KOLAS 해설

○ 전자 서명 또는 승인이 사용되는 경우, 전자미디어로의 접근 또는 서명은 보안이 유지되고 통제되어야 한다.

법령 등에 의해 요구되고 있는 기록의 보관기간이 있는 경우 해당 법령에 따라야 한다.

○ 기록에 대한 보유기간은 해당기관에서 자체적으로 결정할 수 있으며, 다음의 표준을 참고할 수 있다.

[KS X ISO TR 15489-2]

- 시스템 내에서 기록을 유지하기 위한 법적/업무적 요건을 고려하여 결정.
- 시스템 내에서의 기록 이용기간을 고려하여 결정.
- 다른 시스템으로의 연계를 고려하여 결정.
- 기록의 광범위한 활용을 고려.

ㅇ 외부업체를 활용하여 하드카피(hard copy) 혹은 전자매체 형태로 기록을 저장하고 관리할 수 있다. 이러한 경우에는 기록 소유자와 저장 서비스 제공자의 권리와 책임을 명시하여야 한다.

ㅇ 고객 정보 등에 대한 기밀유지는 요구되는 보안상의 정보 내용과 가치뿐 아니라, 조직의 성격과 크기에 따라 좌우된다. 합리적인 기밀유지는 승인받지 않은 접근, 수집, 이용, 해제, 삭제, 수정 및/또는 파기 등으로부터 정보를 보호하기 위하여 합리적인 사람이라면 누구나 필요하다고 여길만한 수준의 기밀유지로 설명할 수 있다.

8.5 리스크와 기회를 다루는 조치 (선택사항 A)

KOLAS 해설

ㅇ 리스크기반사고(Risk-based thinking)는 효과적인 품질경영시스템을 달성하기 위하여 필수적이다. 리스크기반사고의 개념은 이 표준의 이전 판에도 내포되어 있다. 예를 들면, 잠재적 부적합을 제거하기 위한 예방조치의 수행, 발생하는 모든 부적합의 분석, 그리고 부적합의 영향에 적절한 재발방지를 포함한다.

ㅇ '기회'는 의도한 결과를 달성하기에 유리한 상황(situation)의 결과로 나타날 수 있는데, 예를 들면, 조직이 고객을 유치하고, 새로운 서비스를 개발하며, 낭비를 감소시키거나 생산성을 개선하도록 하는 상황(circumstance)의 집합이다. '기회를 다루기 위한 조치'에는 연관된 리스크의 고려도 포함될 수 있다.

'리스크'는 불확실성의 영향이며, 그러한 모든 불확실성은 긍정적 또는 부정적 영향을 가져올 수 있다. 리스크로부터 발생되는 긍정적인 변경(deviation)은 기회를 제공할 수 있으나, 리스크의 모든 긍정적인 영향이 기회로 되는 것은 아니다.

8.5.1

KOLAS 해설

ㅇ 리스크와 기회를 다루는 조치에는 일반적으로 일을 보다 잘하고 일하는 방식의 개선에 초점을 맞추어 사전적 조치와 예방 문화를 개발하는데 도움을 줄 수 있다.

○ 리스크와 기회를 결정할 때, 시험 및 교정 기관은 SWOT(Full-naming 필요) 분석, 브레인스토밍, 사고 예상 질문 분석(SWIFT), 결과/확률 매트릭스 등과 같은 기법이 사용/포함될 수 있다. 그리고 리스크 평가 프로세스는 리스크 식별, 리스크 분석 및 리스크 판정(evaluation)의 과정을 거칠 수 있다.

○ 리스크 처리 옵션에는 다음 중 하나 이상이 포함될 수 있다.

- 리스크 회피
- 리스크 제거
- 리스크 감수
- 리스크 공유(예: 계약, 보험 구매)
- 조직이 리스크 자체를 수용(잠재적 영향 또는 필요한 조치의 비용에 근거)
- 공평성에 관한 리스크 파악에 대해서는 이 문서의 4.1.4항을 참조하고, 리스크 제거 또는 최소화에 대해서는 이 문서의 4.1.5항을 참조한다.

8.5.2

KOLAS 해설

○ 리스크와 기회를 다루는 조치는 운영 프로세스의 분석("ISO/IEC 17025:2017"의 부록 B), 내부 심사 또는 외부 평가 결과, 경영 검토 결과, 불만 사항, 인원 및 고객 피드백, 데이터 분석 및 숙련도 시험 결과 등으로 평가할 수 있다.

○ 해당 기관은 그 활동을 수행함에 있어 리스크를 다루는 방법을 충분하고 자세하게 기술할 수 있어야 한다. 이 표준에서는 공식적인 방법이나 리스크 관리 프로세스를 규정하지는 않지만, 리스크 관리 프로세스가 없다면 적합성을 입증하는 것이 더 어려워 질 수 있다.

○ 리스크와 기회를 다루는 관리방법은 다음과 같은 국제표준을 참고할 수 있다. "ISO 31000"(Risk management - Guidelnes)은 리스크관리에 대한 원칙, 프레임워크, 프로세스를, "IEC 31010"(Risk management - Risk assessment techniques)은 리스크 평가 도구와 기법을, "ISO/TR 31004"(Risk management - Guidance for the implementation of ISO 31000)는 "ISO 31000"의 이행에 대한 가이던스를 제공하고 있다.

8.5.3

8.6 개선(선택사항 A)

8.6.1

KOLAS 해설

○ 경영시스템의 운영 목적은 지속적인 개선을 통하여 업무의 효율성을 향상하는데 있다.

○ 8.5항의 리스크와 기회를 다루기 위한 조치에서는 잠재적인 부적합사항에 초점이 맞춰졌다면 본 항에서는 해당기관의 효율성을 향상하고자 하는 의미가 강조된다.

8.6.2

KOLAS 해설

○ 시험 및 교정 기관은 적극적으로 고객으로부터 피드백을 구하여 개선을 위한 정보로 활용하여야 한다. 많은 접근법이 사용될 수 있으며 설문 조사, 웹 사이트에 대한 피드백 기회, 분석 보고서에 피드백을 요청하는 진술 등을 포함하지만 이에 국한되지는 않는다.

8.7 시정조치(선택사항 A)

8.7.1

KOLAS 해설

a. 부적합 작업, 경영시스템 또는 기술 운영상의 방침이나 절차로부터의 이탈로 인해 부적합사항이 발생한 경우, 시정조치를 취하여야 한다.

b. 부적합의 재발방지조치의 필요성을 평가하라는 것이 주된 사항이다. 경우에 따라 재발방지 조치가 필요하지 않은 경우도 있으며, 근본원인이 명확하지 않는 경우가 종종 있기 때문에 문제점의 모든 잠재적 원인에 대해 상세 분석이 필요하다.

8.7.2

KOLAS 해설

○ 발생된 부적합의 중요성 및 그에 따른 리스크에 상응하여 적합하게 시정조치가 이루어져야 한다.

8.7.3

8.8 내부심사(선택사항 A)

8.8.1

KOLAS 해설

○ 내부 심사를 수행하는 주요 목표는 내부 운영이 경영시스템 요구사항에 지속적으로 부합하는지 정기적으로 자체 확인하는 것이다.

따라서, KOLAS에 의한 평가 또는 그 외의 외부(제2자, 또는 제3자) 평가는 내부 심사와 목적이 다르므로, 내부 심사로 인정될 수 없다.

이 표준의 이전 판에서는 내부 심사를 품질책임자의 책임으로 명시하였으나, 최신판에서는 별도 명시된 바가 없으므로 6.2항을 참조하여 내부 심사를 수행할 책임자를 임명해야 한다.

○ 내부 심사의 주기는 상황에 따라 조절할 수 있지만, 원칙을 정하는 것이 중요하다. 경영시스템의 각각의 관점에서 통상 1년에 1회 이상 심사를 실시한다.

a. 현장 시험 또는 교정, 이동시험(교정)실, 샘플링에 대해서도 인정된 경우는 그 활동에 대해서도 내부 심사를 실시할 필요가 있으며 해당 활동에 적절한 평가요소가 포함되어야 한다. 지정된 내부 심사원은 현장 시험 또는 교정, 이동시험(교정)실을 방문하여 내부 심사 프로세스의 일환으로 평가해야 하며, 사업장에서 실시하는 내부 심사와 동일한 정도의 엄격한 수준이어야 한다.

- 비고 현장 시험 또는 교정을 위해 실제 현장 방문대신 규정준수 여부를 결정하기 위한 '모의심사'가 허용된다. 현장 시험 또는 교정 및 이동시험(교정)실은 원격평가를 포함한 다양한 방법으로 평가할 수 있다.

8.8.2

KOLAS 해설

a. 내부 심사에 대한 추가 정보는 「내부 심사 지침」(KOLAS-G-007) 및 "KS Q ISO 19011" (경영시스템 심사 가이드라인)을 참조할 수 있다.

b. 이전 심사의 결과를 고려하여 내부 심사의 기준과 범위를 정의해야 한다.

규모가 큰 시험 또는 교정기관은 해당하는 활동의 범위를 적절히 분배하여 분야별 또는 사업장별로 내부 심사를 실시할 수 있다.

8.9 경영검토 (선택사항 A)

8.9.1

KOLAS 해설

○ 경영검토는 경영진이 결정한 방침에 관한 모든 경영시스템 및 활동을 대상으로 행해지는 검토이며, 경영진에 의해 그 계속성 및 유효성 확인과 필요한 변경 · 개선의 도입을 목적으로 실시하는 것이다.

○ 경영검토는 경영진 스스로가 실시하는 것으로 검토에는 경영진의 의견이 포함된다.

○ 개선의 필요성에 대해 경영진에게 제안 또는 보고하는 것이다.

○ 경영검토의 결과는 차기년도 계획, 목표에 반영한다.

○ 공평성 리스크 식별 프로세스의 검토와 그 결론(4.1.3항/4.1.4항)은 경영검토 대상이어야 한다.

○ 경영검토는 현재의 인적 자원 및 장비의 적합성, 계획된 업무량 그리고 신규 및 기존 직원의 훈련 필요성에 대한 정보를 고려하는 것이 좋다.

○ 경영검토는 직원의 적합한 자격을 보장하기 위해 확립된 시스템의 효과성 검토를 포함하는 것이 좋다.

○ 경영검토의 주기는 상황에 따라 조절할 수 있지만, 원칙을 정하는 것이 중요하다. 경영시스템의 각각의 관점에서 통상 1년에 1회 이상 경영검토를 실시하여야 한다.

8.9.2

8.9.3

KOLAS 해설

○ 8.9.3항의 a)에서 d)까지의 "결정"의 의미는 개선 또는 자원 보강 여부를 정하는 것이며 "조치"의 의미는 그 결정에 따라 필요한 대책을 세우는 것을 의미한다.

○ 경영 검토에 대한 추가 정보는 「경영검토 지침」(KOLAS-G-008)을 참조한다.

KS Q ISO/IEC 17025 신·구 대비표

KS Q ISO/IEC 17025:2017 (신)	KS Q ISO/IEC 17025:2005 (구)	비고
머리말	머리말	신규
개요	개요	신규
1 적용범위	1 적용 범위	일부
2 인용표준	2 인용 규격	일부
3 용어와 정의	3 정의	신규
4 일반요구사항	-	-
4.1 공평성	4.1 조직	**중요**
4.2 기밀유지	4.1 조직	일부
5 조직구조 요구사항	4.1 조직	**중요**
6 자원 요구사항	-	-
6.1 일반사항	4.1 조직	일부
6.2 인원	5.2 직원	구조
6.3 시설 및 환경조건	5.3 시설 및 환경조건	구조
6.4 장비	5.5 장비	일부
6.5 측정소급성	5.6 측정 소급성	구조
6.6 외부에서 제공되는 제품 및 서비스	4.6 서비스 및 물품 구매	일부
7 프로세스 요구사항	-	-
7.1 의뢰, 입찰 및 계약의 검토	5.10 결과보고 4.4 의뢰, 입찰 및 계약의 검토	**중요**
7.2 방법의 선정, 검증 및 유효성확인	5.4 시험 및 교정 방법과 방법의 유효성 확인	일부
7.3 샘플링	5.7 샘플링	일부
7.4 시험 또는 교정 품목의 취급	5.8 시험 및 교정 품목의 취급	일부
7.5 기술 기록	4.13 기록의 관리	일부
7.6 측정불확도 평가	5.4 시험 및 교정 방법과 방법의 유효성 확인	구조
7.7 결과의 유효성 보장	5.9 시험 및 교정 결과의 품질보증	일부
7.8 결과 보고	5.10 결과보고	**중요**
7.9 불만	4.8 불만사항	**중요**
7.10 부적합 작업	4.9 부적합 시험 및/또는 교정 작업의 관리	일부

7.11 데이터 및 정보관리의 통제	5.4 시험 및 교정 방법과 방법의 유효성 확인	일부
8 경영시스템 요구사항	4 경영 요구사항	-
8.1 선택사항	-	**신규**
8.2 경영시스템 문서화	4.2 경영시스템	구조
8.3 경영시스템 문서 관리	4.3 문서관리	구조
8.4 기록 관리	4.13 기록의 관리	구조
8.5 리스크와 기회를 다루는 조치	4.10 개선 4.2 경영시스템 4.1 조직	**신규**
8.6 개선	4.10 개선 4.7 고객에 대한 서비스	일부
8.7 시정 조치	4.11 시정조치	일부
8.8 내부 심사	4.14 내부심사	일부
8.9 경영 검토	4.15 경영검토 4.2 경영시스템	일부
부속서 A	-	**신규**
부속서 B	-	**신규**

참 고 문 헌

1. 최부희, 계측공학의 이해, 씨마스, 2016년.
2. 최부희, 정밀측정이론과 실습, 복두출판사, 2018년.
3. 최인수, 길이계기표준교정실무, 복두출판사, 2017년.
4. 이석, 측정불확도 표현 및 평가, KASTO, 2015년
5. 이석, 확률분포 및 중심극한의 정리, KASTO, 2014년
6. 최주호, 유준, 측정불확도 공학, 충남대학교출판문화원, 2013년.
7. 김재관, 오차분석입문, 서울대학교 출판문화원, 2017년.
8. 김덕호, 공학기초, 한국폴리텍대학, 2007년.
9. 박종철 외2, 대학미분적분학, 청문각, 1998년.
10. 문덕종 외2, 통계학 강의, 진영사, 2003년.
11. 이승훈, 공학통계 자료분석, 이레테크, 2008년.
12. S. K. Kimothi, The Uncertainty of Measurements, ASQ, 2002년.
13. Daniel Zwillinger, Standard Mathematical Table and Formulae, CRC, 1996년.
14. KASTO, ISO 10012 운영실무, 2017년.
15. KASTO, 내 · 외측 캘리퍼스의 표준교정절차, 2011년.
16. KASTO, 외측 마이크로미터의 표준교정절차, 2011년.
17. KASTO, 전기식 지시저울의 표준교정절차, 2017년.
18. KASTO, 힘 측정기의 표준교정절차, 2017년.
19. KASTO, 토크렌치 및 토크드라이버의 표준교정절차, 2017년.
20. KASTO, 게이지압용 압력계의 표준교정절차, 2018년.
21. KASTO, 온도 지시/기록/제어장치의 표준교정절차, 2017년.
22. KASTO, 불확도 전문교육, 2014년.
23. KASTO, KS Q ISO/IEC 17025:2017 해설서, 2017년.
24. KASTO, 측정의 신뢰성 및 불확도 표현, 2007년.
25. KRISS, 측정불확도 표현에 대한 소개, 2012년.
26. KRISS, 단위를 알면 세상이 보인다, 2009년.
27. KRISS, 서울경제신문사, 표준을 알자, 휴먼 앤 북스, 2009년.
28. KOLAS, 측정결과의 측정불확도 추정 및 표현을 위한 지침, 2016년.
29. KOLAS, KS Q ISO/IEC 17025:2017 해설서(KOLAS-G-009:2019), 2019년.
30. 공업진흥청, 측정불확도 평가 및 표시에 관한 기술 기준 개발연구, 1994년.

불확도의 개념을 쉽게 설명한
측정불확도의 이해

1판 1쇄 2019년 3월 28일
2판 1쇄 2019년 8월 26일

저 자 최부희
발행인 송광헌
발행처 복두출판사
주 소 서울특별시 영등포구 경인로82길 3-4
센터플러스 807호 (우) 07371
전 화 02-2164-2580
FAX 02-2164-2584
등 록 1993. 11. 22. 제 10-902 호

정가 : 15,000원
ISBN : 979-11-5906-559-0 93560

한국과학기술출판협회 회원사

* 본 도서의 자료 업데이트가 있을 경우 본사 홈페이지 자료실에 업로드 됩니다. 정기적으로 들러서 유익한 자료를 받아가시기 바랍니다.